U0413507

心灵之约

——大学生心理讲堂(第一辑)

主　编　章劲元　郭晓丽

华中科技大学出版社
中国·武汉

内 容 简 介

本书是献给大学生们的心灵盛宴，选取了华中科技大学“心灵之约”讲座的精彩内容，进行记录与整理。本书汇集了多位心理学教师的演讲，主题涉及自我认识、人际关系、精神疾病相关常识、幸福感的提升、家庭与个人、危机干预常识、生涯规划、恋爱心理、压力与情绪调适、催眠、性格解析等，既专业又贴近大学生活。相信这本书对于心理学知识的学习或自我状态的调整都能够有所帮助。

图书在版编目(CIP)数据

心灵之约——大学生心理讲堂(第一辑)/章劲元　郭晓丽　主编.—武汉:华中科技大学出版社,2012.11

ISBN 978-7-5609-8183-3

Ⅰ.心…　Ⅱ.①章…　②郭…　Ⅲ.大学生-心理健康-健康教育　Ⅳ.B844.2

中国版本图书馆 CIP 数据核字(2012)第 153663 号

心灵之约——大学生心理讲堂(第一辑)　　章劲元　郭晓丽　主编

策划编辑：王汉江　周芬娜
责任编辑：江　津
封面设计：刘　卉
责任校对：李　琴
责任监印：周治超
出版发行：华中科技大学出版社(中国·武汉)
武昌喻家山　邮编：430074　电话：(027)81321915
录　　排：武汉楚海文化传播有限公司
印　　刷：华中科技大学印刷厂
开　　本：787mm×1092mm　1/16
印　　张：16
字　　数：337 千字
版　　次：2012 年 11 月第 1 版第 1 次印刷
定　　价：32.00 元

序

一个完整的人，绝不是仅仅掌握了某种技艺或工具的人，更不是不图事功，一味悲天悯人、自叹自艾的"呓语者"，而是将鲜活的科学知识、深沉的人文底蕴和健康的心灵完美结合起来的"大写"的人。

为了提高大学生的心理素质，满足他们对于心理知识的渴求，帮助他们更好地应对成长过程中产生的各种心理问题，华中科技大学大学生发展研究与指导中心推出了"心灵之约"系列讲座和访谈活动，其中讲座已开办76期，访谈已进行22期。

在"心灵之约"系列讲座主讲老师中，有来自加拿大的Mary Swaine教授，美国的Michael教授和Kathryn教授，中国台湾的王敬伟教授，清华大学的樊富珉教授，武汉大学的丁成标教授、钟年教授、张荣华教授、严喻教授，华中师范大学的江光荣教授、郭永玉教授、汪海燕教授、陶嵘教授，还有加籍华人、湖北编钟奖获得者吕慧英教授，武汉精神卫生中心的熊卫教授，以及来自华中科技大学的欧阳康教授等。清华大学樊富珉教授讲座时，整个教室爆满，讲台旁边的地上都坐满了人。武汉大学张荣华教授讲"爱情其实很简单"时，连续讲了3个小时，同学们还是觉得意犹未尽，不让张教授离开。武汉大学的丁成标教授现场催眠表演让很多同学惊喜不已，他们连连惊呼：太神奇了！郭永玉教授十分繁忙，但拗不过学生的邀请，多次来华中科技大学为学生做讲座，讲"幸福心理学"时，很多同学进不了教室，只好在走廊上趴着窗户听。华中科技大学的欧阳康教授当年是分管学生工作的党委副书记，他以哲学的视角，对大学生心理困惑进行了独特而深刻的解读，让人深受启发。

"心灵之约"每一场讲座几乎都座无虚席，受到广大学生的热烈欢迎。该活动与"人文讲座"、"科学精神与实践讲座"一道，成为华中科技大学共同培养高素质人才的重要阵地与渠道。略显遗憾的是，每次讲座只能让有限的学生到现场聆听，为此，大学生发展研究与指导中心精心挑选了部分"心灵之约"讲座的精彩内容，将演讲录音转化为文字，并汇编成册，让更多的同学更加方便地"聆听"这些精彩的讲座，希望同学们能从中学习心理学的知识、理念和方法，使自己更加快乐、健康地成长。

当大学生发展研究与指导中心的老师把这本厚厚的书稿送到我的案头后，我迅速打开，细细品味，有几点特别深的感受。

首先为他们的辛勤工作而感动。每一篇稿子，都需要花大量的时间才能从录音整理成文字。一般来说，整理一段5分钟的录音，至少需要30分钟。这本书稿汇集那么多的讲座，工作量之大，可见一斑。

第二，本书精选的部分讲座内容非常丰富，涉及对心理咨询和心理健康的理解、自我认识、人际关系、职业生涯规划、情感恋爱、心理疾病的识别、心理危机干预，等等，几乎涵盖了大学生活的各个方面，对处于发展过程中的大学生们具有极大的现实指导价值。

第三，“心理学”是关于人的学问，蕴涵了丰富的人生智慧。通过聆听这些老师的演讲，我们能深深地体会到“人同此心，心同此理”的含义。众所周知，了解一个人的内心世界殊为不易，心理学作为一门系统的社会科学，无疑为我们认识他人、理解自己、把握客观世界打开了方便之门。相信读者看完本书后，对一个人的性格、对人生的幸福、对大学生这个群体等，都有全新的理解。

总之，这是一本引人入胜、通俗易懂的心理知识读本，对心理学知识爱好者、大学生和学生教育管理工作者都是如此。本书不是高深的心理学理论专著，没有专业辞藻的堆砌，也没有晦涩不明的抽象分析，读来令人兴味盎然。本书最大的特点在于把专业知识、心理学案例和明快的分析熔为一炉，以科学的眼光关照日常生活中的心理现象，给不同年龄段人们以切实的理论指导和人文关怀。如果你带着“大脑”来读，你将收获知识，如果你带着“心”来读，你将收获智慧。相信广大读者一定会有所收获。

华中科技大学党委副书记、副校长

张　晋

2012年6月29日

目录

认识自我，挑战挫折，丰富生活，健康心灵

华中科技大学　欧阳康

今天，我想和大家探讨一个问题，那就是“认识自我，挑战挫折，丰富生活，健康心灵”。我想作为一个成年人，或者作为一个当年的研究生、现在的大学教师来谈一下我们应当如何对待人生，尤其是如何对待人生当中遭遇的挑战，特别是挫折。

我自己注意到，所有的极端事件都是在某些特殊的挫折面前低了头，放弃了自身，这些挫折在外人看来，本来不大，应该说挺一挺就过去了，转念一想，可能就转忧为喜了，但是却有一些同学没有挺过来。这些极端事件给了我一个非常强烈的心理刺激：如何看待人生，如何看待大学，如何看待研究生，如何看待我们今天所处的社会和他人。所以，我想这里面可能有很多问题，尤其是如何健康地活着，如何健康地学习。我觉得大家都在学习，健康的学习可能是快乐的，不健康的学习可能是痛苦的，我们应该去追寻一种健康的学习，让这样的学习成为我们生命中最值得珍惜、最有意义和最有成效的一个组成部分。

一、认识自我，感悟心灵

我们每一个人都有一颗充满着激情的心，而这是我们生命的全部主宰。大家知道，现在国际通行判断一个人生与死的标准是脑死亡。这个脑是否死亡，就在于他是否有意识，是否有自我这样一种关注，从这种意义上来讲，这种现实的、真实的、活动的心灵是一个人称之为人最重要的标志，而我们的机体可能都很健全，但是这个大脑死亡了，按照国外的惯例即可宣布为死亡，所以从这个意义上来说，心灵是一个人最宝贵的。大家知道，我们的器官几乎都可以移植，唯一不能移植的就是我们的大脑。过去讲“心之观则思”，现在看来，我们的心脏也是可以移植的，但是大脑是不可以移植的。

问题在于，我们都有心灵，我们都处在一种精神状态中，但是对心灵和精神的认识却非常缺乏，甚至往往充满着误读，在此，我想结合自身知识做几个判断。

第一个判断：心灵是汇集全部世界历史知识精华的最美丽的精神之花。

这实际上就是我们人类具有的一种精神。我们今天的心灵，包含着喜怒哀乐，这

是地球生命圈亿万年来长期进化发展的结果。这已经成为一种常识,不需要多讲。

第二个判断:心灵的健康是人最重要的健康,而心理的素质是人最重要的素质。

对第二个判断,大家一般不会反对,但是在日常生活中,我们往往只重视自己的身体健康。哪个地方疼不疼啊,哪个地方舒服不舒服啊,手脚灵便不灵便啊,等等,而心灵的健康却往往会被人忽视。正如体育运动是重要的,但是与体育运动相关联的,或者说通过体育运动要承载的恰恰是人的心灵健康,而这一点往往容易被我们所忽视。现在大家都知道素质教育非常重要,而在素质教育中人的心理素质变得格外重要,我想这一问题是需要我们去加深认识的,那么接下来我要提出一个问题:心灵如此重要,心灵的健康如此重要,为什么人们往往会忽视它呢?

第三个判断:心灵健康是人的健康之中最容易受到伤害,而又难以自知的部分。

我们每一个人每天都在感受我们的机体,如哪一天头晕,哪一天胃疼,哪一天手脚麻木,大家很快就会知道,当大家觉得这个问题很严重,不治疗不行的时候,会去医院接受治疗。但是当你在关注你的机体状况的时候,我们的心灵健康被我们自知了吗?我们每天问过我们自己,我们的心灵有没有什么不正常的地方?我们经常反思过我们自身吗?我觉得如果我们这样来考察的话,我们心灵的健康就往往被人所忽略。正是因为它易于被人所忽略,而容易受到伤害。它要依托于我们的全部生命,依托于我们的全部物质能量而产生出某一些特殊的精神能量,而这种精神能量的产生需要积聚我们全部机体的可能性,以及我们心理的可能性。大家知道机体的可能性提供了,心理的可能性是否具备呢?心理的可能性包含着很多方面,包含我们的知识,包含我们的情感,包含我们的意志,包含我们最底层的一些直觉,甚至包含我们最基本的一些欲望。那么这些东西都会以各种方式支撑我们的心灵,而这些东西每一个方面都只是一个必要的条件,而不是充分的条件,只有当这所有的条件都具备得非常充分的时候,人才能够具有一个健康的心灵。而恰恰因为精神是高端的,它具有最强的可塑性,塑造的就是一个具有健全心理的人。而这个心理的健全实际上要通过多长的时间?如果我们要作为一个正常的人,一个机体的人,那么1~4岁就可以了,但是要成为一个成熟的人,如果说是以18岁成人作为一个标志,那就意味着我们要通过18年的学习,而学习意味着什么?意味着心灵世界向外部世界的开放,它要自觉和不自觉地从外部世界去吸纳各种信息,把它转化为自己内在的组成部分。而这些信息可能是健康的,也可能是不那么健康的,可能是让我们欢欣的,也可能是让我们悲伤的,并以多种方式进入我们的心灵世界。因此,心灵最重要的功能就在于与外部世界进行信息交换。而各种信息的进入,一方面恰恰成为人成长的必要信息的来源,另一方面也是引起人产生心灵困惑的一个原因,所以心灵问题是一个复杂的而且是深层的问题,正是由于它是这样高端的一种东西,我们在生理方面的问题会影响到我们的心灵,我们在情感方面的问题会影响到我们的心灵,我们在知识方面的问题会影响到我们的心灵,我们的成功会给我们的心灵带来刺激,刺激过度会出问题,我们的悲伤或者我们的挫折与失败,也会给我们的心灵带来问题,处理得好它会转化为积极的因素，所以诸多的外部因素对于人的心灵到底是发生正面的、积极的作用，还是负面的、消极的作用，不是一概而论的，而是因人因事因情境而异的。这就是心灵的复杂性。对于心灵的复杂性，我们过去或许很少专门去做研究。我们研究心灵，一般是把它放在一个普世的范围以内来考察，而忽略了每一个人的心灵都可能有极强的个体差异性。造就这样一种个体差异性的是世间最神秘的东西，也是最宝贵的东西，这就是人类社会有最强的多样性。但是这样一种多样性，既会给人带来独特性，又会带来一个问题，那就是人与人之间的交流与沟通的问题。人与人之间的交流与沟通成为人的心灵世界赖以存在和发展的必要条件，所以章劲元老师指出，在我们的研究生和大学生中，感到最困难的是人际交往。这就是因为人的心灵世界只有在与他人和社会的交往中才能够真正地存活和发生作用。那么接下来大家会产生一个问题，既然容易受到伤害，为什么不尽快地去治疗它呢？

第四个判断：心理治疗比肌体治疗要复杂和困难得多，其根本原因就在于人的自觉和自知。

我们的大脑是用来感受我们的肌体和外部世界的，那么我们肌体的任何微小的变化都可能会很快通过我们的眼、耳、鼻、舌、身的触觉系统收集到我们的大脑，然后我们会处理我们肌体的各种状态，有经验的同志会知道头晕了、血压高了就要吃降血压药，有经验的同志会知道头晕了、血糖高了要去注射胰岛素等。这些，我们已经形成一种治疗的习惯，形成一种常规性的动作，而且我们的心灵就是用来感知我们的肌体和外部世界的，十指连心，一根针刺到我们的手，我们就不能够集中注意力，马上会把注意力集中到手指尖上。只要有外部刺激，这些都会反映到我们的大脑，而问题在于当大脑出现了问题，当我们的心灵出现了问题，靠什么去感知它？这还要靠我们的心灵，所以肌体是要靠心灵去感知，而心灵也需要靠心灵去感知，那么一个病态的心灵能够感知到一个病态的心灵吗？我想这个问题就很值得研讨，就像我们如果牢牢地戴上一副有色眼镜，看到的所有的东西都会变形，但是你会以为你看到的都是真实的，所以人们总是会以自己的心灵本来就是健康的作为前提，然后去运用我们的心灵去观察外部世界，处理自身与世界的关系，而常常忘记我们的心灵是最容易受到伤害的，是经常处于波动之中的。医学研究表明，每个人一天的血压会有很多高的、低的周期性的起伏，我们的心灵在一天24小时中会有多少次变化吗？我们的心灵会根据每一个场景而发生喜、怒、哀、乐的变化吗？同样一个东西，有的人看着非常喜悦，有的人看着非常忧伤，何以至此？这就表明在我们的心灵内部，需要有一种自我的感知，但是这种自我的感知又往往是非常困难的，尤其是当我们的大脑出现器质性病变的时候，它就相当于一个扭曲了的照相机镜头，只会照出扭曲的头像，即便是我们的大脑是健康的、正常的，如果我们的知识与我们的情感等（在哲学里把它称为是认知定式）出现问题，即便是一台完好无损的照相机，它也会通过扭曲的变焦镜头照出一个扭曲的世界，当你用这样一种不管是健康的肌体还是扭曲的镜子来看待自身的时候，应该说都无法做出正确的自我认识，所以往往是有问题的人从来不认为自己是有

问题的，真正能够意识到自己有问题的人说明他机体的某一方面和他心灵的某一方面仍然有着正确的标准，他知道什么是对的。我们在考试的时候也会遇到这样一种情况，有的人考完以后兴高采烈地说他都做对了，结果发现得分很低，有的人可能下来以后郁郁寡欢，为什么我好多题没做，结果他得分很高，为什么？因为他心中的标准答案是正确的，他知道正确的标准答案，他知道怎样做，但他没有做出来。恰恰怕的是他自以为都做对了的题目反而做错了，而我们心灵出的问题就与这个非常相似，所以我觉得为什么心灵健康问题尤其值得我们去关注，就在于心灵的自知。这是一件非常困难的事情，我想这个不仅是对在座的诸位，也包括对我自己，我们能够做到对我们的心灵状态了如指掌吗？恐怕谁也不敢这样说，我们只能是在一个相对稳定的情况和感知状况下用心灵来处理外部事件，所以我们的心灵从来都是作为工具而没有成为目的，我们总是用心灵去处理各种事情，而没有把心灵本身作为一个对象来加以探究，我想这带来了很大的问题。

第五个判断：心灵的自我治疗，自我组织之道。

迄今为止人类在探索自然界方面有了很大的进展，最缺失的是人类的自我认识。我到国外去采访一些世界顶尖的哲学家，我问 21 世纪哲学最困惑的问题会是什么？包括当年被称为第一大哲学家的哈佛大学的克莱因，也包括其他好几位哲学家告诉我，21 世纪最有魅力也最难攻破的是认知科学，这个认知是人的认识，认知科学指向人的精神心理活动。我自己从硕士阶段开始就主攻认识论，到博士期间研究社会认识论，到现在为止博士毕业二十年，我带的几十个博士、硕士也都一直在研究这方面的问题，越研究越觉得这里面的奥秘甚多，实际上，在这一方面我们还有太长的路要走，还有太多未知的世界要探寻，所以我就想到在雅典奥运会圣火升起的地方，在阿波罗太阳神庙上，当年的古希腊人就留下了这样的警言，神庙的门口刻写的是"认识你自己"，作为自己的你是什么？是作为一个健全心灵的人，在这样一种意义上，我想在座诸位通过我们的努力去引领全校的六万多名同学，更好地认识自我、感知心灵，这无疑是非常重要的。从这种意义上说，我愿意和大家一块去分享一张贺年卡：

"有一位花农告诉我，他说几乎所有的白花都很香，越是颜色艳丽的花越是缺少芬芳，人也是一样，越是朴素单纯的人越有内在的芳香。"大家看看这是什么花，真是非常的美，大家想想原因是什么，为什么会是这样的？我们来看看他的结论，他的结论是：人也是一样，越是朴素单纯的人，越有内在的芳香。我们的朴素就和我们纯洁的心灵一样！我想大家在这方面会有一些特别的感受。我们再看一个例子，有一位花农告诉我，夜来香其实白天也很香，但是很少有人闻得到。他的结论是：白天人的心境太浮躁，闻不到夜来香的香气。如果一个人白天的心也很沉静，就会发现夜来香、桂花、七里香，连酷热的中午也是香的。一个浮躁的心灵，它会忽略世界的美丽，它会误解世界，它会造成对世界的很多曲解。实际上，今天的世界，今天的我们都处在浮躁之中，浮躁给我们带来多大的损失，这是需要我们认真反思的。再看一个例子，有一位花农告诉我，清晨买莲花一定要挑那些盛开的。为什么？其实我自己也答不好，大家想一想，我给大家十秒钟，然后来对一对答案，试图找几个答案出来，实际上，道理很简单、很质朴，只是我们常常觉得很精彩、很完美的结论，往往与现实生活有太大的距离，他的结论是：早上是莲花开放最好的时间，如果一朵莲花早上都不盛开，可能中午和晚上都不会盛开了。我们看人也是一样，人在年轻的时候没有志气，中年或晚年就更难有志气了。我想我们大家都是这样的，在我们成长的过程中，我自己感觉在我们3岁、5岁、7岁，乃至十几、二十来岁基本上就可以看出我们的一生，一个人在他最初20年里所受的教育和秉性在以后很难有实质上的改变。这就是我为什么要我们的本科生、硕士生、博士生一定要在写学士论文、硕士论文、博士论文的时候写出你们当前的最高水平，达到你们的极限，然后去超越。我认为博士以后，要再做到博士学位论文的水平是很难的，希望大家珍惜在研究生学习期间的机会。

再看一个例子，有一位花农告诉我，越是昂贵的花越容易凋谢。这是为什么，大家都知道这是昙花吧，我收到过介绍昙花的一个ppt，大概意思是，昙花一现一共也就两小时多一点，真是非常美丽，就那么短的时间，拍下了最精彩的镜头。结论是什么呢？他的结论是：那是为了要向买花的人说明，要珍惜青春呀，因为青春是最名贵的花，最容易凋谢。我们的青春一生能有几个？我想就只有一个，一闪即过，我们的大学期间、研究生期间、博士生期间正是最青春的时期，“恰同学少年”。我最近看到网络上和电视上在热评《恰同学少年》中演员们的青春年华，这段青春可谓是最可宝贵的，也是最具有创造力，最具有诗意的。

再看一个例子，有一位花农告诉我，每一株玫瑰都有刺，一不小心就会被刺伤。大家想一想，大家都喜欢玫瑰，也都收到过玫瑰，玫瑰的刺扎手怎么办？他的结论是：正如每一个人的性格中，都有你不能容忍的部分。爱护一朵玫瑰，并不是努力把它的刺根除，只能学习如何不被它的刺刺伤，还有，如何不让自己的刺刺伤心爱的人。我想这个道理非常简单，但是也非常深刻。宇宙间的万物蕴藏着奥秘，这些奥秘与我们的心灵世界息息相关，只要我们认真地去观察和思考，都可以找到我们心灵的影子，找到我们行为的影子，找到我们价值追求的影子。这些话希望大家认真去思考，我想这也会带来特殊的启示吧！

二、挑战挫折，反思困惑

人生就是在不断的拼搏中走过来的，过去我们对人生的理解有一种自然主义的学说，大家知道在过去人生学说里最多的就是宿命论。什么时候生，什么时候死？生下来以后的状况如何？是出生在一个农夫家里还是出生在一个富豪家里，是出生在一个特殊有教养的家里还是出生在粗俗的家里，类似于“生死由命，富贵在天”。实际上，这是不对的，大家知道我们真正的命运掌握在自己的手中，在于通过人的自我创造而实现。人的生命作为一种高端的生命，与动物最大的区别就在于动物的生命主要靠先天的遗传。大家仔细想一想，越是低端的生命，刚刚出生的时候，它就越具有这个种群的全部特性，就像一个蚂蚁从卵里面孵出来，就会去生长一样，但是对于人

来说，由于他要经过前面讲到的20年的学习，如果人的寿命以80年为限，一个人要用20年来学习，然后用40年来工作，再用20年养老，学习时间占据了整个生命的1/4，多么的可贵，正是从这样一种意义上说，人的生命的价值是通过人自身的活动来创造的，但是人在活动中间，他所具有的目的性，往往是不能实现的。什么叫挫折呢？挫折就是我们设定了一个目的，进行了努力的活动而不能得到满意的实现，这就叫挫折。我们每天都在设定活动，设定了一个活动按照具体的目标去行动，却往往事与愿违。恩格斯早就揭示了这样一种特殊的道理，他说，在人类社会中存在一种特殊的情况，就是意志的碰撞。你希望达到这样的目的，他也希望达到这样的目的，机会有限，你希望通过某种途径达到这样的目的，他也希望通过该条途径达到另外目的，而通道有限。你需要实现一个目标，他也需要实现一个目标，你需要这一种方法，他或许也需要这样一种方法，这个方法有限。在这样一种背景下我们往往会产生挫折感。

挫折如何转变为人生的财富？大家知道，挫折使人丧气，有的人在挫折面前选择了放弃，如何去应对挫折，我的看法是：我们要积极地挑战挫折。挫折来自于多种方面，可归纳为以下几大块。

第一，学业的困惑。作为大学生、硕士生和博士生，最大的挑战来自学业，这个挑战意味着我们是成功还是失败。学业的忧虑给我们带来了成就感或者是挫折感，那么在这样的一种背景下，如何更好地学习，这是大家都会感到非常困惑的问题。说老实话，为什么诸多的中学生来到大学会产生那么多的心理困惑，首先就是学习方式的转变，学习氛围的转变，学习和自我学习条件的转变，这样一种转变带来的困惑，这就是为什么大一、大二有如此多的心理困惑者。我想在学习方面，会面临多方面的挫折，挫折如何去应对，需要我们实现一种自觉，造成心理困惑最普遍的结果就是学习的懈怠，甚至会造成学习的恐惧。为什么我们要对上网有瘾的人特别关注，为什么对考试不及格、挂科的人要特别关注，实际上我想都会是他们衡量自我成就感的一个标志，学校方面的落后，在大学和研究生期间往往是必然出现的，华中科技大学的本科生来自全国各地，这8500名本科生我们把他们一个一个招录进来，可以说都称得上精英，能够能考入华中科技大学的都是地方的尖子学生，据我们统计，在湖北54万考生中，只有前6700名才能够考进来，多少分之一？但是这一部分人进到华中科技大学来，马上就发现强手如林，这些同学在原来各自的班级或者年级都是名列前茅的，从高中到大学，学习方法变化了，学习环境也变化了，在这个强手如林的校园中，有人难免会产生学习的困惑，在高中名列前茅的进大学不知不觉就落到后面，即便在这样一个大学能保持良好势头的也会有很大的压力。尤其是“学在华科”绝不是一句空话，除需要每个人的努力，还需要足够的智慧。另外一方面，在学习方面追寻一种完满往往也会产生一种困惑。实际上我们有很多同学，和我谈过这样的心声，很难保持班级前三名，怎么也保持不了，非常痛苦，痛不欲生，我告诉他们前三名有那么重要吗？是重要，没有那么重要。学习的成绩重要，分数也重要，但是还有比它更重要的，那就是你的信心，就是你的恰当的自我定位。在学习这个问题上，说老实话，我自己的博士生，每每进入博士论文阶段，就会给我发来短信，给我发来邮件，说已经到了难以坚持的地步，我就鼓励他们坚持一把，坚持一把就过来了，好的论文就写出来了，很多很成功的学生现在都是副教授、讲师了，还这样困难，我告诉他们，要想做一个好的博士论文，要做得你的身体一点毛病都没有，就做出来了，我是不太相信的，我在中国人民大学做博士，写了 37 万字的博士论文，写完了我就住院了，当然我们那个时候条件不行，37 万字，我用复写纸把它复写了 5 遍，每一次要复写 5 本，然后送去给老师们看，工作量太大。现在，尽管学习条件好多了，但是学习压力、研究压力仍然非常大，所以我们的同学们，尤其是我们的硕士生，在两三年的时间要想完成好学业，一定要有一个好的心态，要有一个好的定位。第三个方面就是考试焦虑。应该说考上大学、考上研究生的人，都是身经百战的。但是往往在这样的过程中，强烈的竞争会产生考试焦虑。昨天我们的校长办公会议，又不得不做出了遗憾的决定，那就是要对我们的极个别学生做出处理，我这个地方用了一个概念，是失足选择，我能想象这样一些同学，在他们做这样一种选择之前，会有多么激烈的冲突。每一次大考以后，我都不得不签署一些文件出来，处理一些学生，我看着这些文件，心里面非常沉重，同学们写了非常诚恳的悔过书，早知如此，何必当初？何必做出这样一种错误的选择呢？宁可考试不及格，也不可冒险以身试法，在这个方面是一票否决的，这个里面可能有很多的侥幸心理，更多的是一种心理上的高度的不自信，面临学业的压力，如何做好走好，当然还有一些问题，比如说，高分战略与能力提升的问题。前面我谈到一些同学对分数的在意，我是能够理解的。因为我们今天除了分数以外还有一些因素，但是分数仍然是重要的因素，用于衡量一个学生的成就与水平，所以我们的保研还是要看分数，我们的高考还是要看分数，我们的复试还是要看分数，毕业还要大家打分数，但是我觉得最主要的还是大家能力的把握，说老实话，多少两三分，没有那么重要，能力提升才是根本，所以最后从学习的角度，我希望大家不浮躁、不焦虑，快乐地学习。学习应当是快乐的，马克思早就讲过，他说，人的内特性最重要的就在于它是自由的，自觉的活动，那么从自由、自觉中，能够发现自己的目标，就能够找到自己行动的方案，也就能够找到自己成功的要领，所以快乐的学习可以使我们走出焦虑的陷阱。

第二，情感方面的困惑。可以说我们的大学生，特别是硕士研究生，是情感困惑最为突出的时期。刚刚从中学到大学，家长一定是严令不许谈恋爱的。刚刚来大学的时候还看不清，还不知道该找谁呢。到了大三、大四的时候，要毕业了是不是要有一个出双入对的呢？到了研究生了还没有人喜欢我，是我的问题还是别人的问题呢？这个心理困惑一定会产生。当然，我们现在也有博士，所以产生了男人、女人、女博士的说法，我是非常不赞成的，我们现在的女博士都非常美丽，都非常健康。但是无论是社会上还是研究生自我，都会有一个自我认同的问题，情感方面的困惑是人最自然的困惑，因为男女之间的关系是人与人之间最自然的关系。马克思在 1844 年就给我们讲过这个问题。他甚至说，男女之间的关系可以看做是社会进步的尺度，所以人由于他生理的成熟，要有相应的情感的期盼，这个是完全正常的，不应该压抑，当然也不应该放纵，所以我在这个地方提出四点建议。①敢于追求，让自己的情感得到释放。这不是一个非常羞于启齿的事情，所以我们现在看到各种鹊桥会，这对我们大学生好像是没有必要的，大学生身边多的是靓男美女啊。对当代大学生来说正常的情感追求、正常的情感释放是必要的，不应该去压抑他；我们不应当回到中世纪，我们也不应当受当年中国传统文化的制约。②善于放弃。我们看到，有时候被人爱的痛苦，有时候单相思的痛苦，我们看过这方面诸多的案例，甚至导致极端事件的发生。这些事情离我们并不算太远，那么在这种情况下，我觉得，勇于追求是一种勇敢，善于放弃也是一种勇敢，大家要审时度势，这恰恰是对我们智慧的考验。大家知道，在整个西方哲学史上一直在讨论一个问题：是激情的理性还是理性的激情，实际上我以为恰当的理性建立在合适的激情基础之上。理性为激情引领方向，而激情使理性更富有效能。③懂得自尊。自尊是以尊重他人为前提的，实际上，在情感生活中间，最大的、最重要的事情就是能够尊重对方。尊重对方就是尊重自我。尊重对方的选择才能使自己的情感建立在真正坚实的基础之上，才能够成就未来特殊的姻缘。所以我想这个自尊和自重啊，在我们的情感生活中是尤其值得倡导的。④勇于承担责任。大家可能都在追问一个问题，爱情是什么？爱情就是责任，爱就意味着准备为他付出，意味着承担责任，家庭的责任，父母的责任，社会的责任，所以我想在这一方面，一个有责任感的人才是真正懂得如何去处理好情感生活的人。

第三，疾病的问题。我给大家举一个身边的例子，2009年一位叫做孙小军的新同学，入学报到的时候我们发现他只有一条腿，当时学校决定送给他一辆电动车。由于他只有一条腿，行动不便，我们是不是可以让他不睡架子床，但是孙小军谢绝了学校要给他低床的待遇，他坚持用一条腿爬到高床上去，只用学校提供的电动车。他还被评为华中科技大学十大风云学子，最近我们的资助老师非常高兴地给我发来短信，在全国大学生获得资助的同学有一个征文比赛中，我们的孙小军同学获得了特等奖。三十号左右要到北京去领奖，我真是为他高兴，这几年的春节团圆饭，在百景园，我都见到了他。有的时候他就坐在我的身边，我又把他介绍给李校长。我想，在这样的一个情况面前，人们会做出的选择，是非常不一样的，怎样选择决定了生命发展的轨迹和道路。今天中午我在吃饭的时候看了《共同关注》：有一位十四岁的孩子得了先天性心脏病，家在农村，可以说家徒四壁，没有钱给他治病，这个孩子由于心脏病不能去上学，他的母亲非常焦虑，这个懂事的孩子知道他只能活到十八岁，于是他做出了一个重要决定，决定在死之前做一件让他妈妈能够为之而感到骄傲的事情，于是他提出他要捐献遗体，捐献眼角膜。他看到广州有一个人因为缺少眼角膜而失明，他恨不得活着的时候就捐献他的眼角膜。然后，全城的人来救助他，给他凑齐了做心脏手术的钱，拯救了他的生命，应该说正是他这样一种精神，一个十四岁孩子在面临死亡威胁的情况下，做出了这样一种选择感动了市民，感动了中国，他也获得了新生，我想人生面临的选择是多种多样的，尤其是在面临一些极度困难的问题的时候。这些问题实际上离我们不远，就在我们的身边。生理的问题之所以值得关注，在于它和我们的心灵是密不可分的，是内在互动的。没有一个健全的体魄很难想象能够有一颗宁静的心灵，除非这一颗心灵格外坚强。我是非常佩服张海迪的，每一次看残疾人运动会，就会由衷地产生更多的崇敬，这些人在特殊的条件下，以特殊的毅力和意志谱写着他们的人生，从这个意义上说，我们有很多的问题是可以讨论的，我们这个地方列了几个小的问题，如性别的差异与心理的健康。男生、女生都会面临这样的问题。多次有人问到我，欧阳老师，听说女孩子不能学哲学，学不好哲学，有这样的问题吗？甚至有一个女生报了我的研究生，突然给我打来电话，我听说欧阳老师不招女学生。我说，没有这样的事情，我现在就有女学生，我当然不能为了证明这一点而招你，但是我一定不会因为性别问题而不招你。现在我的女学生也不少，我觉得在这个问题上，没有必要困惑，但是有时候会以各种方式出现在我们的周围。再一个就是抑郁症的问题，抑郁症在很多人看来是一个难以启齿的问题，抑郁症就跟我们得感冒一样，叫做"心灵感冒"。我们天天要面临感冒的困扰，那"抑郁症"也不是一个特别奇怪的事情，从这样一个角度来看，得抑郁症和得感冒、得伤风、得白血病没什么差别，而且它是完全可以治疗的，尽管治疗比较困难，而困难的程度是与你的意志和自觉性成反比的，抑郁症是完全可以通过我们心灵的自我调控加上药物的治疗来解决，这就是为什么我们把我们医院的医生请到心理咨询室。实际上，有时候，我们的思想工作是有用的、是有效的、是重要的，但并非万能的，它一定需要辅之以生理方面，抑郁症可能来自于遗传，也可能会来自于后天，抑郁症确实会导致极端事件，但是抑郁症也是可治的，不可怕的，所以我们要正确对待这个事情，我觉得以大张旗鼓的方式宣传这样一种情况，可能会使我们很多人放下包袱，轻松地对待我们的人生，所以从肌体健康的角度，我觉得最关键的是要有一个合理的、健康的生活方式。我们有很多同学喜欢熬夜，很多同学喜欢睡懒觉，我是真的希望大家，不要相信天才是靠熬夜熬出来的，真正的天才一定是在正常情况下发挥出来的智慧。实际上你想一想你的生命是一个周期，在周期中的每一时刻适合做什么它都有自然的生理的制约性，应该健康地去生活。所以我们对新生实行了"三早"，同学们有点意见，我们的辅导员是有点辛苦，但是实践证明，效果是好的。一个好的开端意味着美好的一天，一个好的体魄可能会支撑你去攻克任何学习及生活中的难关。

第四，交往的困惑。刚才我也谈到，人作为社会性的存在物，最重要的就是交往，如果一个人在世间没有朋友，出了问题，或者喜悦或悲伤没有人倾诉，那就是一种可怕的孤独，而孤独是可以夺走人生命的，因为孤独违反了人性。人性是一定要在与他人交往中得到展现和实现的，所以在这个意义上，我们觉得在交往中间，可能会有多种误区。第一种误区就是自卑，我出生农民，我来自农村，我能够和人家平起平坐吗？我的考分比别人低，我能够和高分的同学平起平坐吗？我这一次考试没有考好，我说话还能大声一点吗？等等。大家都会有这样的感觉，我自己也曾经有过这样的感觉，这种感觉不是某一些人会出现的，任何场合当你做这样一种比较的时候都会产生，在这样一种情况下，关键是要如何找到自信，当然，它的另外一极就是过度的自满。实

际上，飞扬跋扈，趾高气扬，这种情况在我们同学中间也不是没有，而且这一种人往往会受到他人的孤立，而变得格外的封闭，内心极度的自负与外在表现中极度的自卑，往往是两极，大家看到我们云南大学的马加爵同学恐怕就是一个特殊的典型。我的一位好朋友，他们的校长，就是因为这件事，而被降职，我跟我这位好朋友说，我说你真冤枉啊。他说，不冤啊！管理上不能说没有不能做得更好的地方。按照教育部李卫红副部长做的统计，大学生具有严重心理疾病的，大概在百分之零点三几。百分之零点三几，千分之三点几，万分之多少？我们学校该有多少？我们心理咨询老师该有多么重的任务？在这些学生中间有多少是非常严峻的？需要我们去关爱？在交往过程中我觉得有很多要素，但最重要的就是积极、真诚、开放。我还是主张同学之间的交往，遵循"君子之交淡如水"，真诚就好。越是那个哥们，越是那个要吃要喝啊，要抽烟啊，要上吧啊，要 K 歌啊，就越容易出问题啊。因为这样不可能长久，总有一个花钱的问题啊，总有一个先后的问题啊，总会产生一些心理落差的问题，所以我觉得在交往中间，尊重和自重同样重要。这样来处理同学之间的关系，就会变得异常的简单，我希望大家生活在一个友爱又非常简单的环境中，不用去揣测他那个"笑"是什么呀？看不懂呀，他说的这个话是什么意思啊？怎么听不清呢？实际上，大家都会觉得，在这样一种环境中生活，恐怕是非常不舒服的。

第五，关于专业与职业生涯。我们也看到有同学确实为学业，为专业，为未来的前途而放弃了自己的生命。在这种情况下，如何恰当地处理，很多同学可能都有这样的感觉，来到华中科技大学来对了，但专业没有选好，或者有的人会认为到华中科技大学念研究生念对了，但导师没有选好。会产生各种各样的问题，实际上，在我看来，这个世界之大可以容纳任何兴趣、任何才华。问题在于怎么去做，你做得如何，而不在于你做什么。所以每年我们在这个地方给我们的毕业生一个一个授学位的时候，我只要在场，都会叮嘱我们的同学，到社会上后，认真做你自己该做的事情，社会会做出恰当的评价与选择。我们现在的大学生和研究生，经常会面临这样的困惑，到底是先就业还是先择业？刚才我们的马处长告诉我，我们的研究生，尤其是某一些专业的研究生，目前为止，就业率还不高，令人操心。我在想，到底是无业可就还是有业不就？关键在于你的就业期待，你期待一个什么样的工作？是一个年薪十万的、八万的、五万的，还是一个能够实现自身价值，施展自我才华的。待遇当然也是要的，但是首选是什么？这里面的差异非常大。中共中央组织部做了一个决定，大家也许已经看到，从 2008 年开始，将在全国的大学生（包括研究生）中，每年选拔两万人，连续五年，一共十万人，到农村去当村官，这个事情作为一个正式的政策已经制定了，我们也有很多同学，以各种方式去支教，到西部去当教师，哲学系的谢永强，一个女生在农村的一个中学施展了自己的才华，她那天找我希望能够跟我读硕，我说我接受，能够吃这三年的苦，能够自愿在实践中接受这样的锻炼，你还会相信她对自己的未来没有足够的信心吗？实际上我想，我们只要勇敢地走进社会，你都会找到施展你自己长处和才华的场所。应该说国家为这样的人，也提供了非常好的待遇，甚至以后的公务员重点也会从这些人中招收，希望他们能够下得去，留得住，干得好。我们在座的诸位，如果有兴趣，也会有这样一些机会，在我们面临自我的发展和社会需要之间的抉择时可以做出正确选择。当然我不是说大家一定都要当村官才是正确的，而是说选择到社会最需要的地方，能够实现你的才华的地方，所以我们要避免两种情况，一个是急功近利，另一个是好高骛远。我们实际上只要能够脚踏实地，做好长远规划，我们就能够实现自我价值。

第六个是生命的困惑。这可能是最大的困惑，活着干什么？为什么要活？还要不要继续活？这对大家来说可能是些觉得很可笑的问题，还会有这样的？生命的价值与意义何在？这确实是需要我们认真思考的，活着的人不太会认真地思考生命的价值，往往当生命要离去的时候才会感到时间的短暂。正如很多同学说的，我读大三了，才觉得大学生活珍贵，真舍不得走啊。为什么？因为这一段时间最美好、最单纯，全力于学习，社会各方面给予足够的保障。当我们要创造生命价值的时候，更严肃的问题是，我们有没有放弃生命的权利？生命属于谁，在这个问题上，恐怕很多人会觉得生命是属于自己的，的确，生命是属于自己的，但它绝不仅仅属于自己，从某种意义上说，你生命的肌体是属于自己的，而肌体的社会功能是属于社会的，它的精神，它所可能做的创造是属于社会的，属于家人的。在这个问题上，我觉得恐怕要做更深层次的研讨和领悟，我非常赞赏最近一部电视剧——《士兵突击》。我在很多场合，都像“祥林嫂”一样讲着《士兵突击》里面的许三多，因为它确实打动了我。为什么？我做一个测试吧，在座看过这部电视剧的举一下手，恩，不错，有一半左右，还不够多，回去赶快找来看，越快越好，总共28集，不一定每集都那么盯着看，那会花很长时间，我其实也没有全部看完，我是非常偶然地看了22集，并一直把它看完了，然后我又补看了几集，现在在我的电脑里面，有全部28集的电子版。我的夫人看我对这部电视剧比较有兴趣，她说太难得了，给你买一个光盘吧，鼓励我继续往下看。剧中钢七连最重要的口号，也是《士兵突击》里面最重要的口号，就是六个字“不抛弃，不放弃”。“不抛弃”是指处理自身同他人的关系时，不抛弃任何东西。“不放弃”是指处理自身与自我的关系。有放弃的权利么？有抛弃的权利么？谁给你这个权利？我想在这个意义上，我们大家可以从社会的、家庭的、角色的各种角度来加以判断。我自己觉得在面对挫折的时候，最重要的就是要善于把挫折转换成人生的财富。有很多同学问我，欧阳老师，你现在已很有成就，是怎么走过来的？我说我是跌跌撞撞走过来的，是在挫折中走过来的。当我去插队的时候，我甚至就准备在那个地方成家立业了，当我去当工人的时候我就只想当工人，没有想着当干部，直到有一天恢复高考，考上大学读书的时候我也没有想到还要考研究生，我也只想着赶快把本科读好，一步一步不知不觉地走过来，这个过程中也有挫折，太多的挫折，我曾经长期入不了团，也长期入不了党，家庭出身不好，等等。关键就在于不能够放弃，没有权利放弃，你的生命不是只归属于你自己个人，所以就一步步这样走过来了。我想我们所有同学能够走到今天都一样，或者诸位老师都一样，我们都是跌跌撞撞走过来的。谁敢说谁就一帆风顺？我

猜测不会，可能考大学考了多次，可能考研考了多次，考上以后有的分数也不太好，写篇论文送出去却被退回来了，等等。对博士生来说，高层次论文、科研论文、外文论文发表不了，等等。怎么办？不放弃。这个地方我就借助于《士兵突击》来进行我们的讨论。许三多是个非常笨的人，这个笨到走路的时候你让他往前走，他却往后走，你让他往左转，他就往右转。而且元朗给他的评价是，当他一个人跟着队伍的时候，他连走路都不会，但是当他独立地做事情的时候，他会具有自己全部的智慧和勇气，他做的最有深度的思考就是“活着干什么”，他始终要追究一件事情的意义，这件事情让他感到极度的困惑，最后他悟出来的或者从一开始他从心底里面就认为一直在坚持的就是“有意义就是好好活，而好好活就是要去做有意义的事情。”在我的课堂上，我的同学们说这意味着他体会到生命是一种过程，“好好活”在某种意义上比结果还要重要。过程是重要的，努力也是重要的，但能不能实现预期的结果，可能需要具备各种条件，我们不必为结果不能实现而感到懊丧，我们只能为我们在过程中没有尽到最大的努力而感到羞耻。剧中有一个草原5班，这个草原5班是非常典型的，在前几集就出现了，它实际上就是那么4个人，在看守着一个驻训场，方圆几十里没有人烟，他们过去就天天在那里打扑克牌，输了就贴条子，就背背包，就披毯子，后来许三多就被分到这个地方，去了以后就帮忙他们整理内务，去修路，最后把这几个人都感动得成了真正的现代军人。这个5班，用我们通常的话来讲，就是一个慎独的5班。在中国文化中有一个重要的概念叫慎独，什么意思呢？就是说当你独自一个人，没有任何人知道你行为的时候，你还能做好事吗？你还能行善吗？大家知道西方文化讲原罪，不管你做好做坏，都有一个万能的上帝无所不在、无所不知，而中国文化呢？没有这样一个上帝，所以靠的是我们的内心，靠的是我们的自觉，但是自觉往往是有限的，自觉是需要自觉性的水平来加以支撑的。所以在草原5班这个地方，他不得不做出一个选择，这是最需要自己面对自己内心的地方，因为这个地方什么人都没有，所以每个人都得想办法找一件消磨时光的技能。有一个人专门在那里写书，几年了连个序言都没有写好。这几年，他已经撕掉了两百多篇序言了，但是他还在继续写。这就是在一个特定的条件下，对自我的心理调适。在有人看到的时候，在有角色规定的时候，我们会表现得很好。我们当老师，我们当干部，我们会表现得很好。当我们走上了火车，走上了汽车，走上了一条谁也不认识的马路，走到了一个谁也不认识的国外的时候，我们还能够表现好吗？没有角色的约束我们该怎么做？走到了路口，是个红灯，周围没有车，没有人看见，我们还等吗？华中科技大学为什么搞功德长征，年年都在搞，就是要管这一些没人看见，没人监督需要自我监督的地方，这就是我们人生的价值。所以，元朗和他们一些人在总结每件小事的时候，就像救命稻草一样地抓着，他的这一点理想，这一点意义，这一点追求，有一天我一看，好，他抱着的已经是让我仰望的参天大树。什么意思呢？就是我们眼前的每一个行动都是需要有价值追求的，这个价值追求可能是宏大的，也可能是细微的，关键在于如何走进我们的现实生活，灌注到我们的现实行为当中。当你按照这样一种方式去积极支配你自身，积极努力地奋斗的时候，你会发现最终你成就了自己。许三多说，“信念这玩意儿，真不是说出来的，是做出来的。”实际上我们大家是有感觉的，当你真正做一件事情的时候，全力投入的时候，你是不会去追究它的价值和回报的。所以，别人评价许三多是一个很安分的人，不太焦虑，耐得住寂寞。这一点对我们大学生、研究生而言尤为重要，甚至对大家，对教师，学校为什么在最近的信任条例中减少了年度考核？增加了周期性的一个聘期，比如说 5 年一聘，4 年一聘来取代考核，就是希望大家能够静下心来教书，静下心来做学问，静下心来带学生，在某种意义上说，这也是价值体系的转换。在天津医科大学有一个特殊的展室，这个展室展览的是 211 个捐献了遗体的人的遗言，我当时看了非常感动。大家知道，捐献遗体意味着一个人对社会最后可能作的贡献，可能这个人最后钱也捐了，房子也捐了，能捐的都捐了，最后只剩下这一具躯体了。而这里面就有天津医学院（现天津医科大学）当年的创始人朱宪彝先生，当他最后一次住院的时候留下了遗言：他的全部藏书捐给天津医学院，捐出一套自有的用房。这是他自己的房子，然后仅有的两万元储蓄捐赠给医学院作为奖学金。然后等到他去世以后献出自己的遗体，看做是医学家最后的归属。这个照片的花架上就是朱教授的肝脏做成的标本，展览在这个地方，他就与这个学校永存了，他获得了一种特殊的永生，我到那听到，有的人说，我一辈子没有给党，给人民做什么事情，我现在也没有能力做了，我家里很穷，剩下的就是这一具躯体了，我愿意把它捐出来。大家想一想，我们自己还很难说能达到这样的境界，还需要修炼，还需要去学习。我希望以后我们学工口的同志们啊，以后也可以到天津去，也可以去看一看，去学习一下。

三、怎么样来健全心灵

我觉得最重要的就是要有丰富的生活。马克思曾经这样讲过，人内在的心灵世界的丰富性是与他的外在生活世界的丰富性成正比的。所以我们讲到生命的价值，同样的几十年寿命，有的人活出了精彩，有的人活得窝窝囊囊，有的人流芳百世，有的人遗臭万年，这就是生命不同的价值。而对于大学生来说，包括教师来说，我觉得最重要的就是要有丰富的生活。从哲学角度来讲，丰富的思维是跟丰富的行为联系到一块儿的，而丰富的行为一定意味着生活的多样性。我们大学生的生活紧张，但是应当是丰富的。我们有一百多个社团，我们每一个社团都给同学们各方面的兴趣提供了机会，应该让自己的生命在各种生活中去绽放光彩。我可能学习没有那么好，但是我球打得好；我可能球踢得不好，但是我可能长跑跑得很快，这都是你的精彩。每一点精彩都展现生命的价值。所以我说这个地方有几个方面，首先是要强健体魄。我非常赞成我们研究生部把健康从生理和心理两个方面来加以全面的规定。我认为，一个不那么健康的身体是很难支撑健康的心灵的。所以我们需要一个健全的体魄，健壮的体魄。从这个意义上来说，大家便可以理解，看看斯巴达克，看看当年的柏拉图，看看当年的亚里士多德，看看当年的古希腊城邦，是怎么样为了种族的强盛，而强健所有人的体魄，弱者让他死去也不要让他危害这个种族的繁衍。今天我们讲到很多的人道主义，但是体魄确实很成问题。其次是惊奇与求知。我觉得在我们生命当中最有驱动力和引导力的就是我们的求知欲望。亚里士多德曾经讲过，哲学需要三个东西，一个是闲暇，一个是惊奇，一个是自由。闲暇、惊奇和自由三者缺一不可，为什么？只有有了闲暇以后，你才能够来思考超越现实世界的东西，如果现在天天连饭都吃不饱，你还指望他去研究哲学，那恐怕是非常困难的，其他的学问也一样，在座诸位所学的也是一样，作为学科性的知识都是如此，但是要有惊奇，要去发现问题，然后还要有思想的自由，而热情与意志为生命与发展提供动力。我自己在攻读硕士研究生的时候，写过一篇叫做《论主体能力》的论文，当时在《哲学研究》发表，被《新华文摘》转载，"人之为主体，除了需要为他导向以外，能力为他支撑。而在能力中间，包含着人本身的自然力，也包含着人的知识与经验，还包含着人的情感与意志。"我们在座的诸位没有人能超出这三大要素。在某种意义上，正是这三者有机的协调整合才产生了一个成熟的主体，所以我们提出人生的价值取向——爱知、求真、向善、知真善美是研究生、大学生、教师们应当特别追求的一些价值。我们再次回到《士兵突击》，那里面有两个人物是非常值得我们关注的，一个是许三多，另一个是成才。成才是一位绝顶聪明的人，成才进入老A后所有的考试都是第一名，但是领导决定不要他，因为他对他所有的战友没有情感，他没有把他的战友看做战友，而是对手。他把他的心灵世界严严实实遮蔽起来而不暴露给任何人。而真正的社会是合作的社会，最终成才反省自己，他在钢七连里面待了两年，当他回忆钢七连口号的时候，他竟然想不起来这六个字"不抛弃、不放弃"。当他回忆六年中在他生命中留下的印象时，他居然想不起一个人，想不起一件事，他说他想得头疼了都想不起来，在这样一种严重的教训面前，他回到自己所在的基层单位，到了草原5班，去找回自己的"枝枝蔓蔓"，成为一个重新有血有肉的人，获得了新生。成才这样一个转变实际上是值得我们去学习的，所以说最终吸引着我们、感召着我们朝前走的是我们心里开着的那一朵朵的"花"，每个人心中的这一朵"花"实际上就是你对生命价值的理解，这种理解可以促使你去超越一切困难与挫折。

最后一点就是要爱自己。很多极端事件者谈不上爱自己，更谈不上爱他人。我听到过一个非常极端的例子：有一个同学放弃了自己的生命，他的父母悲痛欲绝。来处理完后事，骨灰没有要就走了。大家一定会说他的父母怎么这么狠心？父母流着泪说："他都不要我们了，我们要他干什么"。大家想一想，父母用了几十年的时间把他培养成人，对他寄托了家庭全部的希望，但是他是有悖于这种希望的，他给家庭的希望、社会的希望轻易地浇上了一盆灭顶的雪水。在这样一种情况下怎么能够得到社会的理解和同情。尽管我们非常同情这一位同学，但是我们真是恨不得能够有机会把他从迷茫中唤起。

最后谈一点组织体系方面的问题，即如何构建心理健康教育体系，这是从学校工作的角度，我们提出下面五个方面。

(1)提高认识，各级都要高度重视。

(2)构建机制,全员参与。

(3)注重识别,尤其是一些带有极端倾向的要着力培训,把在座诸位培训到具有专业水平和专业识别能力的这样一个境地。

(4)全面关怀,解除诱因。学校努力为大家创造尽可能好的条件。

(5)强化教育,重在治本。我觉得这个方面非常重要,在某种意义上,真正把心理健康作为我们素质教育的内在组成部分,这就是我们的本,它是我们赖以为人、为主体的重要因素。强化爱心,履行责任,这是对在座诸位学工干部和健康委员提出的要求。我提出四点要求。第一点要善于观察,敏锐地发现我们在座诸位健康委员身上肩负的责任,要对我们班上的同学做到在心理上了如指掌,能够从一些最不经意的言谈举止中去发现他们背后所隐藏的东西,知微见巨,洞悉心灵。大家知道,要真正做到这一点,靠的是人心,是心与心的交流,心理的东西有一个最大的特点,就是它不会直接袒露在人前,它一定要通过思考,通过言语和行动来表达,而且智慧还有一个功能,就是掩盖自身、遮蔽自身,所以就会出现假象。有时候就会有意地表现出假象,而掩盖自己真实的意图和目的。我们看到一些同学,是很从容不迫地结束了自己的生命,让人感到非常的痛心。这是值得我们去警惕的。第二点就是要保持警觉,及时传通。发现问题一定要马上报告。宁可搞出一点小误会,也不要放过一点隐患,但要注意方式、方法。第三点是传递爱心,华中科技大学之大,要有大楼,要有大树,要有大师,更要有大爱。当一个人感觉到这个世界,很多人在乎他的时候,他能不在乎这个世界吗?所以在这个方面我们还有很多可以做的工作。第四个方面,乐助善施,乐于帮助,而且善于帮助。乐于帮助容易做到,善于帮助恐怕就不那么容易做到了,这需要智慧,要有交往的能力,要体现我们的大爱。最后我们还要说,我们要把全员育人和全员自育相结合,这个方面我们多次讲过,我不想多谈了,我只想引两段话,一位是苏联著名的教育家苏霍姆林斯基,他说只有激发学生进行自我教育的教育才是真正的教育。美国的心理学家帕特逊也谈过,心理健康教育应该协助受教育者成为一个负责、独立,并能够自我实现的人,有能力为自己的行为做出决定,而且有能力对自己的行为后果负责的人。所以我想我们的全部工作是为了通过我们在座诸位老师和同学,使华中科技大学所有同学们都能够在促进自己心灵健康和美好方面增加自觉性,而且能够懂得怎么样去做,怎么样爱自己,怎么样爱家庭,怎么样爱同学,怎么样爱学校、爱社会?在这个基础上,爱我们的人类。

理解心理咨询

华中师范大学　江光荣

心理咨询和心理治疗是现代社会中一项独特的、专业化的人际帮助活动。如果想要了解这一专业领域，首先从宏观角度对这一专业在现代社会中的定位、它的发展历史和现状以及它的主要特点做一鸟瞰，是较为明智的选择。下面，我将从讨论现代社会中个人生存发展的困难与专业助人活动的可能性入手，阐明心理咨询产生和发展的社会原因，以及心理咨询专业的哲学基础和科学基础。另外，我们还可以来了解一些中国传统文化中心理治疗的思想和实践。

一、人的心理困扰

（一）适应和发展——人生两大基本任务

每个人来到这个世界上，便面临两个终生的课题，即适应和发展。适应和发展体现着人（也是任何一种生物）存在的基本规定性，是不能选择的。

在心理学中，“适应”是指有机体以行为改变为手段对环境条件的顺应。任何人出生到这个世界上，必承受许多先定的、个人无法选择的生活条件（环境），例如我们的父母、我们的家庭、我们的种族，等等。而且任何人终其一生，始终都是在一个受限制的环境中生存，在一个有限的舞台上演出。所谓适应，其实是尽可能地利用受限的生存条件，使自己的需要得到满足，同时也使个人的生命尽可能丰满和有意义。

不同个体适应环境的情况有好有坏，描述这种适应情况的概念叫做“适应性”。适应性不仅在个体之间存在差别，在一个人生命的不同时期也往往有变化。例如有人在青少年时期学校适应很好，步入社会后却频遭挫折。

综合来说，我们不妨这样对适应下一个定义，即适应是个人通过不断做出身心调整，在现实生活环境中维持一种良好、有效的生存状态的过程。

适应和发展无法分开，恰如一枚硬币的两面。在心理学中，“发展”指的是个体的身心机能及其品质发生有顺序的、积极的变化的过程。在一个相对适应的水平，由于个体生理的成熟，或由于环境和教育条件发生了改变，原来的适应平衡便被打破。新的条件和新的要求需要高一级水平的心理机能和个性品质才能适应。个体是由通过学习来提升心理机能和个性品质。这一由较低的适应水平向较高的适应水平推进的过程，便是发展。

人类个体的发展既有其客观定则，又有相当大的不确定性或可变性。就其客观定则而言，首先，绝大多数个体只要生长在一个基本正常的环境中，就必不可免会有所发展。比如身体一天天长大，能力和知识越来越丰富。其次，每个人都要经历大致相同的发展阶段，从嗷嗷待哺而追逐嬉戏而上学读书而成家立业……就其不确定性而言，一则，对于一个人，发展总是在特定环境中进行的，而这个环境既存在客观性又存在偶然性。一个人所面临的经济条件、教育条件和人生际遇，会对其发展过程产生重大影响，使得发展有时顺利，有时出现障碍和差错。再则，每个人在发展过程中继起的追求发展的努力程度，也影响他的发展水平。事实上，许多心理学家相信，虽然每个人都有一个心理发展的上限(这个上限由个体遗传的发展潜质所决定)，但大多数人并未达到这个上限。

由上述讨论，我们了解到环境对于人的适应和发展有着绝对的意义：环境条件既可支持个人的适应和发展，也可能阻碍其适应和发展。由此，我们自然地希望，人类的社会文化条件变得更合人性，更有利于人的生存发展。遗憾的是，事实好像并非如此。

(二)社会变迁——现代人面临的适应挑战

20世纪是一个发生了广泛的社会文化变迁的世纪。变化的范围之广，幅度之大，速度之疾，为文明史上所仅见。作为人适应和发展环境的社会文化条件的这种变革，使当代人的适应和发展面临严峻挑战。学者们在研究社会文化变革与人的适应的关系时，确认以下一些社会变迁因素对人构成适应压力：①价值冲突压力；②社会变革压力；③文化移入压力；④生活变动压力；⑤目标—努力不符压力(如唤起了的成就期望与实际的成就水平之间不一致造成的失落与愤怒)；⑥社会地位分化压力；⑦角色冲突压力(参见马尔塞拉，1991，256～258页)。为更多一点了解这种适应挑战，我们不妨联系几种社会文化的变迁，看看它们造成压力的挑战的情形。

变化之一：专业分工越来越细，造成人的心理机能的片面使用和发展。大工业生产导致非常精细的专业分工。这种分工只要求生产者具有某种单一功能——譬如专门焊接一批固定焊点的“机械手”。他的思想、情感、创造性等变成了多余的累赘。从心理生活的丰富性、心理机能发展的全面性来比较，一位狩猎社会的猎人甚至要比一位在流水线上作业的现代工人幸运得多。一位猎人要有灵敏的视、听、嗅、想象和思维能力，要有强健的体魄，要有独立拼搏、不屈不挠的意志，要有合作、助人的品质。他的环境也提供了充分的压力和刺激让他发展这些机能和品质。而流水线上的工人呢？社会要求他的只有两样东西：一是对金钱的需要，二是娴熟拧螺丝的技能。

变化之二：人口密度增加，人际冲突增加。由于人口绝对数量的增加，更重要的是由于工业化和城市化过程中人口迅速向作为工商业中心的都市集中，造成人口相对密度急剧增加，而生存资源和机会相对有限，使得发生人际摩擦和冲突的概率大大增加了。有限的工作职位，有限的晋升机会，有限的居住、交通、教育、医疗容量，在各方面制造出一个个竞争“瓶颈”。竞争不仅催生冲突，更使个体经常处于应激、不安之中。

变化之三：家庭结构和功能发生变化，家庭的心理保健功能下降。传统家庭担负着多重功能，如生产、生殖、保护、教育、消费，等等。以这些多重功能为纽带，家庭结构比较牢固地得以维系。但在现代社会里，家庭作为生产和消费的基本单位的功能日益萎缩，其他一些功能也日益社会化（如教育功能转移到学校，安全保护功能转移到保险、社会福利、公安部门），家庭在人们生活中的重要性开始下降。家庭结构向小型化、核心家庭发展。家庭破裂、重组的比例增加，稳定性下降。由于性爱成分在维系家庭上的作用相对上升，加上避孕技术的进步和性道德观念的淡化，使家庭不稳定的趋势更加突出。在各种文化中普遍存在的离婚率上升现象，就是这种变化的证明。

从家庭生活与个人心理健康的关系来看，家庭历来都有双重作用，好的家庭关系支持、维护家庭成员的心理健康，不良家庭关系引起冲突和压力，造成心理困扰。在现代社会中，虽然总的说家庭的积极作用仍然大于消极作用，但两种作用成分却发生着令人担心的消长：家庭保护心理健康的作用在下降，引起困扰的作用在上升。

变化之四：教育日益片面化，忽视个性和谐发展。人的全面和谐的发展一直是教育的理想和追求，但片面化的教育却一直是教育发展的现实和趋势。在现代社会中，教育的这种畸形发展越来越严重。一方面是社会对教育的投入越来越大，个体受教育的时间越来越长；另一方面是教育日益变成了职业教育、谋生教育。教育内容片面集中于知识、技能的传授。大至国家、社会，小到家庭、个人，教育越来越单一地集中在对生产力的开发方面。在今天的学校（还有家庭）里，体育、美育要么受冷落，要么就单单对那些稍有天赋的孩子进行重点教育，以便让这些孩子日后以体育或艺术谋生。

教育畸形的结果，一是使学生在校学习期间经受巨大的学习压力和竞争压力，产生大量心理困难；二是让学生以不健全的个性品质走向社会，造成长远的适应困难。

变化之五：人际直接交往减少，情感联系淡化。在现代社会中，个人与他人及社会的联系和沟通越来越倚重各种通讯工具、信息载体和大众传播媒介。互联网更是一个无边无界的信息交流之网。借助这些先进手段，人的行为半径可延伸至很远的物理空间。但另一面，人生活的社会、情感空间却缩小了，人与人的以直接交往为条件的情感交流变得越来越不可能。现代人的交往表现出浅表、公事化、形式化的特点。结果形成一种奇怪的现象：人们发现满世界都是同类，却又互不相知，每个人周围都是许多“熟悉的陌生人”。

变化之六：价值观的变化。价值观的演变是演变着的实际社会生活的反映。这里不拟谈论当代社会价值观转变的方向及其好坏，心理学家更关心的是社会价值取向改变的速度和深刻程度，因为它们才和心理健康有直接的关联。在近几十年里，世界各大文化中都发生了巨大的价值危机和价值嬗变。中国社会近数十年里的价值转变更时时使人觉得“今是而昨非”(或“今非而昨是”)。在一个价值尺度变动不已,价值取向从单一走向多元的社会里,个人内部和人际间的价值冲突是不可避免的事情。

我们知道,个体的价值观作为个性因素之一,对其认知、体验和行动有重大影响。价值冲突和混乱必然造成心理困扰。

(三)陷入适应困境的现代人

在如此广泛而深刻的社会变迁过程中,现代人的心理适应变成了一场艰苦的战斗。这从现代人心理适应的两个特点可以看出来。

现代人适应过程的特点之一,是适应的相对平衡期缩短,动态调整期变长。好不容易建立起一个适应模式,但持续没多久就变得不适应了。这一现象的根源在于社会文化环境的改变速度太快。这一情况的突出例子是改革开放以来中国社会价值取向的演变。20世纪70年代末的“知识热”迅速演变成“文凭热”,没几年“经商热”、“下海热”、“出国热”、“从政热”又后来居上,此起彼伏。“热”体现着社会的价值取向。“热”的转换意味着社会价值取向的转换。如此频繁的价值转换,不可能不影响个体的价值观体系。它迫使个体重新评价以前的价值追求,面对严重的价值冲突。而我们知道,价值观作为人格结构的“内核”部分,具有相当大的稳定性,改变价值观是令人非常痛苦的过程。当一个人以数十年的青春和生命追求的东西一夜之间变得一钱不值时,那种痛失、追悔莫及和愤怒是他人难以理解的。总而言之,在现代社会中,生活条件似乎永远在向个体的能力、经验、现有的适应模式发出挑战,在个体一生中持续地带来压力。个体似乎永远也不可能“准备好了再上阵”。他总是仓促应战,总是刚刚“适应”了又立刻变得不适应,没有喘息的机会。

由于适应状态持续时间变短,调整时间变长,个体经受的应激压力便增加了,而经常处于应激状态是诱发心理障碍的一个基本原因。

现代人适应和发展的另一个特点,是个体有更大的自由度去选择自己的人生。在传统、习惯占支配地位的社会里,人与人之间的“连带感”(relatedness)较强。个人行为较多受到有连带关系的他人,如父母、亲友的支配。一个人的人生道路往往在很早就相当明白地摆在他面前:父母的今天就是他的明天,个人选择的余地相当小。在这样的社会里,教育、习俗、价值取向也不鼓励年青一代自主自立、自由选择,而强调安分守己、循规蹈矩的品行。这种情况在我国儒家精神中有强烈表现(参见沙莲香,1989)。所谓“父母在,不远游”,便是写照之一。但在现代社会里,一方面由于经济、文化生活条件的不断变化,社会不再能提供给年青一代一条现成、可靠的生活道路,而代之以一系列的选择机会甚至是选择的必然性。另一方面,教育、习俗和价值取向均崇尚、鼓励独立自主、自由选择。两者合在一起就创造出年青一代渴望选择,也必须选择的一种局面。选择的自由度大大增加了。

选择自由度增加固然给个体提供了更多的发展机遇,但也并非全如想象的那般美妙。正如弗洛姆(E. Fromm)所指出的，这是一种使人焦虑痛苦、剥夺人的安全感的自由，一种使人想要逃避的自由(弗洛姆，1987)。因为你必须选择，无人能代替你选择，且须由你自己承担选择的后果。来自众多治疗家的经验和临床研究都表明，选择和焦虑几乎是一对孪生子。大量的焦虑个案都与当事人面临某种人生选择有关。当人面临一个选择关头时，既有一种控制感——"我的命运攥在自己手里"，同时又深深体验到压力、无助和孤单，焦虑便不可避免地产生了。

在这场求适应的战斗中，现代人如果不是已经失败，至少也是陷入了困境。实际资料残酷地表明这是事实。这里不罗列世界各国的调查，仅以我们国家的情况为证。

新中国成立以来社会发生了巨大变革。尤其是改革开放以来的三十多年里，中国成了世界上社会变迁最剧烈的地区之一。伴随着史无前例的变革的是前所未见的适应困难。从20世纪50年代以来，历次精神疾病流行学调查显示，我国人口中精神疾病的发生率一直在上升。调查数据的攀升可能一部分源自调查标准的不同，但在一定程度上还是反映了我国精神疾病情况的严重性。例如，精神病的发生率20世纪50年代为1.3‰～2.8‰，70年代为3.2‰～7.3‰，80年代初一次大规模调查显示：15岁以上人口中，精神病的时点患病率为10.54‰，总患病率为12.69‰。该项调查还表明，在15～59岁的人口中，神经症的时点患病率达为22.21‰(陈学诗，1985)。到了20世纪90年代，精神病患病率还一直在攀升，1993年为13.47‰，1999年达到15.56‰。费立鹏等人对山东、浙江、青海、甘肃四省2001—2005年全人口抽样调查显示，18岁以上成人各类心理障碍(以DSM—IV轴I为标准)的1个月时点流行率达到17.5%，据此推算，全国有一亿七千三百万人患有各类心理障碍(Phillips, et, al., 2009)。国家2009年卫生事业发展统计公报称，精神障碍是居死亡原因第十一位的疾病(卫生部统计信息中心，2010)，并且自杀是排第五位的死亡原因。而在15～34岁年龄组人群中，自杀是排第一位的死亡原因(Phillips, Li & Zhang, 2002)。当然，精神病中的重性精神病，例如精神分裂症等，生物因素是其主要的发病基础，但环境的适应对其也有重要影响。

20世纪80—90年代，国内一些高校对大学生心理卫生状况做了不少调查。尽管这些调查的工具、方法、评估标准不够统一规范，但总的估计是，中学生中存在心理困难的人数比例(包括任何程度的心理困扰，从轻微的、非病理性的困扰到严重的精神障碍)在15%～25%，其中神经症患病率可能达到3%～4%。近年对大学生心理健康状况的调查显示，存在中度及以上心理困扰的学生比例为10%～20%。

中小学生的心理健康问题也不遑多让，例如，王玉凤对北京市2432名小学生进行精神卫生流行学调查，有行为问题的儿童的检出率为13.16%(王玉凤，1989)。1989年杭州市"大中学生心理卫生问题和对策研究"课题组运用SCL-90、SDS、STAI、CPI及自编的学生心理卫生调查表(SMHI)对该市大中学生做抽样调查，发现约有16.7%的学生存在不同程度的心理卫生问题，其中初中生为13.76%，高中生为18.79%(杭州市"大中学生心理卫生问题和对策研究"课题组，1990)。陈立华等人于

1994年报告对武汉市1600名初中生进行心理健康状况调查的结果，采用SCL-90为调查工具，发现有不同程度心理健康问题的学生约占总体的20%，其中有较严重问题的在3%～6%(陈立华等，1994)。2000年北京师范大学课题组在北京、河南、重庆、浙江、新疆等五个不同地区抽样选取16472名中小学生，调查结果表明：小学生有异常心理问题倾向的比例是16.4%，有严重心理行为问题的比例是4.2%；初中生有异常心理问题的比例是14.2%，有严重心理行为问题的比例是2.5%(俞国良，2001)。近年的调查数据之间差异较大，但检出率大致在10%～20%。

这些实际调查虽然由于某种原因使用的标准、调查工具以及样本不同，不同结果间的可比性不高，但各种调查所传达的基本信息是一致的，那就是当代中国人(包括青少年人群)的心理健康状况相当严峻。

(四)应对之策：改良环境和帮助个人

在如何帮助人类个体获得良好适应和发展的问题上，有两条道路可走：其一是改良环境，其二是帮助个人。所谓改良环境，就是使社会的政治、经济、文化、教育等基本活动更人性化，更利于个体的适应和发展。在这方面，西方发达国家做了不少努力，也取得了一些成就，尤其是在那些政府对市场保留一定程度干预的国家。中国社会在制度和文化传统上有许多独特的地方。其中有的有利于人的适应和发展，有的不利于此。比如中国社会主义制度下政府对社会生活实施积极干预的可能性，中华文化传统中重人际关系、人际支持的倾向，中国人追求与自然和谐相处而不是一味地占有和征服的文化，利用得当，当会有助于个体适应和发展。重要的是在经济、社会加速发展的时期，行政管理者的头脑要清醒一些，不要以经济成就代替一切，不要以为任何能够刺激经济发展的东西都是好东西。总之，不应以牺牲精神文明为代价换取物质文明的进步。

第二条道路是帮助在适应和发展过程中有困难的个人。这里说的帮助是一种专门化的帮助。目前，世界上多数国家都不同程度地以政府行为的方式，通过建立心理卫生保障体系这样的社会支持系统来帮助自己的社会成员克服适应和发展障碍，达到较好的心理健康水平。这一支持系统有如下特征：①明确的目标——预防和矫治各种心理障碍，维护和增进心理健康，促进人格的健全发展，提高社会成员对社会生活的适应和改造能力；②专业化的工作队伍——包括数种学科的专业人员和受过专门训练的志愿人员，如精神科医生、临床心理学家、教育心理学家、咨询和辅导工作者、社会工作者、学校心理学家等；③广泛的服务场所——各级各类学校、社区机构、公共卫生机构、政府主办的各种社会福利机构、公私雇佣部门等；④专门的工作内容——如心理咨询与治疗，学校辅导，职业发展计划，家庭辅导，酗酒、吸毒及犯罪行为的改造，等等；⑤相关的学科群——如精神医学、心理学和社会学等大学科中与心理卫生相配合的子学科；⑥法律保障——各发达国家都颁布了一系列旨在推进和保障心理卫生工作的法律法规。

在这样一种社会性的帮助系统里，心理咨询和治疗扮演着一个相当关键的角色。

二、心理咨询的哲学基础

一般人容易把心理咨询与治疗想象成纯粹践行的学问。其实，心理咨询与治疗涉及一些重要的哲学问题。其中，关于人的本性、存在的本质、人与人的关系、生命与价值等哲学命题，往往深蕴于心理治疗实践活动之中。只有对有关命题有所认识，才能在实践中不盲目。作为举例，请思考以下这些问题。

• 文明的发展和人类心理、精神生活的发展是同步的吗？如果不同步，原因何在？

• 在自然状态下，极少见到动物出现神经症行为，神经症是人类独有的吗？为什么？

• 自杀是病态现象吗？还是自杀反映了人的崇高？对自杀的干预总是合理的吗？

• 什么是幸福？"心理治疗致力于消除痛苦"是基于何种理由？

• 当自利和利他发生冲突的时候，应该如何取舍？

• 人本质上是理性的吗？人应该"理性地生活"吗？

• 心理咨询是帮人换一种"活法"吗？心理咨询师凭什么要干涉别人的活法？

• 当事人应该对自己的心理障碍和生活的不幸负责吗？

• ……

以下我们把心理咨询与治疗中涉及的哲学问题大略地归纳为三个方面，分别是：①关于人类心理困难的原因；②关于人性观；③关于价值和价值干预，并尝试着做一些探讨。

（一）人类心理困扰的基本原因

这里论及的是作为一个类存在的人类，而不是个体。人类存在的一个基本事实是：我们带着特定的生物规定性出生，落入一个既存的历史文化环境之中。每个人类个体要在这个特定环境中适应和发展。这里有一个问题：人类的生物规定性是数百万年进化的结果，它相对稳定，而历史文化环境却发生着急剧变化。人类的生物规定性能够适应变化的历史文化环境吗？对于这个问题，有两种不同的回答。

启蒙运动以来，一直有思想家和学者从工业文明与人性的调适角度探讨现代人适应和发展困难的原因。他们认为，工业文明和人类本性之间存在基本的冲突，正是这种冲突导致了神经症和各种心理障碍。卢梭（李常山译，1982）、弗洛伊德（傅雅芳、郝冬瑾译，1987）及当代一些存在主义哲学家和心理学家都有这样的看法。他们的论证大致是这样的：人类个体与生俱来就有一些先天的心理倾向，即人的生物本性。这种本性是人类在漫长的进化过程中形成的，因此它与人类早期的生活环境相适应。到了现代，人类在物质文明方面的大踏步前进造成了一个与传统生活条件面目迥异的生活环境，而人的生物学进化却几乎停滞不变。这就使得今天的人类要用相对“原始”的生物本性来应付大大改变了的生活环境。著名社会学家奥格本(W. Ogbum)把这种情形形容为“穴居人要在现代城市中生活”(奥格本，1989)。在这些学者看来，人的本性和现代文明的基本矛盾是当代人心理适应困难的根本原因。而且，由于文明的进步无法逆转，人的生物学进化又不可能加速，因此，指望这种调适矛盾出现转机是不可能的，人类精神生活的前景一片暗淡。

另有一批人类学家和社会学家不同意上述论点。他们认为没有充足的证据表明人的生物本性必然不能适应现代条件或文化的改变(奥格本，1989；本尼迪克特，1988)。当代人心理困难的原因不在人性而在文化，在于物质文化的加速发展造成了整个文化的结构性失调。用奥格本的话说，是由于当代文化中的制度文化和精神文化落后于物质文化。一方面，改变了的生活环境向现代人提出了适应挑战，另一方面，社会文化中还没有来得及发展出支持个体适应新的生活条件的体制。人的先天素质中并不缺乏适应的潜能，人所缺少的是获得适应能力的环境条件。

(二)人性观

人性观是一个非常复杂的概念，各派学者都谈论人性观，但着眼点并不一致。如马克思说人是社会关系的总和，是就现实的、社会的人而言。在哲学心理学家眼里，人性通常是指人与生俱来的、带有生物学色彩的倾向性。

心理学家奥尔波特(G. Allport)指出，心理学中对人的本质有三种描画，分别把人看成“反应的存在”(reactive beings)、“深层反应的存在”(reactive beings in depth)和“自主的存在”(proactive beings)(Allport，1968)。在心理治疗领域，恰好有三种治疗取向，即行为主义取向、精神分析取向和人本主义取向，各拥抱其中一种人性观，人本主义则拥抱“自主的存在”的人性观。江光荣和林孟平曾依奥尔波特的划分对这种人性观进行描述(江光荣、林孟平，2003)，摘要如下。

1. 反应的存在——行为主义人性观

在行为主义者眼里，人没有先天倾向性，人是环境的产物，环境单向地作用于个人、塑造个人，个人不会对环境有任何有意义的作为。因此，人的行为是被环境所决定的。

人的最终的动机——如果有动机这回事的话——是肉体的生存和舒适，这是所谓“内驱力”概念所表达的意思(Hull，1943)。

学习是一切行为(无论是健康的还是病态的行为)获得的根本途径，心理治疗其实也是一种学习。

从根本上说，人是服从于决定论的。人的自发、自主、自由都是美丽的谎言。如果一个人感觉到他是自由和自主的，这感觉是不能算数的，因为连这感觉也是被决定的。斯金纳说，我们之所以还需要一个“自主的人”这样的概念，是因为我们需要拿它来解释我们现在还解释不了的东西，每当我们了解得多一点，自主的概念就消失一点

(Skinner,1971)。

总之,这一种人的形象,正如奥尔波特所指的,是把人看成一个被动反应的生物,其存在方式完全由环境所决定、塑造。

2. 深层反应的存在——精神分析人性观

以下是弗洛伊德主义者眼里人的形象。

人是有先天倾向性的。人跟低于人的生物一样,是追求快乐的动物。趋乐避苦是上帝在构造人这个生物时安排的一个普遍法则。

人的任何行为,无论表面上看起来多么令人崇敬(如宗教)或富有创造性(如艺术),都可以追溯或还原到基本的无意识动机。所以自由是一种假象,人是被决定的。弗洛伊德相信,连口误也是无意识动机的某种折射。

人现在的状况是由过去的事件决定的。尤其是出生头五年的经历,几乎决定了人一辈子的生存方式。在这个意义上可以说,人永远生活在过去时态中。

人基本是非理性的,攻击冲动和性冲动按快乐原则行事,与文明的生活方式格格不入。理性(弗洛伊德体系中的"自我")只是非理性冲动的"仆人"。

总之,如奥尔波特所指,心理动力学理论也把人看成是反应的个体,它跟行为主义的不同,只在它认为引起这反应的原因是人心深处的生物性力量而不是外部环境。本能虽在人的内部,但它却像一种异己的力量一样来控制人。

3. 自发自主的存在——人本—存在主义人性观

人本—存在主义也强调人有先天存在的趋向,这种趋向是人最基本的动力之源(Maslow,1954)。虽然这一看法跟弗洛伊德相同,但是这个趋向的性质与弗洛伊德的本能截然相反,它被认为是积极的、建设性的和亲社会的。这个趋向被叫做"实现趋向"(Rogers,1951)或者"自我实现的动机"(Maslow,1954)。

由于有这样一种本质倾向,所以人性基本上是值得信任的。当个体听任本性的指导而自由地选择时,他总是选择于个人的成长有利亦于社会有益的方向。

人有自我意识。由于人有自我意识,使他不会,也不能像动物那样"自然地"活着,听任自己做环境或自身生物性活动(如本能)的反应体;人总是"有意地"活着,自己被自己设立目标,并努力追求这些目标。也可以说,人不是被自己的过去所决定,而是为自己所选择的将来所决定。

人不是被动的反应体,而是主动的、有自发性的活动者(proactor)。我能意识到自己存在的不可替代性,意识到必须做自己。这条存在的规定性,决定了"人不是任何别的什么,人是他自己所造者"(Sartre,1957)。同样由于这种存在规定性,人也是自由的和负责的。

所以每个人都是一个独特的存在,有独特的价值。每一个人都是值得尊重的。

除了上述三种经典的人性观以外,近些年由于进化心理学的兴起,心理学中对于人性似乎又有了第四种看法。

进化心理学对心理治疗可能的影响主要有二。一是它提供了大量证据,表明人脑出生后不是“白板”，而是印有复杂“电路”的电路板。这便使得心理治疗师在认识人类行为及其异常变化时，可以放心、坚定地把生物学因素纳入考虑。其二是进化心理学会再一次刺激心理卫生领域对于心理健康、行为异常和正常的标准的探讨和争论。因为在这个领域一直有一个主张，认为应该依据人的天然需要是否得到发展和满足来判断行为是否健康。但这个主张遇到一个非常棘手的难题，就是当天然需要的发展与社会道德发生冲突的时候，应该如何取舍？

人性观对心理咨询与治疗的影响是很宽广的。除了这里提到的它影响对心理行为正常与否的判断以外，还体现在心理治疗过程中一些重要事项的决定上。江光荣和林孟平（江光荣、林孟平，2003）曾指出这些受影响事项包括：关注人还是关注病；全人的改变还是局部的改变；治疗还是发展，教导还是“助长”；在关系中的卷入程度；心理治疗师对病负责还是当事人对自己负责；重视思维、情感还是行为。

（三）价值

心理咨询和治疗与价值问题有着密切的关联。这里只涉及哲学价值论与心理咨询的关系。

价值论的核心问题之一是确定人存在的意义及其标准。通俗地说，就是确定什么样的人生是值得的，什么样的是不值得的。显然，这个问题跟心理咨询大有关联，因为许多心理问题其实是人生选择问题，所以人存在的意义及其标准是心理咨询中许多决策的前提。如果存在某种永恒的、绝对的价值，那么心理咨询中的诸多难题就好办了。因为从绝对的价值可以派生出相对具体的价值，进而确定人生各种选择的价值标准。遗憾的是，自苏格拉底、孔子以来，人类无数睿智的头脑探索过这个问题，始终没有最终的答案。

虽然绝对价值问题没有结果，但是人类在不同时代不同社会始终是有作为当代意识形态的价值体系的。中国封建社会崇尚“仁、义、礼、智、信”，近年中共中央提出“八荣八耻”，就体现着我国不同时代的主流价值观。个体不是生活在价值真空之中，而是时刻在与价值发生关联。幸福也来自价值，痛苦也来自价值。个体的价值选择与主流价值的关系，往往是当事人心理问题的一个症结所在。所以，心理咨询与治疗的工作，许多时候其实在帮助当事人处理价值问题。

困难和荒谬的地方在于，咨询师要在没有绝对价值标准的前提下，处理大量具体价值问题。还有一个情况使问题更复杂：咨询师也是生活在特定环境中的人，也有着自己的价值问题。所以，咨询和治疗的价值问题是一个学习者要非常认真对待的课题。

三、心理咨询与治疗的科学基础

心理治疗是科学还是巫术？您可不要以为这个提问荒诞无稽。从某种意义上说，心理治疗起源于巫术。即使现在，心理治疗实践中也还有不少非科学或“类巫术”

的东西。但是，从弗洛伊德创立第一个现代心理治疗体系之始，它就明确地标榜自己是科学。而且，从百余年心理咨询与治疗的发展过程来看，它也的确是把科学化作为自己的自觉追求。那么，心理咨询与治疗是建立在什么样的科学基础之上呢？这个基础可以分做两部分来看：其一是一般性的科学规范和法则；其二是心理咨询与治疗的理论范型、方法和知识积累。

心理咨询与治疗承认科学通则的有效性，它愿意遵循通用的科学规范和方法。这包括一些重要的原则或信念。①认为人的心理（包括异常行为），无论多么神秘难解，是客观存在；心理咨询和治疗活动本身，也是客观现象。②相信决定论原则。相信决定论就意味着认为心理治疗领域的现象服从因果律和逻辑法则，并因之可以由科学逻辑来理解。③相信人类行为及人类行为的改变，无论多么复杂，都是可以认识的，尽管我们目前的认识还非常浅薄。④承认一般科学方法、程序的合法性。这些基本保证心理咨询与治疗远离巫术和不可知论。接受这些原则对于心理治疗有着特殊意义。心理治疗在其发展史上曾经跟巫术、神秘主义、有神论有密切联系，它并不是由正统心理学生长出来，而是从巫术、民间医学、宗教活动中分离出来，被心理学所"收养"。时至今日，心理咨询与治疗这个领域中，还有不少人不喜欢或怀疑心理治疗的科学属性。他们认为由于心理治疗过程的复杂微妙，科学方法的笨拙，坚持心理治疗的科学属性会扭曲、肢解了真实、美妙、神圣的治疗。

心理咨询与治疗的实质性的科学基础，体现在这个领域的范型、方法和长期以来所累积的知识中。

范型（paradigm）是科学哲学家用来描述科学发展过程中的基本要素的概念（Kuhn,1970）。它是指在某门科学发展的一个特定历史时期，从事该科学的科学家群体所共同持有的一组信念、问题、概念、方法的集合。它代表着该科学家群体对该科学领域中基本问题的当代认识。在心理咨询与治疗领域，符合范型条件的东西是几个主要的理论取向，认知一行为理论取向和人本一存在理论取向。每个理论取向（范型）都有一些共同的东西，例如，共同的信念和理论（人性观、病因论、治疗论），共同的概念（如"客体"——心理动力取向；"条件作用"——认知一行为取向；"助长条件"——人本取向），共同的问题（如人格改变的条件和机制）。

衡量科学研究方法的标准主要是两个：有效和可靠。有效指依方法而取得的事实和结果是客观存在的、真实的；可靠是指依方法所作的测量（或观察）是正确的。心理咨询与治疗的研究既从通用心理学研究方法中获取自己的研究方法，也基于本身研究对象和过程的特点发展了一些独特的方法。前者如量表法、统计方法等，后者如临床观察法、个案法等。在心理咨询与治疗的研究中，最主要的困难是研究对象的复杂性、内隐性和能动性与研究方法所要求的客观性、可重复性之间的矛盾。临床心理学家一直在努力寻找解决这些矛盾的新技术、新办法，并且不断在取得进步。

心理咨询与治疗从弗洛伊德的第一个理论体系开始，就自觉地积累着这个学科的知识。约100年过去了，今天我们来看这个知识领域，发现已经积累了许多事实、概念和理论。另一个了解心理咨询与治疗的知识体系的角度，是看心理咨询与治疗专业的学生所要修习的专业课程，因为每门课程都是一个知识领域。

不过，心理咨询与治疗的科学基础整体上仍然比较薄弱。从科学范型来说，这个领域存在着多个彼此竞争的“小型”范型，而没有出现类似物理学的相对论那样的大范型；从研究方法来说，现有的临床心理学各种研究方法相对于心理治疗过程的复杂度来说，显得太简单笨拙，使得心理治疗领域中一些关键区域非常难以进行有效的实证研究；从知识积累来说，跟其他专业比如医学比较，这个领域的知识增长其实是比较慢的。弗洛伊德的概念和实践方式仍然是活着的经典，以原始的或略作修正的形式在教科书和课堂里被传授。现在指导着大多数实践的主要理论，多数是 20 世纪 50 年代至 70 年代发展出来的。

让我们用一个形象的说法来形容心理咨询与治疗的现状。在心理咨询与治疗领域，有“1 吨”实践，只有“1 千克”理论，更只有“1 克”研究。这是说心理咨询与治疗领域中，日常的咨询与治疗实践、有关的治疗理论和科学研究之间存在着严重的不匹配，存在着相当多未经检验、缺乏研究支持的“理论”，更有大量缺乏理论和研究支持的“治疗”。这种状况显然不利于心理咨询与治疗的科学发展。

四、中国传统文化中心理治疗的思想和实践

中华民族在悠久的文明发展过程中，积累了不少有关异常行为的理论认识和治疗实践知识。可惜的是，对这部分文化遗产的系统研究和整理还比较缺乏。大略地看，这些文化遗产可以从以下几方面予以考察：一是中医在医学心理方面的理论和实践；二是各种传统的养生、健身之道中包含的心理卫生思想；三是许多民俗性活动（包括迷信活动）中所蕴含的心理治疗成分。

（一）中医医学心理的理论和实践

古代中医关于异常心理现象的病理研究和治疗实践有不少精华。

在对异常现象本质的把握方面，中医从唯物主义的形神观出发，相信先有形（身体），后有神（心理），神不能脱离形而独立存在。这就排除了从超自然的观点解释异常心理现象的可能性，而把异常理解成机体的失调所致。这种看法在历代医家中一直占主导地位。较之西方历史上长期用神的惩罚、魔鬼附体来解释异常心理现象，中医在这一点上更富有科学精神。

在病因论方面，中医有一套成系统的理论，其中虽有不少今天看来不科学的地方，但也存在若干值得借鉴的看法。

中医把人体看做一个由两类相反相成的因素所构成的动态平衡系统。这相反相成的两方被概括为“阴”和“阳”这一对概念。《黄帝内经》说：“阴阳者，天地之道也，万物之纲纪，变化之父母，生杀之本始，神明之府也，治病必求于本”。（《黄帝内经・素问・阴阳应象大论》）“治病必求于本”，这个“本”，就是阴阳的动态平衡。在古医籍

中，一般认为人体阴、阳二气的失调（动态平衡被破坏）乃是产生异常心理的根本原因。至于引起体内阴、阳二气失调的因素，又可分为外、内两类。外感因素以自然界的寒热风燥等为主，内感因素则是人的异常情志活动。《黄帝内经》明言："夫百病之始生也，皆生于风雨寒暑，阴阳喜怒，饮食居处，大惊卒恐。则血气分离，阴阳破散，经络厥绝，脉道不通，阴阳相逆，卫气稽留，经脉虚空，血气不次，乃失其常。"（《黄帝内经·灵枢·口问》）成书于隋代的《诸病源候论》这样分析狂病："狂病者，由风邪入并受于阳所为也。风邪入血，使人阴阳二气虚实不调，若一实一虚，则令血气相并。气并于阳，则为狂发，或欲走，或自高贤，称神圣是也。又肝藏魂，悲哀动中则伤魂，魂伤则狂忘不精明，不敢正当人，阴缩而挛筋，两胁骨不举。毛瘁色夭，死受于秋。皆由血气虚，受风邪，致令阴阳气相并所致，故名风狂。"此外，中医也在一定程度上注意到人的先天禀赋、素质在感染疾病中的作用，如"木形之人……其为人，苍色，小头，长面，大肩背，直身，小手足，好有才，劳心，少力，多忧劳于事。能春夏不能秋冬，感而病生……"。（《黄帝内经·灵枢·阴阳二十五人》）

中医非常重视消极情志活动对人身心健康的影响。它认为消极情志活动过度可以致病。《黄帝内经》说："故喜怒伤气，寒暑伤形"（《黄帝内经·素问·阴阳应象大论》）。"是故怵惕思虑者则伤神，神伤则恐惧流淫而不止。因悲哀动中者，竭绝而失生。喜乐者，神惮散而不藏。愁忧者，气闭塞而不行。盛怒者，迷惑而不治。恐惧者，神荡惮而不收。"（《黄帝内经·灵枢·本神》）以今天的观点看，这可以说是一种心身医学的观点，是很有见地的。

在治疗方面，古代中医的实践也有许多值得借鉴的地方。一些古代医家的治疗方法相当高妙。总的看来，古代中医在治疗上的成就要高于理论探索上的成就。

(1)医心为先，治神为本。

治心与治神的意思是，医者要留心病人的总体精神状态，设法激发病人求生的动力和生活的热情。《黄帝内经》说："精神不进，志意不治，故病不可愈"（《黄帝内经·素问·汤液醪醴论》）。故医工诊病，须重视病人的神，"得神者昌，失神者亡"。（《黄帝内经·素问·移精变气论》）

(2)"顺其志"而治。

"志"指病人的欲望和意愿。《黄帝内经》说："夫治民与自治，治彼与治此，治小与治大，治国与治家，未有逆而能治之也，夫惟顺而已矣。顺者，非独阴阳脉论气之逆顺也，百姓人民皆欲顺其志也。"（《黄帝内经·灵枢·师传》）这是说治疗须帮助病人满足其志愿，方可见效。但这里的"志"并非病人一切的欲愿，而是合于"道"的志，"法于阴阳，和于术数"的志。而"以酒为浆，以妄为常，醉以入房，以欲竭其精，以耗散其真。不知持满，不时(识)御神，务快其心，逆于生乐，起居无节"（《黄帝内经·素问·上古天真论》）的生活方式，是不能"顺"的。

(3)重视医生的态度和医患关系。

中国医学传统非常重视医生的职业道德。医德之首，莫过于视病人的生命、健康为首要。唐代大医家孙思邈在《千金方》中说“凡大医治病，必当安神定志，无欲无求……亦不得瞻前顾后，自虑吉凶，护惜身命。”古代医家相当重视诊断和治疗过程中的医患关系。《黄帝内经》认为，临诊时要“闭户塞牖，系之病者，数问其情，以从其意”(《黄帝内经·素问·移精变气论》)。即创造一种安静舒适的环境，顺从病人的主诉，以关切的态度取得病人的信任与合作，了解全部病史及难言的心理和社会因素的隐情。“病(病人)为本，工(医生)为标；标本不得，邪气不服”。(《黄帝内经·素问·汤液醪醴论》)

(4)因人施治。

中医非常重视诊治要因人而异。即使是同一种类型的病，在不同的人身上也会有所不同。因之诊治要切合每个病实际情况。《黄帝内经》中有“五过”的说法(素问·疏五过论篇)。“五过”是指医生临证之时，由于忽视病人的人生境遇变化(如先贵后贱、始富后贫)、思想情绪变化、精神内伤状况和患病的始末，以及不明诊脉的原则，而发生误诊与误治的五种过失。其中包含的重要精神，就是要根据每位病人的社会、心理和生物学的实际情况，作出诊断，进行治疗。

(5)教以身心健康之道。

中医重养胜于重治。养不仅是养身，而且包括养心和养德。这一点在下面有更详细的介绍。

由于历代医家的贡献，中医积累了相当丰富的治疗实践和方法。不过，中医还没有发展出成形的心理治疗体系，只有一些治疗策略和具体方法，其中不少又是以验案的形式载入医学典籍。根据当代一些学者的归纳，中医心理治疗方法主要有以下几种。

(1)情志相胜的策略。

中医认为“怒伤肝，悲胜怒……喜伤心，恐胜喜……思(注：悲愁)伤脾，怒胜思……忧伤肺，喜胜忧……恐伤肾，思胜恐……”(《黄帝内经·素问·阴阳应象大论》)，利用五种情志彼此相克的道理，设法引起与病状相克的情绪反应，以达到治疗目的。金代名医张从正对《黄帝内经》的情志相胜之说有杰出的发挥：“悲可以制怒，以怆恻苦楚之言感之；喜可以制悲，以谑浪亵狎之言娱之；恐可以制喜，以迫遽死亡异军突起言怖之；怒可以制思，以污辱欺罔之言触之；思可以制恐，以虑彼志此之言夺之。凡此五者，必诡诈谲怪无所不至，然后可以动人耳目，易人听视”。(《儒门事亲》)以下为以怒制思的一个病案：

某富家妇人，伤思虑过甚，二年不寐，无药可疗。其夫求戴人治之。戴人曰：两手脉俱缓，此脾受之也。脾主思故也。乃与其夫，以怒而激之，多取其财，饮酒数日，不处一法而去。其人大怒汗出，是夜困眠。如此者，八九日不寤，自是而食进，脉得其平。(《儒门事亲》)

(2)祝由治疗法。

祝由本为古代中医一科，历代太医院都设有此科。但祝由科杂合了各种方术、符咒、禁禳一类成分，为历代大医家所不屑，逐渐没落，至清朝终被禁。但祝由治疗中含有一些心理治疗成分，如告诉病人所患疾病的病因、病理、病情、发展、转归，以及在治疗中应注意的事项，让病人“知其病之所从生者”（《黄帝内经·灵枢·贼风》），以期改变其心理预期，增强信心和求生意志来战胜疾病。这和现代心理治疗和咨询中提供信息的治疗策略有相通之处。

(3)开导之法。

《黄帝内经》有一段直接论述“心理咨询”的文字：

且夫王公大人血食之君，骄恣从欲，轻人，而无能禁之，禁之则逆其志，顺之则加其病，便之奈何？治之何先？

岐伯曰：人之情，莫不恶死而乐生，告之以其败，语之以其善，导之以其所便，开之以其所苦。虽有无道之人，恶有不听者乎？（《黄帝内经·灵枢·师传》）

岐伯所说的话里，包含着深刻的心理咨询的道理。医生所做，不是教导，不是“灌输”，而是顺着人“恶死而乐生”的本性，让当事人自己去想明白道理，进而改变其生活态度。

(4)以平制惊。

《黄帝内经》有“惊者平之”一条治则。经名医张从正一番阐发和应用，真可视为现代行为治疗中脱敏治疗的先驱。其治疗卫德新之妻是一个广为流传的医案：

卫德新之妻，旅中宿于楼上。夜值盗劫人烧舍，惊坠床下。自后每闻有响，则惊倒不知人。家人辈蹑足而行，莫敢冒触有声，岁余不痊。诸医作心病治之，人参珍珠及定志丸，皆无效。戴人见而断之曰：惊者为阳，从外入也，恐者为阴，从内出也。惊者，为自不知故也。恐者，自知也。足少阳胆经属肝木。胆者，敢也。惊怕则胆伤矣。乃命二侍女执其两手，按高椅之上，当面前下置一小几。戴人曰：娘子当视此。一木猛击之，其妇人大惊。戴人曰：我以木击几，何以惊乎？伺少定，再击之，惊也缓，如是连击三五次，又以杖击门，又暗遣人击背后之窗，徐徐惊定而笑曰，是何治法？戴人曰：《内经》云，惊者平之。平者，常也，平常见之必无惊。是夜使人击其门窗，自夕达曙，无惊意。一二日，虽闻雷而不惊。（《儒门事亲》）

（二）养生论中的心理卫生思想

中国传统保健思想中有一个很重要的观点是“治未病”。《黄帝内经》说，“是故圣人不治已病治未病，不治已乱治未乱”（《黄帝内经·素问·四气调神大论》），讲究通过调摄精神，平和七情，节制六欲，乃至“移精变气”，来使“正气存内，邪不可干”。因此，中国文化中各种养生、健身的理论和实践构成了一道独特的景观。中国传统的养生观在心理卫生方面有两个重要观点。

其一，主张形神兼养，以神养形。中医非常强调人生观、生活方式对于躯体和心理健康的影响。“夫上古圣人之教也，下皆为之。虚邪贼风，避之有时，恬淡虚无，真气从之，精神内守，病安从来？是以志闲而少欲，心安而不惧，形劳而不倦。气从以顺，各从其欲，皆得所愿。故美其食，任其服，乐其俗，高下不相慕，其民故曰朴。是以嗜欲不能劳其目，淫邪不能惑其心。愚智贤不肖不惧于物，故合于道。所以能年皆度百岁而动作不衰者，以其德全不危也”（《黄帝内经·素问·上古天真论》）。

魏晋嵇康在《养生论》中则明确提出“修性以保神”、“安心以养身”的养生原则。

其二，主张清心寡欲为养神的主要途径。历代养生家大多主张节制欲望（不仅指生理欲望，而且包括功名利禄方面的欲望），以恬淡自然的心态生活。因为欲生情，情绪过度活动会伤及身体，故清心从寡欲始。如唐代大医家孙思邈指出养生有五难：一为名利不去，二为喜怒不除，三为声色不去，四为滋味不绝，五为神虑精散。五难之中，一、三、四都是欲。所以孙思邈主张“勿汲汲于所欲”。这种思想，发源于道家，最后逐渐变成了中国人的一种独特的人生观——安生乐命。

在传统养生实践中，气功是一种影响广泛的方法。

“气功”一词作为一个正式术语出现，是20世纪50年代之后的事。与之相应的活动在古代通常被称为吐纳、导引、行气、服气、炼丹、修道、坐禅等。从气功的心理生理过程角度来说，它是一种透过自我暗示，促使意识进入催眠或半催眠状态，通过心理—生理—形态自调机制调整心身平衡，达到健身治病目的的自我锻炼方法。（张洪林，1996）

气功门派繁多，菁芜互见。但凡正源正道的门派，都包括调身（躯体）、调息（气息）和调心（意识状态）三大方面。这三方面的调节练习，会引出一种独特的心理状态。这种状态在意识唤醒水平、意识内容、情绪唤醒水平和情绪性质、躯体状态等方面均有其特异性。以静功而言，这种状态叫做“入静”。入静状态中，意识处在普通的清醒与睡眠之间，“似睡非睡，似醒非醒”。此时，大脑除自知自己是在练气功这一点上保持清醒兴奋外，其他部位都处于一种主动的睡眠抑制状态。古人描述为“万念俱泯，一灵独存”。按照现代心理学对焦虑性障碍的了解，这种入静状态与焦虑是不能共存的。正因为这样，入静能有效地缓解紧张、松弛身心。就这一点来说，气功远在西方人所创的肌肉放松训练之上。我国从20世纪50年代以来，对气功状态下人的各项身体心理机能指标的改变做过不少研究，发现在入静状态下，人体各大系统的机能指标都相应地出现了有益的改变。气功锻炼从开始到入静的过程中，首先是从心理调整启动变化的，在良好的心理状态下，神经系统功能向着同步协调的方向发展，进一步通过神经内分泌途径作用于全身，引起全身各系统功能活动向着健康协调的方向发展。这是一个从心理到生理，从精神到形体，从局部到全身的变化过程。（张洪林，1996）

（三）民俗性活动中的心理治疗成分

在中国传统文化中，许多民俗性的活动含有心理治疗成分，如民间的算命、看相、请神、卜卦、看风水等活动。就其对接受者产生作用的途径来说，这些活动都是透过心理机制发生作用的。它们在一定程度上解除了求助者的心理困扰，所以有学者干脆称之为民俗性的心理咨询。（曾文星，1996）

例如，请神这种活动，叫法各地不一，仪式程序也不尽相同。但都围绕一个主题而作，那就是相信巫婆（或神汉）有特异的通灵之术，他们能请来各路神仙附身，借其

口或手为病人解除困扰或治病。一般情况是，巫婆神汉以神灵名义说出一段话，这段话模糊难解，需经巫婆神汉作一番解释。有经验的巫婆神汉的解释大多富有机巧，往往是根据病人的情况，指出犯病的原因，并指明了路何在。他们的病因解释大多显得荒谬，如没有祭拜祖先，冲撞了白虎星，被某个妖孽附身，等等。所指明的解法也往往是做法事，收魂之类。从心理学的角度看，对一个有心理困惑的人指出惑之所来以及何以消解，不管是否现实，却显得"合理"，因而有使人心安之效。

有的神汉治病实际上是一种催眠治疗。例如笔者曾亲睹一位神汉先后治疗两位患歇斯底里的农村妇女的全过程。神汉借助画符烧化及念咒等暗示性仪式，很快使病人进入了完全催眠状态，然后神汉以暗示方式说病人是被某处一妖精附体，病人的亲属亦不自觉地参与其中。包括病人在内，对眼前所发生的一切无人不信。神汉对病人的暗示控制完全与现代催眠术的各项要求暗合。每次"治疗"过后，病人都有若干天病症完全消失。两位病人，一个经四次治疗，一个经五次治疗均痊愈。

至于算命、看相、看风水等活动，与请神卜卦一类仪式略有不同。后者把心理困扰和异常解释为超自然力量所致，前者则把基本信义建立在自然与人的交通感应上，认为从自然的日月移转、山水地形的方位、人体构造面貌等可以预测人的前途命运、吉凶祸福。从其对当事人的心理影响来看，其实与超自然方法没有多大区别，也往往能起到安心、安慰的作用。据笔者的推测解释，算命先生的说法尽管虚妄，但对相信其灵验的当事人来说，这个虚妄的世界却是真实的。算命、看相所产生的心理效应到底如何，缺乏认真的研究。以心理治疗的角度，可设想出三种功能：一是有一种解脱感——既然自己遭遇的事乃由命定，自己就没有责任，不必自谴自责；二是知道了事情的来龙去脉，能够解除疑惑这种不确定状态，产生一种控制感；三是知道化解的办法，会产生信心和希望。

著名精神病学家弗兰克(J. D. Frank)很早就指出，从治疗功能和机制的角度来说，巫术之于原始部落与"科学心理治疗"之于现代"文明人"，其实是一样的。它们都促进了当事人的获助期望和信心，进而导致治疗效果(Frank，1961)。不过，有一个问题是不容忽视的。巫医或"民俗性辅导者"的"服务"，其专业性和服务动机往往有问题。几乎没有哪个巫医会以现代心理治疗的角度来看待他们的"服务"，因之其"专业活动"质量良莠不齐。大多数巫医的"服务"是出于利益动机，由于缺乏职业规范和监管，很容易出现讹人钱财甚至残害人命一类问题。

总之，在中国传统文化中历来就存在心理咨询和治疗的成分。从历史上看，中国人对待异常行为的态度、对异常行为的认识以及实际的治疗水准，在很长时期里都是领先于西方的。看看西方心理治疗的发展历史就能体会到这一点。

积极心态 幸福人生

清华大学 樊富珉

哈佛大学从2002年开始有了一个崭新的尝试。2002年泰勒博士第一次在哈佛大学开设积极心理学幸福课程的时候只有8个人选修,中间还有2个人退选;第二年的时候,有380个人选修;第三个学期,选修人数增长到了850人。哈佛大学的幸福课程,为什么会在如此短的时间里,有如此迅速的发展?美国国家心理健康研究所的资料表明,15%的大学生确诊患有抑郁症,根据加州大学、霍布金斯大学的统计,40%的大学新生存在着焦虑失眠,记忆力减退,注意力不集中,失去做事的兴趣等抑郁症状。泰勒在他所著的《幸福的方法》中提到,在美国,今天的抑郁症患病率比20世纪60年代,也就是比50年前高出了10倍。这个比例还是蛮惊人的。抑郁症发病平均年龄从60年代的29.5岁下降将到今天的14.5岁,将近45%的美国大学生因抑郁而影响了正常的社会生活。他在书中举了一个英国人的例子,英国感到幸福的人从1957年的52%下降到2005年的36%,可是这段时间国民收入提高了三倍,但幸福感却下降了。一家名为盖洛普的调查公司,他们在2005—2006年调查了全球132个国家和地区,在全球范围内抽样,样本超过了136万人,美国伊利诺大学的一个心理学教授在分析数据后发现,收入和人生满足感是成正比的,就是收入越高我们的满足感越高,但是和幸福感等积极情绪的关系却不是正相关,并非收入越高越幸福,而幸福是跟其他一些因素有关,如受人尊重、独立、有朋友等。所以金钱不一定买得来幸福。我们也在日常生活中,在媒体所报道的那些资料中和现实生活中看到了许多这样的实例。追求幸福是每一个人的权利,也是每一个人的目标,亚里士多德说过:"幸福是生命的意义和使命,是我们的最高目标和方向",托马斯·杰斐逊说过"幸福是生活的目的,美德是幸福的基础",泰勒说过"幸福感是衡量人生的唯一标准,是所有目标的最终目标"。就是说,人类的终极目标就是追求幸福,你要挣那么多钱干什么,你要那么高的地位干什么,还是希望能够获得更多的满足、更多的愉悦、更多的快乐。

泰勒的幸福课程是讲什么的呢?就是积极心理学(positive psychology)。积极心理学到底是什么?积极心理学跟幸福是一个什么样的关系?积极心理学是21世纪后兴起的心理学的一个新的领域,这是一门怎么样去挖掘人类的潜能,让人可以幸福、快乐的学问,或者我们可以说积极心理学是研究人类可以怎样才能更积极、更健

康、更快乐、更幸福的这样一门学问。它的代表人物是美国宾夕法尼亚大学的塞利格曼，它的代表性、标志性的事件就是 2000 年 1 月，出版的《积极心理学导论》。1998 年，塞利格曼当选了美国 APA（即美国心理学会）主席。新官上任三把火，所以他在想，心理学在新世纪将怎样发展。他约了两个朋友，到墨西哥的一个海滨度假胜地。他们不是去享受阳光，享受沙滩，享受海浪，他们在这样一个非常惬意、轻松、美丽自然的环境中，想一想心理学未来的发展到底是怎么样一个趋势。在那里，塞利格曼提出了积极心理学。

积极心理学的发展有一个重要的背景，以往心理学发展有三个重要的目标：一是治疗心理疾病；二是让所有的人都能过上幸福的生活；三是识别和培育那些天才儿童，怎么能够把这些天才儿童发现出来，然后给予他们一些特殊的教育，使他们能够脱颖而出，能够走一些特殊的成长道路。这三大任务，经过很多年的发展，尤其是第二次世界大战后，心理问题的增加，使人们比较多地把目光停留在怎样利用心理学研究减少人的心理困扰和心理问题。很少有心理学研究关注普通人，也就是说正常的人怎样生活得更好。人们在研究的过程中，把目标聚焦在治疗心理疾病的问题上，所以近些年来，一直有学者、专家在批评心理疾病的治疗被过度地强调，而美好的生活，普通的人怎么可以把生活过得更好被忽视了，还有如何培育人们与生俱来的那些天赋，那些发现天才、培养天才的任务也被遗忘了。

有人特别去检索了 1887—2000 年以来，西方重要的心理学的文献，结果发现：关于焦虑的研究文献有 5 万多篇，关于抑郁的文献有 7 万多篇，但是提到快乐的文献，只有 800 多篇，关于幸福的只有 2000 多篇，所以你发现，研究焦虑、抑郁、恐惧、强迫等负面消极情绪的论文出现 42 次才出现 1 篇关于健康、快乐、幸福、愉悦、满足的正向情绪的文章。塞利格曼说，由于过分关注人类心理消极的一面，很多心理学家几乎都不知道正常人怎样在良好的条件下，能够获得自己应该有的幸福。

积极心理学与传统心理学相比有什么特点呢？第一个特点是积极心理学在关注人的软弱一面的时候看重人的优点与长处；第二个特点是在致力修复生命中伤口的同时也竭力建立生命中美好的特质；第三个特点是在帮助受心理困扰的人的同时也关注怎样使普通人生活得更丰富。积极心理学的功能有三个：第一是积极增进的功能，即心理健康不仅仅是没有心理疾病，而应是生理与精神强健有力、生机勃勃的一种状态，不仅要帮助正常人过上更丰富更令人满意的生活，而且要帮助存在心理障碍的人也过上幸福生活；第二是积极预防，通过提高人的勇气、理性、诚实、乐观、坚韧等积极的人格力量，在遭遇逆境挫折时起到预防的作用；第三是积极治疗，塞利格曼说，最好的治疗不仅医治创伤，还帮助人们认识和增强其人格力量和优点。塞利格曼编制了人类优势手册，让我们每个人看到自己身上最棒的、最出彩的，以及最有发展前途的东西。

我们可以看到积极心理学确实提供了一种新的视角，一种新的方向。因为它主要研究幸福，所以它就会研究到底什么样的人幸福，幸福是什么，怎样可以幸福。积极心理学有三大支柱，第一就是积极的情绪，积极的主观体验，这包括很多方面，比如说快乐、愉悦、满意、实现感。那么消极的体验是什么？抑郁、焦虑、愤怒、悲哀、伤心、难过、痛苦、紧张、不安，这些都是负面的。它特别强调积极的。第二是积极的人格特质，每一个人的人格特质中，当然会有脆弱、敏感、悲观这样的一些特质。但我们也有很多积极的特质，如好奇、坚毅、热情。第三，积极的社会组织系统，我们要把注意力更多地放在积极正向的方面和积极的社会关系。如何让人幸福呢，大量的研究发现美满的婚姻、好朋友、良好的师生关系等都会让我们幸福，今天我们会侧重研究社会关系。因为学校要给大家的成长提供环境，环境不是空的，环境是大家一起包含在内的这样一个物化的和人文的环境。我们每个人身处环境中，也是环境的一部分。如果校园内的同学越健康、越快乐，我们校园的氛围就会为同学们的健康快乐成长提供积极的软环境。

你是快乐还是不快乐呢？什么是快乐，快乐是一种主观的感受，是一种积极正面的情绪或者心态，快乐也有相应的生理反应。快乐的时候，我们整个人是很轻松的，同时快乐是对整体生活的满足状态。所以我现在请大家回想一下，在你的生活中，有没有一件事情，快乐得让你跳起来振臂高呼？有没有同学愿意分享一下？

"应该是两周之前，我进入了我们系歌手大赛的决赛。在决赛现场，我们班有不少同学给我加油，还给我做了写着我名字的荧光板子，那是全场唯一的一块板子。虽然决赛我没有拿到第一名，但是大家在一起的过程，得到支持和鼓励的过程，特别让我感到高兴。"

谢谢。当看到这个荧光板打出来的时候，全场这么多同学支持你鼓励你，为你加油，那种被支持、被关怀、被温暖、被肯定的感觉挺幸福。还有这位同学，请你说说。

"最近就有一件让我高兴得想振臂高呼的事情。我们那个暑期实践的支队，要联系云南的一位村长。我们给他发了一个邮件，他一直很忙很长时间没有给我回信。有一天晚上他给我打电话，看到那个邮件了，回复说愿意给我们支持。让我感觉特别高兴，非常兴奋，当时在寝室里确实振臂高呼了。"

我知道这些日子你们为暑期实践的安排，付出了很多努力。没有回应的话，等待的时候真的很焦急。突然，喜讯来了，实现了，那种喜悦，那种满足，让人感到幸福。还有谁有快乐得想跳起来的事情——有没有让你振臂高呼，高兴得不得了的事儿，你有吗？

"前一段时间我们系里组织篮球比赛，正好我是队长，带我们班去挑战一个比较强的对手。大家都非常团结，最终是以一分险胜。比赛一直很激烈。到最后结束的时候，我确实特别兴奋，特别高兴。当时我确实兴奋得振臂高呼。"

好，谢谢刚刚发言的三位同学。我们用掌声感谢他们跟我们分享他们高兴得要振臂高呼的事情。我相信在座的同学，可能事情不一样，但是每个人都有像这样高兴的事情。不过刚才三件事，刘琼彬，她是参加歌手大赛，同学们给她支持；然后健飞呢，是碰到了社会实践，忠于对方接纳我们去提供帮助，高洋是讲了打球，团队经过了激烈的竞争，一分险胜。你会发现，这些快乐事情的出现，让你高兴快乐，这些都和人际关系有关，和他人的出现有关。所以协调的、温暖的、支持的人际关系，常常是我们快乐。

什么会让我们快乐呢？首先，身心健康，没病没灾。爸爸妈妈常常打电话跟我们说，你们只要没病、健康，那我们就放心了。我们也是这样，爸爸妈妈的健康，是对我们最大的支持。还有宗教信仰。大家知道百分之九十几的美国人都是基督教徒，他们一般都比较快乐。当然还有娱乐。大家说，我看电视，我听音乐，我都可以很快乐。还有，爱和婚姻。已婚人士比单身的、分居的和离婚的人士更快乐。我不知道有没有人做过这个研究，恋爱中的大学生和还是单身的大学生相比，是更快乐呢，还是更烦恼。这可能因人而异，但是一般来讲，恋爱中的人，应该是更快乐的。爱是一份支持，爱是一份温暖，爱是一份陪伴。和朋友在一起，会更快乐。刚才讲的都是和朋友有关系的，还有工作，还有你的人格特质。一般来讲，自信的人、乐观的人、外向的人，觉得自己更快乐一些。还与你自己以往的经验有关。常常觉得快乐的人，通常意味着他将来也会有更多的快乐体验，而这种人常常在以前也拥有较多的快乐体验。所以如果拥有快乐的经验，也会让人快乐。还有一个研究发现，有助于幸福感的各种因素，如地位、权利、收入等中，家庭生活和爱情婚姻占有最高的位置。经济收入、住房条件、职业地位、友谊、身心健康、休闲活动等都让我们感到幸福。但是相比而言，亲密的关系更能使我们在生活中感受快乐。

积极心理学作为一种新的心理学发展趋势，引进之后，也有很多人开始关注。这几年关于幸福城市、幸福企业、幸福学校、幸福家庭等有很多提法，但是要把幸福变成一个可操作化的概念，并不是一件容易的事。

你身边有些人总是很快乐，你觉得和他们相比，你的相似程度怎样？为什么有的人比别人更快乐？确实，我们身边有些人很快乐？为什么他们很快乐呢？有研究发现，较快乐的人有内在目标。泰勒博士觉得这些年来，无论是运动还是学业或是社团都取得了很骄人的成绩，他还是觉得不快乐，三十多年都不觉得快乐。他发现内在的东西比外在的东西对人的影响更大。较快乐的人会有内在的目标，并且目标与人的需要一致，可行、实际、被文化所认同，且不会互相矛盾。

较快乐的人在追求成功时，会全身投入自己的目标，并相信自己是向着目标努力的。即使在达到目标的路途中有挫折、有坎坷、有不顺利，但是目标很清晰。就像大家来到大学，是什么让你能够走到大学，是那一盏高考的明灯，是不是？明灯在那儿照耀着，你很清楚你所有的努力就是朝着那个目标去前进。所以当你实现了那个目标以后，不少同学好像觉得进了大学以后，不知道目标在哪里？那盏明灯已经熄灭了，因为你已经达到了。下一盏明灯是什么？不知道。可能在不经意当中，时间就悄悄地从你身边溜过了。到大二、大三的时候再后悔就来不及了。

你认为人生中重要的目标是什么？下面列出了人们常常会在乎的、重视的目标，你会重视什么？

(1)领导地位和权力。

(2)幸福的婚姻关系。

(3)丰厚的经济收入。

(4)为人父母胜任且具有满足感。

(5)心理成熟和良好的精神健康。

(6)自我实现、快乐。

(7)宗教、伦理和道德信念。

(8)满足的性关系。

(9)在工作上胜任且具有满足感。

(10)对国家和社会有贡献。

(11)与朋友亲人有良好的关系。

(12)身体健康。

各位同学，哪个是你的目标？如果让你选出三项，你会选择哪三项？选择目标时，没有对，没有错；没有好，没有坏；没有应该和不应该。每一个人都有自己向往的、追求的、为之奋斗的内在目标。我给大家举个例子，我曾经在咱们电子系一个毕业班做过一次班级辅导，当时班上有个同学，他告诉我他的近期目标就是赚钱，中期目标就是要捐助他家乡的孩子，远期目标就是成为一个成功的企业家。他讲到赚钱的时候，周围有的同学就笑了，说你怎么只想到赚钱呢？我就问他为什么会有这样一个目标。他说了一个非常让我们动容的故事，他来自西北一个非常偏僻的地方，那个地方非常贫穷。在他小的时候，因为差几块钱的费用曾经两次辍学，最后还是一些好心人的资助，才得以完成学业。他学习成绩很优秀，一路过五关斩六将，考到了清华，所以对他而言，他知道缺钱是什么滋味。为什么缺钱对他来说这么刻骨铭心呢？因为在大学期间，为了省钱他只回过一次家。当他回去的时候他非常难过，从初中开始离家这么多年，他的家乡还是那样，那些孩子还会因为交不起学费而辍学。所以他发誓，自己毕业之后要赚钱，他赚钱的一个中期目标就是在他的家乡建立一个基金。他说："我就希望那些孩子不再像我当年那样，为了几块钱而让他们放弃了追寻梦想的努力，因几块钱阻碍了他们梦想的实现。"他觉得自己不仅要在这个领域做技术，最终更要成为一个企业家。每个人的目标其实没有对和错，好与坏的，跟你自己的想法一致，而且在现实生活中可行，可以细化就会离目标越来越近。人是要有目标的，我们在讲生涯规划的时候也讲到，最重要的就是你人生的目标。

我也讲到生命线，你今年 20 岁左右，大一的新生 18 岁，大四的同学 20 多岁了。到你预计的死亡年龄大约还有 50 年，那么在这 50 年里你想做什么？你有目标吗？

你有长期目标、中期目标、短期目标吗？在这50年里做什么你一定要非常清楚。研究发现，为什么有的人比别人快乐？快乐的人有什么特质呢？首先，快乐的人是乐观的，他们拥有正面的期盼，能从负面的事情中找到正面的意义，具有幽默感，不会沉溺在不断重复的以自我为中心的思虑中，能健康地面对自己与他人不同的地方。有的人学习比我们好，有的人唱歌比我们唱得好，有的人长得比我们帅，人和人总是这么的不同，但是你要记住，你自己是这个世界上唯一的、独特的。我们接纳这些不一样，因为我们也有很多别人所不具备的优点，这就是乐观的、有期盼的。

这么讲有点抽象，我再举个例子，一只骄傲的大鸟对一只可爱小巧的小鸟说："笨蛋，滚开！"如果这个小鸟是悲观的，它会想它怎么总这样对我，我大概有什么不好的地方让它觉得不好；乐观的小鸟则会想今天它怎么了，是不是遇到什么不高兴的事了。这是它的问题，不是我的问题。今天不是永远，不是总是，它今天遇到不开心的事情了，所以它会有情绪，我就不用计较了。同样的情况对我们的影响是很不一样的。当你有两门考试，一门考了59分，一门考了95分，那么一整天你会想着哪一门的成绩？好像觉得得95分是应该的，得59分是不应该的，你就会责备自己为什么不好好复习这门课。其实，95分和59分都是你努力得来的，事物总是会有好的和坏的两个方面，你注意到坏的方面，就很沮丧；如果你看到正向积极的那一方面，至少你有一门课不仅过了，而且还很优秀，那门课不就差一分吗，再努把力就及格了。怎么样去看一件事，心态是不一样的。英国的作家塞缪尔说过："养成凡事往好处看的习惯比一年赚一千镑更有价值。"有很多事情我们都无法控制，你在那想得昏天黑地的，最后让自己很受伤害，结果是什么你也不知道。比如说你去参加一个考试，去参加某一项比赛，能不能得奖不是个人所能控制的，也许别人发挥比你还好，也许还有其他的一些偶然因素，我们能做的就是把自己的水平发挥出来就行了，应该对自己感到满意。这是我们讲的乐观。悲观的人在面对困难的时候常常会很消极，展望未来的时候会很悲观，和人交往的时候总是在抱怨，被人伤害的时候就非常仇恨，对人的态度总是先从自己考虑，生怕自己吃亏，面对失败的时候就想逃避，这样一些性格特点的人在生活中一定是感受快乐很少的人，是一个有问题的人。心理学的研究发现，人有无限的潜能，所以我们需要将这些潜能通过特殊的方法把它开发出来，还有采取一种治疗的模式来培养人格发展。我们常常会问："你有什么问题？"而我们很少问："你有什么优点？你有什么好的地方？"尤其是在我们中国的文化里面，家长对孩子的教育也好，父母与孩子的相处也好，我们常常问："你还有什么不足？你做得好是应该的，理所当然的！"，看不到孩子为了这个好而付出的很多的努力。孩子做得不好，家长永远都在检查，你还有什么做得不好，你还有什么要改善，你还有什么不足，你还有什么缺点……如果我们总把关注点放在缺点上，放在不足上，放在弱点上，会容易强化这些东西，反而忽略了我们自身业已存在的优势。积极心理学最重要的就是心理学，我刚才讲了心理学的三大任务，积极心理学中重要的是加了positive这个词。积极的意义是什么？积极的意义有两重：第一，反疾病模式；第二，研究人心里的积极方面，因为它有一个假设，在人的发展中，积极和消极其实是同时存在的，如果你太多地关注这些消极的东西，就忽略了积极方面，所以我们现在要去强调人心里的积极方面，同时用积极的方式去解释心理问题并获得积极的意义。刚才我讲了积极心理学有一个假设，这个假设是什么？人类善良和美好的一面和病态的一面，问题的一面同样真实存在着，人类的优点、长处和他的缺点、脆弱一样真实，积极是人天性中的一部分。所以不是说我们刻意去营造，而是它本身就存在。塞利格曼在2000年讲到，积极心理学是一门研究积极主观经验、积极情绪、积极特质、积极人格、积极制度，以及积极关系的一门学科，所以可以看到，积极情绪、积极特质、积极关系是心理学研究的。心理学不仅要研究病态、弱点和损害，还要研究人的力量和优势，不仅修复被损害的东西，而且培育最好的东西。

那么积极心理学研究的主要目的是什么呢？改善生活的品质，预防低潮时心理疾病的发生。塞利格曼他本身就是一个临床心理学家，所以我们简单概括积极心理学到底研究什么呢？它的研究内容有两大类：一类是研究个体的积极情绪和积极的人格特质，这里面包括好奇心、友善、团队合作、兴趣、能力，等等；还有一类是研究怎样促进幸福，以及促进幸福的一些社会因素，如友谊、婚姻、家庭、学校教育、社会、社区、宗教等。那么积极心理学和传统的心理学相比，它具有什么特点呢？第一个特点是在关注人的软弱一面的同时，看重人的独特的优点和长处。第二，念亲恩，爸爸妈妈等亲人养育之恩叫亲恩；念师恩，老师教导我们成长，我们对师长永远怀有一种感恩之心；还有一种念己恩，就是自己的努力、自己的坚持、自己的奋斗、自己的不放弃。还有一个重要的方面，是大家不一定想得到的，即逆境感恩。他做的这个研究，发现了念亲恩、念师恩、念己恩、念自然恩、逆境感恩，最后他开发了一套感恩的评估工具和感恩培训的课程。所以，感恩是一种特别重要的积极品质，一个人懂得感恩，他的生活就会快乐很多，因为感恩的人看问题比较正向，感恩的人能够感受到别人给自己带来的帮助，而且感恩的人会表达，表达自己的感谢之情，所以人际关系还特别和谐。乐观、灵性、有目标、宽恕或热情也是特别被看重的积极品质。塞利格曼开发了一个问卷，大家可以去网站上做，看看你这24个品质当中你是怎么排序的，哪个是你最大的特质，哪个是你最突出的人格优势。

每天晚上睡觉前想一想这一天发生在你身上有哪些快乐的事情，当然也会有不开心的事情，二者同时存在，为什么非要想不开心的事情呢？每天想一想开心的事情，你会带着非常满足和欣慰的笑容进入梦乡。人生是一天一天的积累，如果你每天都过得很开心、很充实，你还担心你的人生不充实吗，还担心你的人生不快乐吗？关键是我们自己能不能有这样一种能力每天去发掘快乐的事情。我们整理概括一下积极心理学研究的东西：积极的情绪体验，积极的人格，积极的、有意义的社会组织、系统。积极心理学其实就是追求一个积极的、有意义的、充实的人生，它包括愉快的生

活，美好的生活，有意义的生活。

积极情绪带来的三种愉快生活，会让你感觉到非常快乐。有了正向的、积极的情绪，就会感到很快乐。良好的组织和环境会让你参与到这些助人的工作中，会更加容易地感受到生活的美好。充分地利用自己的优势与长处，你会发现自己更有方向，人生会变得更加有意义。泰勒博士提出了快乐学习的一种方法，可以帮助我们健康成长。学习并不是一件痛苦的事，以前我们会为某个人学习，如父母等，那种学习是带有负担的，是一种无奈，一种压力，一种痛苦。现在，我们是为了自己而学，为了自己丰富的人生，为了将来走到社会上更有底气，更有安身立命的技能智慧，所以快乐学习是自我成长的一部分。

幸福就是活在当下，幸福就是现在，幸福就是心动不如行动，从现在开始努力。幸福就是从晚上睡觉之前想着今天发生在我身上的三件好事，幸福就是学会感恩与珍惜，幸福的最大障碍不是别人而是自己，锁定目标，对自己负责。

如何提升幸福感

——从收入与幸福的关系说起

华中师范大学　郭永玉

按照世界卫生组织的理念，健康包括生理、心理和社会三个主要的方面，健康已远远不止身体不得病。在我们大学生中培养健康的生活方式和生活理念是非常有意义的，我今天将着重从心理健康角度来谈。心理健康一个重要的指标是幸福感，而如何提升幸福感是近年来心理学界一个十分热门的话题。心理学又分积极心理学和消极心理学，过去心理学比较多地从消极方面来关注健康，比如说抑郁焦虑，而近些年心理学界出现了一个新的研究趋向，主张心理学应更多地从积极的方面来探讨健康的心理品质，其中包括幸福感的问题。如何提升幸福感，对于在座的各位老师来说，是让校长多发钱，但我想进一步地问，多发钱究竟能不能解决问题，如果我们每一个单位在没有有效规则的情况下，随意多发钱是不行的，因此，这个问题并不简单。我今天的报告从收入与幸福的关系说起，幸福这个话题不仅仅是心理学界关注的话题，也是国家及各级政府关心的问题，幸福城市、幸福省等概念已没有新意，这样一个概念是怎么来的，我们得回顾去年，就是 2010 年的 2 月 12 日，在春节团拜会上，温总理讲话里面有这么一句话："我们所做的一切都是为了让人民生活得更加幸福，更有尊严。"这句话在海内外引起广泛的重视。如果是一个普通人讲这么一句话就没有新颖，但是在我们国家由党和国家领导人提出，还是第一次，所以在海内外引起各方面观察家的重视。

我们心理学界对此也有热烈的响应。2010 年 3 月 25 日，就是春节以后不久，由中国心理协会、中国科学院心理研究所、北京大学心理系、北京师范大学心理学院和《心理科学进展》编辑部等机构联合举办的"为了中国人民的幸福和尊严——心理学解读与建议"研讨会在中国科学院心理研究所召开。《心理科学进展》在 2010 年的第 7 期就出了一个专题，主题叫做"幸福，尊严，公平，正义，和谐"。

由此大家可以看到，心理学界对于当今中国这样一些普遍受关注的主题是高度重视的。在这个专题里面，除了把现场发言的记录都收集以外，还刊登了 23 篇征集论文。在这 23 篇论文中间，华中师范大学心理学院就占了 6 篇，这个比例是非常高的。我本来受邀参加这个研讨会，但是由于当时我在国外，就写了一篇书面发言。这

篇书面发言的题目是《从社会和个人两个层面来认识幸福》，后来发表在《中国社会科学报》2010年8月5日的第10版。发表的时候，编辑自作主张删掉了"两个"两个字。文章刊登出来以后我还有点不高兴，因为这两个字在语气上是很重要的，实际上我是强调，幸福的问题不单纯是个人的问题。心理学家重点探讨个人幸福，是远远不够的。幸福的问题，首先还是应该从社会来讲起，所以应该从两个层面来讲。这篇文章刊登出来以后，当天在各大网站被大量转载。今天我就把这篇文章里面涉及的一些内容给大家作一个介绍。

下面我主要谈三个问题：①收入与幸福的关系是怎么样的；②从社会层面如何提高中国人的幸福感；③个人如何生活得更幸福。我的重点会放在社会层面。关于个人如何生活得更幸福，我也会给出一些建议。

关于收入和幸福的关系，根据传统经济学以及部分人群的观念是：金钱能够买到幸福。

当然，如果我提出这样一个命题，很多人还是会质疑的，尤其是在大学生人群中。作为一个成长中的、正在接受高等教育的、有更高生活追求的人而言，金钱能够买到幸福这样一个命题，恐怕毫不犹豫地认为这个命题是正确的人，并不多。但是如果我把语气调整一下，讲"即使不能保证金钱，也许其他的东西更重要"。也许会有更多的人，甚至是大多数人，都会赞同。

这个就叫做物质主义价值观。物质主义价值观这个单词，其实就是唯物主义这个名词的英文表达。为了把价值观的含义和哲学的本体内的含义加以区分，我们就把它翻译为物质主义的价值观。

物质主义的价值观就是说，作为一种价值观念，在此价值观的维度上，人和人有程度上的差异。也就是说，有些人接受这一信念的程度更强，而有的人在这一方面可能弱一点。但是，我们每个人在物质主义价值观上有自己的一种看法或者说某种程度的信念。比如说近两年的《非诚勿扰》，这是一档很流行且收视率很高的节目，其中一位女嘉宾说过这样一句话：宁愿坐在宝马里哭，也不愿坐在自行车上笑。这句话已经不新奇，但它典型地表现了物质主义的价值观。我记得当年我们这一辈人谈恋爱时，典型的情景恰恰就是骑着自行车，带着女孩子去郊游，男生骑车的劲头是很高的，也不觉着累。但是现在，你要是骑着自行车约一个女孩子出去郊游恐怕就困难了。这就是时代的变迁，这里面有一些问题值得我们探讨，物质主义的价值观，金钱与幸福的关系是不是直接相关的。

我们可以看到，有很多的研究是不支持这样一种观点的。研究包括横断研究和纵向研究，所谓横断研究就是同时调查各个不同阶层的人群，整体了解收入和幸福的关系，发现两者之间有微弱的正相关；纵向研究就是追踪了解研究若干年的数据，发现经济的快速增长并不能导致国民幸福水平的相应提高。总而言之，横断研究和纵向研究都指向这样一个结论：金钱对幸福是不重要的。我们具体了解一些数据，收入和幸福的相关，可以看到相关系数最高只有30%，这意味着它有一定的相关，但是比较微弱的相关，至于30%以下的就几乎不能说明问题。甚至有的研究发现两者之间是没有相关的或者说相关性是接近零的。

看一看在我们国家调查的情况，中国十大城市的幸福感调查，横坐标是城市，纵坐标是幸福指数。我们可以看到这个排序，前三位分别是杭州、成都、上海，排在后面的是西安、天津、广州。我们找一些极端的情况来看，成都在其中排第二，而成都的整个经济发展水平与广州或者北京、天津是无法相提并论的。不知道在座的有多少朋友到过成都，我去成都的感觉是其发展水平在武汉之后。广州明显是经济发达地区，可在十大城市里排在最后，大家会问十大城市怎么没有武汉，因为武汉没排上。我们来看看武汉，大城市的幸福指数来排：杭州、成都、北京、西安、上海、武汉，武汉排在最后，我们会觉得差不多，因为武汉经济发展水平也好、幸福指数也好可能都是比较低的。那么如果按人均月收入来讲，北京、上海是明显高于杭州和成都，尤其是成都。民间有一个说法，上海人和成都人，10元钱花掉了5元钱，上海人就会说，完了我只剩下5元钱了，成都人就会说，我还有5元钱，可以去吃火锅了。当然5元钱吃火锅可能还不够，但是他会想着再去享受一顿。这就是成都人和上海人的区别。这个区别就不是简单由收入差距导致的。因此，收入和幸福感的关系可能有这么四种。第一种，收入高幸福感也高，比如杭州，收入总体上较高。第二种，收入高幸福感低，比如广州、北京。第三种，收入低幸福感高，比如成都。第四种，收入低幸福感也低，比如我们武汉。当然我们这是自我幽默一下，也是一种解嘲。这是说收入和幸福的关系的不一致。

纵向研究的结果，经济学家伊斯特林在20世纪70年代就提出这样一个命题，尽管人均收入是在持续增长，但是国民幸福水平却没有随之提高。这个是他依据美国以及其他一些发达国家的数据得出来的结论。这个结论叫做“伊斯特林悖论”，或者说是“幸福悖论”，或者说，“幸福—收入之谜”，三个说法是同一种意思。

从新的研究数据来讲，有这么一些发现。富裕国家的国民幸福感总体上高于贫穷国家。收入的增长与各国国民幸福感的增加是相关的。这个研究列举了人均GDP与国民生活满意度之间的关系。可以看出有这么几种情况。一种情况是穷国GDP低，生活满意度也低，比如非洲的多哥、贝宁、乍得这样一些国家。那么GDP较低，生活满意度有没有可能很高呢？答案是没有。但是相对较高的，比如说印度、巴基斯坦是较穷的国家，可是它的生活满意度比起非洲的那些国家还是要高一些。可是比起发达国家来说，还是要低很多。那么再来看一下高GDP的国家，高经济发展的国家，也就是那些富国。富国的经济发展水平高，国民的生活满意度也高。这样的国家有丹麦、芬兰、挪威、美国、英国、阿联酋。这些大多数是欧美的国家，特别是北欧的国家。再来看一些数据，中国的GDP 2011年超过日本，全球排第二，但是人均排名是在95到105之间。人均GDP只是日本的十分之一，美国的十一分之一。美国2010年的GDP是十四万多亿美元，我们虽然是第二，但是总量只有将近六万亿美元，也就是说我们的经济发展水平在这几年虽然非常快，但是由于过去的基础太差，

还是不太好。再看看幸福国家排行榜，155 个国家和地区排在前五位的最幸福国家是丹麦、芬兰、挪威、瑞典、荷兰。中国内地的排名是 125，中国香港地区排名 81。关于幸福感的研究有一个很有趣的现象，就是东亚地区富裕的国家和地区，比如日本、中国香港、新加坡，这样一些国家和地区本来属于富裕的，但是幸福排名并不靠前。对这个现象有一个很特别的解释，东亚地区人口密度远远超过欧美，拥挤本身会影响人们的幸福感，人口密度还会导致恶性竞争的增加，导致香港等地区的幸福感排名也是偏低的，这些还是值得我们思考的。总之，在这么多国家中，这四个命题还是完全站得住脚的，最幸福的国家是富裕的国家，最不幸福的国家是最贫穷的国家，富裕的国家不会是最不幸福的国家，贫穷的国家更不可能是最幸福的国家。从这四个命题可以看出经济与幸福之间的关系。

然后我们刚才还有研究方法的质疑，这个研究就把收入分成高、中、低三种情形，然后在这三种情形之下再去讨论收入与幸福之间的关系。这样一个研究就很明显地显示出二者之间的相关，我们可以看出这个横向的虚线是 GDP，也就是收入，然后有三种情形，低、中、高，从与此相关的幸福指数就可以看出，随着收入增加幸福指数也随之增加。因此分析的方法不一样，结论就不一样了。因此社会科学的研究与自然科学的研究一样，收集数据之后怎样进行处理将会对结果产生影响。另外，收入水平比较低的时候，收入水平的大幅增长的确会带来幸福指数的大幅增长，但当幸福增长超过一定的范围的时候，这个规律就会减弱甚至会消失，这个研究结果特别能给我们启示，这是研究前东德地区在 1991 年到 2002 年期间，收入的增长与生活满意度之间的关系。我们知道前东德地区在冷战时期是属于社会主义阵营，经济发展比西德地区差很远，柏林墙倒塌以后，德国统一，之后德国建立统一的经济制度和社会保障制度，所以这个导致东德的收入增长水平在此期间有明显的提高，收入的增长与国民幸福感之间相关的关系就一目了然。这个说明在当国民普遍贫穷的时候增加收入会增加国民的幸福感，随着收入的增加国民的幸福感都会呈现明显增加，尤其是在贫穷的国家幸福指数会增加，在经济发达的地区，幸福指数的增加比贫穷国家的增加要微弱一点。

另外，对于收入采用什么样的观测指标，有研究指出将 GDP 作为指标是不准确的。有学者指出：GDP 作为衡量指标可能是不准确的，当使用男性收入、小时工资这样一些指标的时候，伊斯特林的悖论就消失了。也就是说，如果我们把收入指标改为这种可操作的、敏感的指标——男性收入和小时工资，这就是和每个家庭成员感受息息相关的指标，幸福感会随着国民收入水平的增长而相应变化，所以收入变化的敏感指标可能不是 GDP，而是男性收入、小时工资这样一些具体的指标。那么还有研究者指出幸福感和收入之间小的相关系数被转化为标准化的平均数的差异的时候，不同收入层次的幸福感的差异就会极大地显示出来。这个时候富人的幸福感要远远大于穷人，甚至是中等收入人群。因此小的相关可能隐藏大的差异，这是通过标准化处理以后得出的结论。随着收入水平的增长，生活满意度的幸福指数之间的关系就明显显示出来。把小的相关系数转换为标准化的平均数,这是一个统计处理的方法,把这个方法加以改进,两者之间的相关就显示出来。在美国,年薪在5、6万美元以下,也就是低收入阶层的人幸福指数是负数。年薪在5、6万美元以上的人幸福指数才是正数。相比而言,我们国家的情况是相差很远的。另一个调查结果:年收入低于两万美元的感到非常愉快的只有22.2%,年收入高于9万美元的感到非常幸福的有42.9%;年收入低于两万美元感到不幸福的有17.2%,而高于9万美元的感到不幸福的只有5.3%。因此,穷人和富人幸福感的差异是不言而喻的。在武汉调查时,以每月800元以下为低收入,一万元以上就是高收入,从调查看来,收入水平和幸福感的关系是完全一致的。尽管差距不是那么大,低收入完全处在郁闷的心情中也不现实。低收入的人群也要生存,也有快乐的时候。但是整体上,收入与幸福的关系,这个顺序是完全一致的。收入与幸福的关系是微妙的、复杂的。样本调查时间、测量指标和统计方法的不同,都可能会导致不同的研究结果。因此,任何研究结论在推广的时候,必须小心。比如令人迷惑的伊斯特林悖论,也许它并不是真实的,就算是真实的,可能也只是适合于发达国家。至少在贫穷国家里,或者是对于低收入人群而言,提高收入仍然是非常重要的。我们讲了半天,就是在幸福和收入之间,我们应该持一个什么样的观点。收入与幸福之间是一种曲线关系,就是在低收入水平下,收入的增加会导致幸福水平的显著提升。当收入达到某一个临界水平之后,它对幸福的积极效应,就会逐渐减弱,甚至是消失。

我们试图用这么一个曲线来表示两者之间的关系,就是在临界点以下,收入的增长会明显导致幸福感的增长,那么超过了那个临界点以后,收入的增长与幸福的增长之间的关系,就会减弱。那么这样一个临界点又如何界定,目前还没有明确和统一的认识。不同的研究,因为考察时间和样本的不同,得出的结论也不一样。不过可以肯定的是,这个值就是临界点这个值,与特定时期和特定社会的消费水平有关系。这个消费水平我们也可以来了解、比较一下。1999年,美国的人均消费,或者说这个消费水平标准是2万美元,日本也接近2万美元,我们中国是多少,我们可以来做一个分析。假设横坐标是收入,纵坐标是幸福指数,我们用平均幸福指数,就是6.6,平均的幸福指数与收入之间的交叉点,来做一个分析。就是说,我们的平均数要达到多少。这个数字是多少呢?就是每年收入2.5万元人民币,在座的很多同学对我讲的这个问题可能还没有多少概念,因为你们需要钱花的时候就找父母要,这些钱究竟是怎么来的,父母一个月收入多少,你可能还没有概念。年收入2.5万元意味着什么,我们看一下这个数字,就会引起我们的深思。2010年,武汉市的人均收入是9564元,而年收入到2.5万元才达到我们现在讲的这个临界点。也就是说,我们讲的这个人均或者我们讲的小康,或者说衣食无忧,就是达到这个临界点。我们的一个估计是2.5万元,而武汉市的人均收入才9000多元。所以如果用这样一个数字来看,那我们这个分析的情况,就有点令人沮丧了。所以,在这个问题上,我们要尊重这样一个基本的事实,就是需要层次中基本需要的满足,比高级需要的满足,对于提升个体幸福感

的作用更大。一旦基本需要被满足以后，收入对于生活满意度的积极效应就会减弱。所以，临界收入水平，至少要能够满足人们对衣食住行这样基本的生活物质需要。而美国心理学家马斯洛说过这样一句话：人不能为面包而活着，除非他真的没有面包。这句话的含义也就是，如果人没有面包，他就会为了面包而活着。这就是我们中国人早就有的说法，人为财死，鸟为食亡。如果在一个贫穷的状态下，人的生存状态就是这样。所以，衣食足而后知荣辱。

收入与幸福的关系，我们有以下认识，中等收入是幸福的基础或必要条件。在低收入条件下，也就是人的衣食住行得不到满足的时候，收入与幸福的关系就比较高。增加收入就会增加幸福感。当一个国家低收入群体很大的时候，增加他们的收入就会使国民幸福感显著增加。就我们中国的现实而言，低收入群体的数量仍然是非常大的。然而当衣食住行无忧的时候，收入与幸福的关系也就减弱了，这个时候幸福就取决于非收入因素。有很多心理因素，如社会比较、适应、欲望、人格……就社会比较而言，很简单的研究，给你两个国家选择，一个国家，你的收入5万，而你周围的人的收入2.5万。另外一个国家，你的收入10万，而你周围人的收入20万，你会选择哪个？这就是社会比较，也就是鸡头和凤尾的关系或者小池塘里的大鱼和大池塘里的小鱼。社会比较的研究是很有意思的。我们如果比别人多500块、1500块，心理上的差异是很小的，但是比别人少500元、1500元，心理上的差别就很大。这就是相对收入和幸福的关系。对于一个人的心理感受而言，不是他的绝对收入而是与别人相比的相对收入，这就是社会比较的效应。所以贫富差距通过社会比较的心理过程导致不公平感，使得低收入和高收入者都不幸福，尤其是低收入者更为敏感。高收入者与更高收入者比较还是不幸福。所以针对中国的现实而言，应该增加低收入群的收入。

社会比较的心理过程可以用来解释伊斯特林的悖论：增加所有人的收入并不会提高所有人的幸福感，因为跟别人相比，所有人的收入并没有提高。在中国社会中，更应该提高低收入人群的收入水平。这是关于社会比较。还有社会适应，适应就是我开始讲的，如果你公司的老板给你发了奖金，它会使你第一天、第二天很高兴，但以后你还会那么高兴吗？当然不会了，这就是心理上的一种适应。这种适应说明：收入的增长带来的喜悦是短暂的。心理上的适应很快就会把那种心理上的感受调整到原来的状态。这就是为什么提高收入不能持久提高人们的幸福感。还有一个原因就是你的欲望，收入增长和欲望增长是正相关的。当你的收入增长和欲望增长保持一致，两者抵消，收入增长就不会给你带来幸福感。只有收入增长高于人的预期才会带来幸福感，这种情况是很难实现的。即使收入增长高于心理预期，还会有心理适应作用，这就是收入和幸福之间的心理因素。

最后就是人格，举一个最典型的例证——林黛玉。林黛玉的性格是典型的不利于幸福感提高的性格。这种性格有着内向的、高焦虑的，或者说是内向的、不稳定的特征。这种性格最典型的悲剧性格，也就是幸福感最低的性格、每个人的对幸福的感受还取决于他的人格，一个演员和他所扮演的角色有很高的一致性，演员的命运和所扮演角色的命运有很高的一致性。从美学上看是一种很高的境界，但从现实人生来看是一个彻底的悲剧。这个问题可以探讨一下，就是收入和幸福感之间存在内部缓冲器和外部缓冲器，就是有其他因素的作用。其他因素可以分为内部因素，比如外向性和神经质。就性格而言，外向性和幸福之间是正相关的。幸福感包括三个方面：积极情绪、消极情绪和生活满意度。外向的人积极情绪更多，消极情绪相对少一些，他倾向于以积极态度评价自己的生活，所以生活满意度也会较高。神经质就是情绪不稳定、焦虑抑郁较多。焦虑抑郁和幸福当然是负相关的，所以神经质和幸福之间的关系是负的。还有就是人的控制感，你对时间、对生活的控制感越高，幸福感越强。再就是自尊、乐观这样一些内部因素。外部因素就是人的外部资源、社会支持，等等。这些因素会影响幸福感，收入与幸福感之间的关系会通过这些因素起到中介作用。对于外部因素，我很小的时候读到过文革时期的一些供批判使用的一些旧的文献，现在当然是作为传统文化的读本，有一本小册子叫《增广贤文》。《增广贤文》里面有一句话叫做“穷在闹市无人问，富在深山有远亲。”这里面讲的就是外部资源和社会支持。所以收入会通过社会支持，通过你所获得的人际关系、社会资源来影响人的幸福感。那么对前面的这些分析做一个总结，如何提高中国人的幸福感，从社会的方面来看就是社会的人文关怀和关系调整，特别是制度的设计。

第二，个人层面，就是个人的努力奋斗和心理调节。努力奋斗是说你在力所能及的范围内再去争取幸福。在争取不到的情况下，条件有限的情况下适当地进行心理调节。注意，我现在不是一名心理学研究者，如果我现在就讲心理调节，那么估计很多同学都会提出质疑，你今天就是在鼓吹阿Q精神，显然不是这样的。心理调节在一定的范围内、一定的条件下才是值得提倡的。那么我们先从社会层面来看，首先要关注低收入阶层的生存状态，因为基本收入是幸福的首要条件。从国民幸福的层面来讲，就业以及最低生活保障制度，失业与养老保障制度是国民幸福的底线。我认为对于大家来讲这是十分现实的。第一个问题就是就业的问题，所以温总理讲就业还涉及人的尊严，不单纯说是生存的问题。因此它也关系到幸福的问题。那么养老保障制度，在座的同学们可能还体会不到，可在大家毕业十年左右你就会清晰地感受到养老保障制度与你的生活水平息息相关，因为当你的父母面临着退休时，国家养老保险制度是如何制订的就与你个人的家庭生活质量息息相关。因此，政府和社会要高度关注低收入阶层的生存状态，保障他们的物质生活的条件，特别是通过劳动和获得这些权利的能力。

权力就是社会要提供公平的环境，每个人要能够通过自己的努力获得自己应该获取的。所以能力就是社会政府有责任来保障每个人能够发挥它的潜力，这个能力就是受教育。紧接着我们就来讲社会比较的问题，社会比较问题就是贫富差距的问题。贫富差距有很多不同的说法。最近这一段时间美国出现的“占领华尔街”运动，就是因为我们是99%，那我们就要去抗议那些金融巨头们——那些1%的人们贪婪、狡猾地设计这些金融的陷阱，把全世界的财富吸引到华尔街这些金融巨头的账户下。那么在我们这里是什么情况呢？在中国，最新的说法是，1%的富裕家庭占有着全社会家庭财富的41%。还有一个说法是，最富裕的前10%占有着全部财富的45%，最后面10%的穷人，只占有全社会财富的1.4%，这些数据很让人忧心。有经济学家提出基尼系数，就是在全部居民收入中不公平分配的百分数。0.4以上就标志着这个社会贫富差距达到一个警戒线。这是国际公认的一个标准，我国在2000年就超过0.4，现在接近0.5。我们国家现在已进入一个贫富不均的社会，这是个高危险的社会。一些研究者和经济学家都在重视这个问题，国家领导人也很重视。根据最新的盖勒普的调查，注意，我一直在引用盖勒普的数据，盖勒普是美国最权威的民间调查机构。我看到有一个材料，说盖勒普对于历届总统选举的预测错误率只有1%，所以说是最权威的。这里有个数据，在124个国家中，中国人感觉"生活蒸蒸日上"的只有12%，与阿富汗相当。"勉强糊口"的占71%，跟海地、阿塞拜疆、尼泊尔相当，这个数据很打击我们。"感觉非常痛苦"的占17%，高于苏丹、伊拉克。这个数据有点抹黑中国的现状。中国科学院的一个调查中也指出，正在壮大的中产阶级对生活并不满意，部分原因是现在生活的严酷、竞争激烈、担心失业、房价过高、日益增长的物质主义，这些都是原因。2011年4月25日的《新快报》有个报告，在所有人中，公务员的幸福指数最高，其次是在校学生，离职退休人员的幸福指数也比较高。

为什么离退休人员的幸福指数也比较高，因为他们的生活已经有了保障，另外一个原因就是再不幸福就没有机会了。离退休人员之所以会去找乐，前提是生活有了基本保障。公务员的幸福指数最高是不是反映了我们的社会现实？每年的公务员考试招考的比例都会引起社会的关注。根据《羊城晚报》的报道，公务员的幸福指数最高，失业或者下岗人群的幸福指数最低，农民倒数第二，我个人是比较相信这个报道的结果。为什么农民的幸福指数不是倒数第一？这个很好解释，失业或者下岗人群居于倒数第一，是因为他们曾经有比现在生活好的时候，但是农民是祖祖辈辈一个样，所以会比失业或者下岗人群幸福指数高。公务员现象在我们国家是比较值得担心的一个事情，公务员是幸福指数最高的群体，这就意味着公务员群体会吸收这个社会上的精英，这个有它好的一方面，可以对公务员这个群体素质的提高有好处，但是在另外一个方面，比如生产行业、企业界、科教文化，这些需要建设、需要智慧劳动生产的领域，没有相应的人才，那么这个社会会出现严重的问题。

前不久武汉出现了一个明星，他就是五道杠。大家应该都很熟悉，我观察到，这个黄艺博几乎每一张照片，他的袖章都处在很显著的位置。为什么黄艺博会成为网络明星，成为广大网民关注的焦点？我认为这是有社会基础的。我个人绝对相信黄艺博是个好孩子，我不是指责黄艺博本人，而是指这个网络现象反映了一个社会现实，那就是"官本位"的社会现实，调查的结果也是公务员最幸福。黄艺博同学的那个表情也引起了很多网民的追捧，网民觉得很有趣。大家可以读一下关于黄艺博的报道，黄艺博一说话就会说我代表某某来看望大家，来慰问大家。一个小学生，他讲话的口气和领导一样，而他的形象端端正正，俨然就是一个小领导，这个现象引起广泛关注本身就是一件很有意思的事情。

我们知道，均贫富不能调动积极性，所以需要兼顾公平和效率之间的关系。中国历史上均贫富运动的结果都失败了。有一个美籍华人学者提出了一个概念，就是中国历史上历次的农民运动都是打着均贫富的口号，最后的结果都是失败，而且会周期性地进行循环。所以中国铲平主义的传统不能解决我们现在的问题，所谓的铲平主义，也就是革命传统，简而言之就是取缔，当然农民起义并不是真正的取缔。所以这里需要学习和借鉴国外的收入分配制度，特别是税务调节的办法。通过税务来调节各个阶层的差距。贫富差距不仅会通过社会比较的心理机制严重地损害国民的幸福感，更重要的是会威胁到社会稳定。在这种情况下我们通过收入来调节，达到没有人有太多，也没有人一无所有的理想社会的状态。这个理想社会的状态已经变成现实，就是北欧所谓的民主社会主义国家。我们国家很多人倡导要学习北欧的经验，是具有现实意义的。大家看现在，美国华尔街发生大规模抗议，而北欧只在挪威出了一起偶然的暴力杀人事件。整体上北欧非常稳定，南欧的情况很糟糕。南欧的葡萄牙、意大利、希腊、西班牙很糟糕，国民享受非常好的福利待遇，但是不愿意承担国家财政的负担。给他们增加一点税收或者减少一点福利，他们就抗议，所以南欧国家的公民是被高福利宠坏了的一群人。到地中海去度假当然愉快、舒服，但是国家的财政却是高赤字，因而北欧的情况是值得我们研究学习的。现在简单说一下一些国家的税收结构。从这次经济危机的情况来看，美国的税收制度与欧洲各国的相比还需要进一步加强；但是整体上美国的社会结构已经不是温总理反复说的感染型，它比感染型更稳定。最上面的是高收入的人群，1%最顶层的人均年收入是 132 万美元，大多数人在中间阶层，这中间阶层的收入也大多在 2 万美元以上。欧洲整体贫富差距比美国少很多。在英国，年薪超过 15 万英镑的人应该纳税 50%，这是卡梅隆当选新首相以后不久公布的。在唐宁街十号围着很多人，我没有意识到。我走进去一看，几个警察守着。一看报纸，才知道这是卡梅隆担任新首相上班的第一天，于是买了一份 Times 报，报纸上有一整版介绍新内阁各个大臣的年薪，包括首相在内，卡梅隆的年薪是 144520 英镑，刚好低于 15 万英镑。如果超过 15 万英镑他就要交 50%的税。所以你会发现欧洲人的生活节奏是比较悠闲的，从社会的税收制度可以知道欧洲是不鼓励你去多赚钱的。你应该把赚钱的机会让给别人，你有能力也不要多赚钱。多赚钱就要多交钱，多挣一万英镑就要多交税，这多交的税要达到你赚钱的 50%，你肯定不愿意，这还不如躺在家里睡觉。所以这个税收制度是不鼓励贫富悬殊的制度。年收入 2 万英镑以下的人是免税的，年收入 2 万英镑意味着什么？英国给访问学者一个月 750 英镑生活费，要知道 750 英镑在那里可以过得很好，还玩了很多地方。所以，年收入 2 万英镑以下的人就属于低阶层人群，医疗是全部免费的。包括我们这些访问学者看病都是免费的，这是欧洲的情况。欧洲有些国家的个人所得税达到 60%。中国的税收最高是 45%，而这样一些人还没有达到 45%，这是我在英国根据得到的消

息自己计算的。平安保险高管税前年薪约2859万人民币,相当于美国总统年薪的十倍,这是我们国企的高管,年薪收税的比例是44.3%,还没有达到45%。平安保险的总经理税后的年薪是600多万元,他的税率是43%,这些人的所得税都没有到45%。所以我们的税收制度是需要调整的。再讲遗产税,美国的遗产税最高是55%,英国是60%,起征点是25万英镑,也就是一套房子加房子里的一些家具,收税率是40%。想想40%的财产要用去交税,你愿不愿意给孩子留那么多遗产,再高一点要60%。所以在英国这样的社会是不鼓励把财产留给子女的。每一代人自己挣的钱,自己去享受、去消费,下一代再开始,这也是和我们国家大不相同的。"可怜天下父母心",父母要给孩子留几套房子。你想想,我们的下一代再下一代有没有劳动的动力,还有没有工作和生产的动力。所以我们国家经济持续发展的动力会在什么地方,这都是问题。重视其他社会条件的改善,幸福感排名靠前的富裕国家不仅仅是收入高以及对于低收入者的基本保障,更重要的是其他社会条件值得我们重视,比如说社会公平、医疗保障、生态环境、受教育的机会、人权状况,等等。或者说高收入有利于这些条件的改善,从而提高了幸福感。这里没有详细去讲与国民幸福相关的其他条件。我们一方面要保持经济的持续增长,同时更要重视社会制度、政治和文化方面的改革,这些方面就远远超出了今天报告的范围,但这里要提醒大家重视。因为我们大学生属于社会的精英阶层,也是社会改革最有活力的阶层,我们要有一些了解。

这个社会政治、经济、文化方面的改革,朝什么方向改?当然是维护社会公平、公正,但是如何实现,如何来改革?这是值得我们关注的。中国改革的走向如何达成一种共识?这样一些信息提供给大家去看。一个是深圳特区建立三十周年的时候胡锦涛总书记和温总理的讲话,再者就是十七届五中全会的公报,还有郑新元的系列文章,吴邦国委员长讲的"八确立五不搞",中宣部编写的"六个为什么、七个怎么看",每年我们是如何纪念"五四运动"的,以及历年"两会"以后温总理答记者问提及的政治改革的部分,包括去年接受CNN专访时温总理所讲的。当时温总理讲:"社会议论纷纷,纵然遇到阻力,我仍会坚定不移地坚持我的信念,在我的能力范围内推动政治改革,风雨不倒,至死方休。"中国总理中,从朱镕基到温家宝都讲到过"死",朱镕基总理是这样讲的:"不管前面是地雷阵还是万丈深渊,我都将一往无前,鞠躬尽瘁,死而后已。"为什么他们都会提到"死"呢?胡锦涛总书记在中国共产党成立九十周年时候的讲话,"要勇于变革,勇于创新,永不僵化,永不停止。然后要不动摇,不懈怠,不折腾,不为任何风险所惧,不被任何干扰所惑。"还有不久前温总理在达沃斯论坛上的答记者问,以及最近纪念辛亥革命一百周年大会上的讲话。我只是提供一些信息供大家去思考中国当前改革的走向。辛亥革命首义发生在我们武昌,孙先生提出"三民主义",根据我对我的学生的调查,有将近一半的学生回答不出"三民主义"的具体内容——"民族、民生、民权"。"三民主义"跟我们的关系很大,国家领导人如何讲"三民主义",如何讲辛亥革命,跟我们每个人都有关系。因为中国是一个很特殊的国家,国家领导人的行为直接关系到每个人的生活状况,这本身是社会的进步,但从另一方面来说也是一种局限。关于改革的话题并不是我们今天的重点,我也只能点到为止。

关于幸福的问题,从社会的角度,我讲以下五条:第一,基本收入是幸福的首要条件;第二,公平正义是国民幸福的社会基础;第三,健康保障是幸福的前提;第四,教育机会和职业成功是现代人幸福感的支柱;第五,社会对个人自由的维护是现代人幸福感的制度保障。

这是我讲的前面内容的总结。所以概括起来是五个方面:基本收入、社会的公平正义、受健康教育机会、职业成功和个人自由。我引用著名剧作家潘月兴的一句话"要想有尊严,先要有金钱",显然,他是站在大多数贫穷的人的角度来说的。我加了一句话"先要有幸福经济学、幸福政治学、幸福社会学,最后才会有幸福心理学"。幸福心理学就是从个人层面谈幸福。这应该研究但是有个前提,那就是先研究经济学、政治学和社会学。我花这么多时间讲社会幸福可能会让有些同学对社会制度感到失望,我表达我的歉意。

以下我就简单说下个人层面的幸福。什么是幸福,以及如何获得幸福?关于什么是幸福的说法有很多。幸福就是猫吃鱼、狗吃肉、奥特曼打小怪兽,这个是网络说法。一个无所事事的穷人说有钱就是幸福;一个匆匆忙忙的富人说有闲就是幸福;一个满头大汗的农民说丰收就是幸福;一个漂泊他乡的游子说回家就是幸福;一个失去双足的残者说能走路就是幸福;一个失去光明的盲人说能看见就是幸福;一个四十好几的光棍说有女人就是幸福;一个衣不遮体的乞丐说有饭吃就是幸福。因此,对于个人而言,幸福是多种多样的,对于一个生命垂危的病人来说能活着就是幸福,这都是一些幸福的瞬间。《时代周刊》刊登美国华裔"虎妈妈"能给孩子幸福。这也是值得我们讨论的教育,这也是幸福。"童年的曾经、儿时的伙伴、知识的启发、手中的希望、沉甸甸的麦穗、幸福在回家的路上"这些照片都非常好。幸福也是虔诚的信仰,前面我们没有讲到信仰的问题,中国人没有信仰,唯一的信仰就是财富,这是很特别的,外国人问中国人信什么神,我们什么都不信,这在外国人看来是不可思议的。所以说幸福是虔诚的信仰。

哪些瞬间可以说是幸福,我总结了一下,有八种。山东一家烟厂要做一个品牌,一个系列,征集出来的中国人的喜有八喜:久旱逢甘霖、他乡遇故知、洞房花烛夜、金榜题名时、升官又晋爵、财源纷纷至、家和体魄健、尽享天伦日。这是中国人的八喜。其中有没有信仰?没有信仰,跟神都没关系。我们当今中国人的幸福是:钱多钱少离家近,每天睡到自然醒,位高权重责任轻,老板说话不用听,别人加班我加薪,数钱数到手抽筋,喝茶看报好开心。这是我们的段子。我们再看专家的调查,这是《中国社会心态蓝皮书》,2011 年版的,这是中国社会科学院社会学研究所社会心理研究室他们发布的。我们中国人的九个生活动力:第一,子女发展期望;第二,个人利益追求;第三,追求家庭幸福;第四,人际优势;第五,一生平安;第六,做好本分;第七,自我价值实现;第八,为社会作贡献;第九,追求生活情趣。这是中国人特有的,中国人活着最重要的动力是为了子女,所以在座的各位同学要多去体谅你们的父母,她们生活的绝大多数动力都是为了你，其次才是个人利益追求，而且个人利益追求还是为了子女。我们再看看古人的一些说法，论语开篇第一段，子曰“学而时习之，不亦说乎，有朋自远方来，不亦乐乎”。孔子的“说”就是快乐，“乐”还是快乐，这个高兴和快乐有两项，一个是学而时习之，一个是有朋自远方来，“人不知而不愠，不亦君子乎”，这个当然讲的不是快乐本身，这是别人不知道我、不了解我，我并不生气，这是君子。这是开篇第一段，“学而时习之，不亦说乎”。我们现在的学生包括我们在座的各位佼佼者，是这个985名校的学生，从学习的过程体会到幸福和快乐有多少？这是值得考虑的，也是我们这个社会的问题。所以孔夫子讲的第一条“学而时习之，不亦说乎，有朋自远方来，不亦乐乎”这个我们大概都能感觉到。孔夫子的学生颜回，他家里很穷，父亲得病还找人借钱，东拼西凑，还是借不到钱。这样一个人，人不堪其忧，鬼也不感其乐。这个颜回的乐在什么地方，穷得一塌糊涂，没钱给父亲治病，他还能乐，孔夫子还说他“闲哉，回也”。这个乐是乐什么，这叫安贫乐道，所以这样一些古人我们也可以回顾一下。他提出这么几点，一个是愉快地去生活、去笑、去享受，充实地生活。这里我引用论语里的话，“发愤忘食，乐以忘忧，不知老之将至云尔”，这是孔夫子讲他自己，是充实的舒服。我再引用陶渊明所说，“娴静少言，不慕荣利，好读书，不求甚解”，没有会意，便欣然忘食，这是不是充实的舒服？我认为这就是充实的舒服，陶渊明“采菊东篱下，悠然见南山”是不是充实的舒服？我认为这是充实的舒服，“好读书，不求甚解”是一种好的说法，我们现在说不求甚解是有贬义的，但在陶渊明那里是褒义的。

第三，有意义的舒服，寻找永恒与不朽的冲动和努力。我觉得中国人很难体会到这个东西，什么东西永恒呢？发挥自身最大的力量和品质，通过慈善活动、志愿活动、宗教或政治活动来追求一种理想，幸福不由感官来获得，幸福来源于我们具有高尚目标的行为，来自展现一个人人格的力量的丰美，这是心理学家讲的幸福的三个核心要素：快乐、充实和意义。更具体的建议是，第一，安排时间与他人共度；第二，寻找工作中的挑战和意义；第三，去帮助他人；第四，为自己安排时间享受能带来快乐的活动，包括阅读、看电影、锻炼身体，等等。这里我重点强调一下阅读，随着互联网的普及，阅读越来越离我们远去，尽管我们是受过高等教育的人，但我们用来阅读的时间越来越少。享受生活的瞬间包括对音乐、艺术的感知，“只在闻其韶”，“三月不识肉味”，“不图为乐至于斯也”，没想到音乐让人快乐到这样一种程度，我们听一场音乐会要是能达到这样一种境界，我认为，这比其他任何幸福都值得，这是音乐的感知。运动以及开放地对待新的经验，保持开放的态度去尝试不同的事情，感受不同的体验，尝试去从未到过的地方，但是吸毒和危险的性行为除外，这对年轻朋友是有针对性的，吸毒和危险的性行为要从我们自身的身体安全，从健康的角度来讲，一定要警惕。

最后，我的建议是：第一，积极地面对世界，增强自我力量感，积极地面对世界，主动地争取生存和追求个人幸福的基本权利，特别是通过劳动获得基本生活条件和个人幸福生活的权利。关于个人权利的意识，罗斯福讲，人类有四大权利，言论自由、信仰自由、免于饥饿和恐惧的自由，这些都需要通过我们自己的努力来实现。第二，不要总是向上比较，适当地向下比较，保持理性平和的心态，不仇富，不欺贫，这里我也强调适当地向下比较，不是让你一直向下比较，那个是阿 Q，我并不是鼓吹阿 Q 精神，向上比较能够激励个体做得更好，但也会使满意度降低，而向下比较虽然容易使人安于现状，但是能够使满意度增加。第三，科学地认识物质财富和幸福的关系，这个前面已经讲到，这里有一个网络材料，我觉得值得分享：

有了钱你可以买到楼，但是不可以买到家；

有了钱你可以买钟，但是不可以买到时间；

有了钱你可以买床，但是不可以买到充足的睡眠；

有了钱你可以买书，但是不可以买到知识；

有了钱你可以买医疗服务，但是不可以买到健康；

有了钱你可以买到地位，但是不可以买到尊重；

有了钱你可以买到血液，但是不可以买到生命；

有了钱你可以买到性，但是不可以买到爱。

这就是关于钱的认识，我认为是很到位的。

第四，设置多样化、多层次的生活目标，比如亲密关系、体育锻炼、兴趣爱好、体育活动、公益事业。

第五，建构有利于幸福的价值观。

价值观有两种：外部定向和内部定向。外部定向就是物质享受、功名权势等。内部定向就是真知的获得、道德的完善、艺术的享受和宗教的关怀。这些是内部定向的价值观，也就是说什么东西是你看重的。

美国的一位心理学家和哲学家把人的价值观和生活方式区分为两种：to be 和 to have，就是占有与存在。你如果是重占有的价值观或者生活方式，就会追求外在的权利和外在的成功，这是无止境的；如果你是重存在的人，你关注的是生命本身的成长和人性潜能的实现。这两种幸福观是不同的，前者会越来越烦恼，后者会越来越幸福。所以要适当控制物质欲望的增长，从生活中去寻找其他的快乐因子，特别是更多地致力于精神的成长，比如潜能的实现、求知、审美、终极关怀。追求这些东西会增加幸福感。

这样的建议还可以罗列下去，但幸福显然不存在于心理学家现成的处方之中。幸福没有现成的答案，幸福在于对幸福的思考和追求的过程中。

提问环节

问：老师请介绍下你自己理解或判断的改革方向。

答：这个问题超出了我们今天报告的范围，但我也可以回答。改革的走向问题，实质是中国社会各阶层利益分配的原则问题。因为各阶层都站在自己的立场上，各阶层表达自己利益诉求的渠道、方式又不完全均等，这里面不可否认有利益的冲突。

通过什么途径达成社会的共识，通过改革制度的设计，使各阶层的利益都得到最大的实现，这才是问题的关键。如何实现，这是一个很复杂的问题，在这里就不展开了。

问：您能给我们一些建议怎样才能从学习中获得幸福吗？

答：对于从学习中获得幸福，我上大学时，一位数学教授面向大学生做的一场报告，给我留下的印象很深刻。他说，一份美差、一次约会等普通人能感受到的幸福我也能感知到，可是一道数学难题的解决所带来的幸福是一般人感知不到而我感知到的，这就是我比其他人幸福更多的原因，同时也是真正属于我自己幸福的部分，因此我倍加珍惜。三十年过去了，我到现在还记得那个数学家讲的这番话。对于一个受过高等教育的人来说，你的幸福不同于别人的地方，正是你在你所熟知的领域探索和解决问题的过程中所体验到的幸福，这个过程、这种感知是其他人所不具备的，也是你自己最珍视的，我们要去寻求和感知这种东西。

问：郭老师您好，收入多少与幸福的关系我觉得是单位时间内的收入与幸福的关系，您怎么看呢？

答：那个小时工资，就是单位时间的收入，它是一个敏感的指标。小时工资的增加跟国民生产总值或人均国民生产总值相比对于个体而言更为真切，因此它对于幸福感的预测力更强。你的观点我是完全同意的，谢谢。

宽恕就是爱

中国台湾　王敬伟

人是因为有不好的观念才产生负面情绪的吗？"小我"是什么意思呢？小我能被彻底消除吗？"小我"不会被消灭，这个意思是，你没办法把他消灭。当你要消灭一个东西的时候，你要用攻击、用暴力、用力量把他消灭掉。我们小时候就知道了，一个小孩子上课走来走去，老师不让他走来走去，会惩罚他，让他痛苦，甚至规定他不能起来，一起来就打一下。我们就是用惩罚的方式，消灭自己痛恨的东西或情绪。那么这种方法管不管用？暂时管用。"小我"的方式就是这样的。"小我"的方式就一定是和它对抗，然后我要比它更强，然后压住它。但是任何作用力都会产生反作用力，小孩本来还没有那么捣蛋，但是当我想要去压制他的时候，他为了挣脱，他的力量就会变得更大。所以当你要去控制他的时候，你会发现你控制不了，或者你只能暂时地控制，当他爆发的时候便会一发不可收拾。

有的同学用的消灭方法不是对抗，而是观察、分析，找出他的运作模式，然后顺着他来，等他慢慢消除。这种方法很聪明，融合了柔道和气道，可是你知道吗？你一拳打过来，我可以顺着你的力量，把你的力量卸掉，让你打不到我。当然这是比较高明的，恭喜你发现了这个方法。但是为什么他还在？你不是和我来硬的、来狠的，你是想和我来阴的——他知道你的把戏。很多人参加了一些课程，要求自己要怎么样，一定不可以怎么样，发现没有效果，然后学习接纳自己。但是到最后那些部分还在，这就让他们觉得很奇怪。这很细微，你通常不会察觉到，但是我可以告诉你为什么会有这种现象——因为你要消灭的部分就是你自己。你跟他来阴的，他最后会知道。其实不只是你对自己，你对别人也一样。我讲一个例子，以前要控制别人都是用狠招，最后发现这样用，人家和你对抗得更厉害，然后就开始来柔的。刚开始都会很有效，但是到后来就会觉得不舒服，当你每次一起这种念头的时候就开始紧张，因为你后面不知道又要提什么要求了。当你发现这个状态还是存在，这个时候问题就在于你根本还没有接受他。这是很困难的，我之所以要消灭他就是因为我不接受他。但是你想要让他不捣乱，前面就必须经过一个接受他的过程。你不接受他是因为你不希望他捣乱，但是你又要去接受他，且不说从不接受到的困难，假如我下一步去接受他，他

岂不是会更加猖狂，我们原本的逻辑一定就是这样，所以我们其实很难去接受这样一个理论。那如何做到接受呢？首先我们要知道为什么要去接受，要经过这样一个阶段，但是我们往往觉得太麻烦而不去想经过。我们举个例子，比如一些莫名的愤怒和情绪低沉之类的，没有原因的。你如何处理？我就是在愤怒的时候就愤怒，不高兴的时候就不高兴，感觉是什么就是什么感觉。慢慢地这些情绪就消失了，一般在相同情况下是不会再出现的，但是这些情绪还是会以其他的方式再来。

第二个更重要也更普遍的就是莫名的愤怒。怎么会有莫名的愤怒呢？莫名的愤怒是以前逐步累积下来的，你当时没有允许这个愤怒出来，或者出来得不够。我告诉自己"算了"，然后再过一阵子，我告诉自己过去的已经过去了，最后我努力地去遗忘它。这是很典型的，就是说在我们咨询或者心理治疗过程里面，之所以莫名，是因为当初让人生气的那件事情，我把它忘掉，或者我认为已经没有影响，愤怒可能是其中一种，有些是悲伤，有些是恐惧，但是那个情绪还在，所以当我后来碰到一些情境，当时的情形就会被勾起来，但是我不知道这个东西其实是当初遗留下来的，所以叫做莫名。你自己会觉得奇怪，这样小的事情怎么会生这么大的气，然后你就觉得有点生气，有些人觉得你很悲伤，觉得你奇怪或者焦虑。但始终也不知道是为什么，想想好像也没什么，或好像有点事，但是也不是很大的事，所以，当你没有去处理那件事情的时候，你这个愤怒一直都在。所谓的过去，可能是几年前、十几年前甚至你很小的时候。我说过小时候我会沉默，就是很听话，但是后来长大以后，别人只要稍微让我觉得他好像有在勉强我的意思，我就会觉得很生气，而且有愤怒的反应，甚至有的时候只是莫名地想找某个东西对抗。那如何找到情绪的来源呢？用你的感觉去思考你所谓的愤怒，它是什么时候开始的，而不要先想是什么时候发生过什么事件。先想，我好像从初中的时候就有这个愤怒了，然后你再去想，你初中的时候发生过什么事情。或者我从小就有，好像从小就感觉到了，那你可以再去想想，小时候又发生了什么事情。

大部分时候我们不会被情绪控制，当一个负面情绪出现时，会感觉有点不"爽"，我会赶快叫自己不要不"爽"，然后找很多理由来解释。比如，人家也不是故意的，他也是无奈的，他也是好心的。讲这些话的目的就是让自己不要生气，这样其实是在压抑自己。我们说过，当你在打压一个东西的时候，你的作用力就会产生一个反作用力。当你练习久了以后，这个过程就会越来越熟练。当你看到这个东西，你自己会感觉到那个力量开始消退，那种感觉是别人没办法告诉你的。

我们刚刚说过，如果有个人说了一些让你很不"爽"的话，你会想我不去跟他计较，不跟他一般见识，或者是我暂时不跟你算这笔账。我告诉自己我是个宽宏大量的人，我要做个好人，或者做个圣人。或者说，我努力去帮他想，他讲这些话也不是故意的，他也是无心的，他也是好心劝我。这叫合理化，即所谓的防御机制，所有的目的都是告诉自己不要生气。如果这样有效的话，那么恭喜你。每个人都不必用同样的方式，当这些方法都无效的时候，我们就来看看什么叫真观术。真观术就是首先承认我正在生气，然后老老实实地承认我恨不得去给他两个耳光，即自己的想法。当你不去打压他的时候，他的力量反而没有那么大。再如他虽然没有明着讲，但就是在讽刺我。怎么办？第一步是老老实实承认你当下的感觉，同样你要知道你难过失望的程度，第二步不是为他的行为而产生情绪，而是为我对这件事的解释，即对这件事的理解。我会认为我的解释就是事实，这是让我生气的地方，也许别人怀疑你的文章是不是抄来的。为什么我会把他的话做成解释，为什么我会说你这话摆明了就是瞧不起我，为什么我会做这样的解释？

有些人觉得别人瞧不起自己，这可能是投射，是更深的心理学，我瞧不起他但是我不允许自己瞧不起人，而且我要当个好人。这个很难去体会，我反过来会认为是他在瞧不起我，但通常是我先瞧不起我自己。譬如，写一篇文章，自己在写这篇文章的时候心里也没什么底，好像没那么好，好像写得还不到位。但我今天心存侥幸，找到了我的一个好朋友，我希望他来告诉我"哎呀，你写得好"。结果，这个家伙太不上道了，他还真的来指教我，而且还真戳到我的痛处，其实他未必真的戳到，只不过是我认为"你就这意思"。如果说你可以看到这一步，你会发现我的生气跟他一点关系都没有。他那句话让我发现：原来我自己先瞧不起我自己，我自己心虚了，是我在气我自己，我在气我自己明明就没那个本事还炫耀。而且当我开始看到原来我是气我自己里面的那个部分的时候，会发现跟他一点关系都没有。这叫宽恕，这时候已经没有要不要宽恕他这件事情了，跟他没关系了，真正的宽恕是这样的，然后我再处理我对自己瞧不起这件事情。

那么什么是真正的宽恕？这个宽恕刚才也提到一点，那是一个起步。你看到什么时候瞧不起自己你才有机会去化解。化解的意思就像那个例子，当别人碰到你受伤的手时，你就会觉得很痛，而碰到你完好的手时却没什么。你觉得好像很难受，是因为里面本来就有伤，因为手痛了你才发现它有伤。如果我某只手上面本来就有伤，本来就曾断过，本来就肿了，所以轻轻碰一下我就会觉得很痛。然后我去治疗我的伤。当我把它治疗好的时候，他再碰我就没事了。所以当我把自己治疗好的时候，我就不会有过度反应。如果我没有好，我就要防止他来碰我，我会很注意，会对他害怕、对他生气、对他难过。所以当我把自己治愈的时候，别人一点都没有变，但是我不再怕他了，不再气他了，这就叫宽恕。

当不宽恕别人的时候，其实我们不宽恕的是自己。但是我们没有看到我们不宽恕自己的部分，这个部分被他触碰到了，所以我气他。当我宽恕自己的时候，也不会有东西会被别人触碰到。但是为什么有时候看起来宽恕别人比宽恕自己容易，是因为我觉得我没有资格去跟他计较，没有资格去对他生气。我这个人怎么有资格去生人家的气？可能很早我们就已经把自己训练成了这样。明明人家讲这个话我觉得不舒服，但是我会去分析，合理化，比如他是为我好，他这样做一定是有他的理由，是我

自己太小心眼了，这样来宽恕他，“没有没有，他是好人，是我以小人之心，度君子之腹”。所以最终攻击的力量又全部回到自己身上。这是双重的，第一我先认为我没有资格，以至于当我想攻击他的时候，那个力量又回到我自己身上来。“你自己活该，为什么他不讲别人就讲你。”你在那边骂自己，“你不检讨你自己，人家讲你一句你就这样挂在心上啊”，你对自己都批判，你的气全部出在自己身上。所以第一步你先瞧不起自己，第二步又把气出在自己身上。你的攻击力道全部打在自己身上。这就是为什么会出现这种情形，但是如果你真的去觉察的时候，这种现象确实也不少见。所以当你发现我对别人都很宽恕，我就可以大概告诉你，最不宽恕的人是谁？就是你。他之所以伟大是因为他牺牲得比别人多。为什么梁山伯与祝英台、罗密欧与朱丽叶的故事那么感人？因为他们牺牲了生命。并不是你为别人做了什么就叫牺牲，牺牲是一种感觉。我今天买的东西太多了，我吃不下，拿一点给你吃，这不叫牺牲。我拿东西给你，可是我没有牺牲感。一天，我饿得要命，还把东西给你吃，这才叫牺牲。我拿东西给了你，内心要的不是那么明确，只是希望有你感谢我。当我为你做某件事很开心时，这也不叫牺牲。为你做事时有某种痛苦的感觉，这就叫牺牲了。牺牲背后一定有某种目的，如果你满足了我的目的，那“还”则罢了。你痛哭流涕，自我感觉很伟大，也许要的就是别人的感谢。另外，让世人知道我有多伟大。当你没有感谢我或者感谢我的程度没有达到我的要求，那就开始怨你了。如果这次感谢之后，下次没有再感谢我，你就会说，“这家伙忘恩负义”。牺牲伟大不伟大关键在你有没有牺牲感，你有没有痛。每个人都有小我和本我，平时的情绪和认知都是由小我产生的。

爱是什么？我们心中的爱是小我的爱，你要为我做点事情给我点东西才表示你的爱。爱很简单，当你对某个人不再有内疚，不再有牺牲感的时候，你做什么、不做什么并不重要。当你想到某个人的时候，你是怨恨还是嫉妒？你是想你跟他的种种不愉快，还是你只是很单纯地希望他过得好？其实我今天很少提到爱，除了最后说“宽恕是种爱之外，爱在哪里？”我们这节课并不是来宣讲爱的，这节课程说的是，一个人之所以感觉不到爱是因为中间挡了东西，就像下雨天看不到太阳，不是太阳不在，而是由于云层的遮挡，当你穿越云层，就可以看见太阳。那为什么你感觉不到？因为云层挡着，我们不需要在太阳不见了的时候去创造一个，你也不需要去追求它，它在那里，不会改变，它只是被挡住了。所以我们要做的是去化解那个障碍，我们今天不断地讲怎样去化解你的愤怒，怎样去化解你的内疚，你用怎样的手段让自己内疚也让别人内疚，我们了解他是如何形成的，然后要知道如何去调节他、如何去缓解他，当一切化解的时候，当云散了的时候，你自然就能看到阳光，也不需要去追求或者强调，所以我从头到尾也没有跟你强调。宽恕是最接近爱的。人间没有真爱，可能大家听到这句话会觉得诧异，但是请听我讲什么叫做人间没有真爱。真爱是什么？是无条件的。你在人间找得到无条件的爱吗？你也许可以暂时发现有某一时刻，你自己或者别人可以感受到那种无条件的爱，但是你找不到一个人他可以一辈子、永远对别人的爱是无条件的，即使是你的父母。我们刚才说，父母的爱是最接近无条件的爱，当你当父母的时候你就会知道，你很难会对一个人像对你孩子一样，就算是你再生气，还是愿意为他做任何事情。但是即使如此，这也只能说是最接近的，但这也不是真爱，为什么？所谓无条件是怎样的？不管你怎样我都依然爱你，这就叫无条件。但是父母多少还是会这样，"你要是功课再好一点就好了"，"再活泼一点就好了"，"身体再健康一点就好了"，不是吗？你还是会觉得有点遗憾，所以我说父母之爱很接近，还没有到真爱的程度，但是已经够好了。我们所能接触到的，最接近爱的就是我们刚才说的宽恕，当你想到他的时候就是祝福，没有什么轰轰烈烈，没有什么可歌可泣，没有什么值得大诉特诉或者夸耀的，这是再平常不过的东西了。当宽恕不在的时候，再平常不过的东西都不见了，就说明出了问题，即我们刚才讲的对他的愤怒、亏欠、内疚、失望。我希望他过得好，这就是最自然的状况，没有什么好奇怪的。掌握了这些，与别人相处愉快，其实也就没什么大不了的。

人际关系"创伤"解读与修复(节选)

加拿大　Mary Swaine

有四个主要的起因造成人际关系问题:第一是相似之处,第二是不同之处,第三是我们有过度发展的自我感,第四是我们的内心还没有足够敞开,这些关系问题的产生就是为了让我们能够敞开心扉。如果我们在心里不停地去评判那个人,也就意味着我们是有相似点的。相似之处是造成关系问题的主要原因,不同之处也会产生问题,但不会像相同之处产生那么严重的问题。我们和一个人产生了非常不好的关系,是因为我们把自己的特点投射到了他身上。如果大家以开阔的思维去想这个问题的话,大家就很容易找到相似点。想一想,与自己有人际关系问题的人与自己有什么相似之处。如果大家现在不知道怎么做的话,就先保证有个开阔的思维。

第二点就是不同点,当我去讨论夫妻之间或男女之间的关系问题时,我发现有五千万种我们去爱对方或对方来爱我们的方式。我们常常以这五千万种以外的方式去爱对方,而对方也会以一种我们不知道的方式来爱自己,这就是双方产生不理解与误会的原因。大家想想自己爱的人,我们是用什么样的方式爱对方,对方又是以什么方式爱我们。

第三种人际关系问题产生的原因是过度发展的自我感,关系问题要么是因为我们有过度发展的自我感,要么就是因为我们内心的想法。随着我们的成长,我们爱另外一个人的方式也会随之改变。常见的爱的一种方式就是将对方理想化,认为他是很完美的,这是一个爱的纯真年代的表现。很显然对方不会是完美的,我们日后也会发现。但这并不意味着发现后我们不爱这个人了,而是爱他的方式会随之改变。

很多人都是从自己的父母、小孩、爱人那里获得了一种"我是谁"的感觉。我们之所以会产生"次人格"可能是因为环境,也可能是来自于儿童时代。总之,我们就是与周围的人和环境不断产生联系进而形成"次人格"。我们就是从那些不是我们自己的例子中找到了真正的自我。有很多人都和自己的母亲或者父亲结婚了,意思就是很多人都娶了或者嫁了一些和自己父母很像的人,尽管他们自己并不想这样。这些是我们有可能获得的各种不同的"次人格"。"次人格"越多就越好,因为越多意味着我们有越丰富的人生经历。正是因为不同的"次人格"来自于我们不同的人生经历,如果我们在人生中不快乐的话,就是来自于一个不快乐的"次人格"。自己感觉想要进入到另外一种"次人格"，那种"次人格"可以更好地满足我们的需要。这是一种最简单的治疗人际关系的方法。也正如我刚开始提到的，我们要更加敞开自己的心扉。我们之所以会在人际关系中受到伤害或者报复自我，是因为我们身上的某个地方没有真正地做到自我。例如，有很多人都试图取悦自己所爱的那个人，取悦别人是没有错的，但是如果我们觉得自己丢掉了生活，自己本身不是应该这样做的话就不太好。

下面请大家想象一下刚才定义的有人际关系问题的那个人，用心灵的眼睛去看待这个人，也可以用心灵的双耳去倾听那个人，大家可以选择自己喜欢的方式，触及内心，用内心的双眼和双耳，把自己从那中间呈现出来，请走进内心去看待，倾听有人际关系的那个人，请大家多花一些时间，有些同学把自己弄得太紧了，大家要集中注意力，要在这种状态下停留更长的时间……相信大家现在眼前已经慢慢浮现出一些美好的景象出来了，大家如果有和与自己有人际关系问题的人，从心的眼睛去看待，用内心的双耳去倾听，那我们就可以更好地倾听他们，而我们也会得到理解，同时可以很好地解决我们之间的关系问题。

现在，我将要运用颜色来解决人际交往关系，颜色可以治愈或者调解很亲密的关系，或者是商务之间的关系，我们可以穿上这些颜色的衣服，也可以在房屋装饰上用上这些颜色。红色在夫妻之间使用是可以激起性欲的，大家可以想象自己穿着这样的衣服在相应的环境下面，红色对于职场来说可以让精力充沛，充满活力。橙色的话会使夫妻变得更加随和更加有趣味，在职场上，橙色可以使得大家的思维更加开放，更加积极，也符合企业家的身份，想象一下我们在什么样的情况下运用这些颜色，而这些颜色中有没有那种是我们绝对没有办法喜欢的。黄色在夫妻之间可以促进理解，职场上，黄色可以激发大家的智力与逻辑思维。绿色在夫妻之间可以增进理解，使夫妻之间更加平静，在职场上面绿色则代表务实精神，同时绿色在夫妻之间也代表着重生，有新的开始，职场上也有着同样的意思，寓意一个新的开始，以及在新的员工之间创造新的灵感，在刚开始职业生涯时，这是一个非常好的颜色选择。夫妻之间蓝色象征着诚信、稳定和忠诚，在职场上蓝色对应着觉悟。青色和蓝色在职场上有助于业务的管理和工作关系。艳蓝色可以树立夫妻之间的道德规范；在职场上，艳蓝色意味着正直、诚实。紫罗兰色，即泛蓝的紫色，在夫妻之间代表着一种超然的态度和一种无条件的爱；在职场上，它则代表着想象和好交际。试着把这些颜色带进自己身体内部去感受他们，又会感受到些什么，并看看他们在自己身体的哪一部分影响自己。紫色在职场方面象征着权威。红紫色在夫妻之间象征着一种成熟的爱，在职场上，紫红色代表一种想象力。这种偏红的紫红色在夫妻之间有利于将潜力最大化；在职场上，这种红紫色也可以最大限度地开发潜能。夫妻之间，粉色代表着喜爱和深情的爱；在职场上，粉红色可以肯定并加强自己内心的存在感和觉悟。玫瑰粉色在夫妻之间代表着从内心更深处的爱，比起粉色来，它更加注重于一个微妙的层面；在职场上，玫瑰粉可以发展内心的本质，却又不像粉色那样显得太过于刚毅。冰粉红色是一种很有趣的颜色，我五年前才发现它，它在夫妻之间代表着一种无条件的而又十分脆弱

的爱，一种完全没有障碍或防御的爱，这也是我们能在新生儿周围的磁场能看到的颜色；在职场上，冰粉红色会让内心十分频繁地活跃。这是一种非常有趣的混合的颜色，它混合了玫瑰色、橘色、青色、朱红色，以及青红色等，它象征着夫妻之间由性爱的激情转到无条件的爱，也是一种净化，从性爱上升到无条件的爱。带有些许绿色的冰蓝色在职场上和夫妻之间都有益于发展关系。像孔雀尾巴颜色的蓝色和绿色，在夫妻之间代表着真我的交流；在职场上代表着个体与群体之间的口头上的交流。当我在做“走进自己心灵内部”的练习时，我在有些同学那看到了这种蓝色和绿色。雪白色是一种非常有趣的颜色，它其实是我们灵魂的一种颜色。当然，这也是一种可以促使合作的颜色，因为当我们从灵魂的角度交流问题的时候，我们是完全无私的。在夫妻之间白色可以带来纯净与干净。同样，在职场上，白色同样也会给人以单纯与干净的感觉。

我们要注意有四种颜色不要使用得太多。第一种就是黑色，黑色是一种隐藏自我的颜色，也是癌症的颜色，所以我们要非常小心地使用黑色。黑色和其他的颜色搭配起来会很好，如果单独使用黑色，带来的感觉就不是很好了。前几年的时候，黑色非常流行，但它的确会给人带来营养不良的问题。黑色中唯一的例外就是如天鹅绒般柔软的黑色。接下来就是棕色，棕色会阻止我们的能量外流，当我们很沮丧的时候，我们身边的磁场都是棕色的。然而棕色也有一个好处，就是可以带给我们家的归属感。米色有助于提升一致性。灰色会阻碍能量进入我们的身体，所以身边有很多灰色的人就很难去接受外来的东西。如果我们想接受爱或者赚很多钱的话，最好不要在自己身边弄很多灰色。正如我之前所说，2012 年是打理人际关系的一个年份。人际关系是生命中很重要的一部分。如果我们和朋友之间产生关系问题，那么在这些问题过后，我们与朋友之间的关系会更亲密。所以这些关系问题教会我们如何了解自我、了解他人和如何去爱。

建立积极的自我形象

美国 Michael Uno Kathryn Uno

每个人都了解自己多一些,都与自我有关系,而我们怎样看待自己、认识自己会影响到我们与身边的世界,与周围人的关系。大多数人都希望在别人眼中是某种样子,那是因为我们对自己的感受以及认知,这也是在某个人生阶段里我们会问自己的问题:“我是他人眼中的我吗?我到底是谁,我是别人所说所想的我吗?”当我们想到自己时,我们赋予自己的形象就叫做自我形象,它是我们自身携带的形象,有的时候我们会对自己有很好的想法,有时候是不好的想法。

你怎样描述自己能表现出你对自己的感受。每一天我们第一个看到自我形象的方式就是照镜子,有的时候令你很吃惊,但那取决于你自己的真实样子。有时候你可能会花上很多时间去整理自己,让自己呈现出某种特定的样子。有一些画面是我们特别喜欢的,这是一些对我们特别重要的人和事,比如自己家人的照片。但是有一些画面我们不喜欢却又不得不拿给别人看,比如说护照上的照片,照得特别难看,我们别无选择。有的时候我们的自我形象就像是一幅画,毕加索画的,不知道到底画的是谁,但如果那是我的话,我站在那里,第一反应会是我真的长得这样吗?眼睛这么扭曲,鼻子也是歪的。因为我们特别在意别人怎么看待我,我们头脑中的形象会直接影响我们与周围的人和环境的关系。所以在我们头脑中预先想到的“我是谁”的形象会影响到我们以及周围世界的观点。

所以至关重要的是我的形象,我对自己有什么认知。有的时候这种形象是消极的,有一个消极自我形象的人会曲解别人对他的评价。比如说一个消极自我形象的女生被人说裙子很漂亮,但由于她消极的自我形象,她会从内心深处觉得,我不是那样,你只是说说而已,你只是不希望我心情不好。有消极自我形象的人也会曲解身边的事,比如自己发生了某种好事,会觉得这次我只是走运而已,但是一般情况我的生活是一团糟。有消极自我形象的人对他人的看法非常敏感,缺少自信,对人生有悲观的看法,过于忧虑别人对他的处境怎么想。也有自我形象很积极的人,他们是那些别人很喜欢在身边的人,因为他们很积极乐观,很多因素会影响自我形象,但其中有5个最重要的因素。

第一个因素是家庭。你成长的家庭背景,你的父母、爷爷、奶奶会对你的自我形象有很大影响，根据研究，人的大部分自我形象在六七岁时就形成了，这意味着你从父母、爷爷、奶奶那得到的信息非常重要。如果你成长的家庭背景非常支持关爱的话，那么你的自我形象往往也很积极，如果你所处的家庭非常严厉，常常指责，没有很多的爱的话，那么你容易消极。

第二个因素就是整体的社会，也就是朋友、邻居、其他的亲戚。他们对我们的自我形象也会有影响，社会也会有某种惯例影响到我们的自我感觉。

很有意思的是影响自我形象的两个重要因素都是与关系相关联的，我们需要健康的人际关系，这些人际关系会建立我是谁和我们的自我感受。

但是我们还要讲三个其他的因素。

我们每天起来都喜欢照镜子。外貌感受也是很重要的，这种观点不同文化是不一样的。在一些文化中，一个很重要的价值观就是我们的外貌是否吸引人，你的吸引力源于你的外貌，但是如果有高科技，每个人都可以美丽。

社会也在告诉我们，我们的表现也在影响自我价值，与他人相比我们做事有多好，但我们不会总表现得那么好。以前出演超人的那个演员，他很帅很有魅力。他在超人里面的表现很好。但是后来他骑马的时候坠马了，于是在一分钟之内他表现的能力发生了彻底的变化。他成了残疾人。但是，表现的改变是否意味着不再有良好的自我形象了？

社会也在告诉我们，地位是很重要的，你有多大的影响力，你怎么确定你是否有影响力呢？大多数人认为他们的自我形象建立在社会地位之上，但是我们都知道我们的地位是瞬息万变的。

社会是这样告诉我们的，我们的自我价值就等于我的表现加上别人对我们的看法。

现在我要介绍这样一个模式，这个模式会对我们产生影响，别人对我们的看法会很快改变，我们的表现也会很快变化。我们的表现不总是完美的，这也是社会告诉我们的。现在我要告诉大家，我们的自我形象很像一条三条腿的凳子，三条腿的凳子是最稳固的。作为一个人，我们有三种基本需求。

第一个，归属感，通常我们的归属感来自家庭，在家庭里有一些人关心我们，我们在学校也可以发展归属感，所以人都需要这种安全感，知道自己是被爱的。

第二个，我们需要的是价值感，在他人眼中我们是不是有价值的？值得别人的接纳吗？一百元的人民币只是一张粉色的纸而已，是因为中国政府站在这张纸后说这张纸是有价值的，它才有了价值。如果在阴沟里有这样一张纸，你会捡起来吗？当然，肯定捡。因为尽管它很脏，它依然有着同样的价值。你也是有价值的，仅仅因为你是人类的一员，我们都有价值，不管社会是否告诉我们，但我们都知道，我们都比这张纸值钱。

第三个，就是意义感，意义感就是我在这里要做什么，我的人生有意义吗？我是不是只是地球上的一种渺小的存在呢？有个年轻的女人，她很想为社会作出贡献，她提出申请，但被拒绝了，他们说她没有很好的教育，没有良好的家庭背景，甚至连健康都不能保证。第二年，她又提出了申请，他们接纳了她，于是她去了印度，知道这是谁么？你不知道，因为当你们认识她时，她已经很伟大了，她获得了诺贝尔奖，她是特蕾沙修女。她帮助了数百万的人，但当她最开始时甚至没有一点优势。她只是个平凡的女人，没有受过良好教育，甚至身体也不好，但她愿意去帮助印度最贫困的人。大学里最重要的事就是知道在人类的整个计划中，你最适合哪个计划，你能够做什么。不管你们来自于什么样的背景，你们成绩怎么样，你们都可以作出贡献。特蕾沙修女说：你能做我做不到的事，我也能做你做不到的事，我们一起就能做伟大的事。

因此，建立自我形象就是要培养价值感、归属感、意义感，这与我们的信念相关，那就是相信自己。数学课上两个学生都在上课，都知道要努力学习，考试成绩也很不错，都是B。有个同学特别兴奋，回到寝室跟室友说"我好高兴，我考试得了B，咱们出去庆祝下"。而另一个同学却十分失落，默默地回寝室。他们的环境一样，成绩一样，但导致不同的情感。一个十分兴奋，一个很沮丧，这又导致了不同的行动。为什么呢？是因为信念的不同。第一个学生考试时一直得C，所以当他得B时他就特别高兴，因为他觉得自己只能得C。而另一位同学经常得A，所以当他得B时觉得那是自己的一个失败。这表明，我们自己相信什么非常重要。

美国有一个非常著名的心理学家写了一本书，叫做《寻找意义感》，在这本书里面，他找到了自己消极的源头，他把这些称之为陷阱，就是出乎意料会抓住你的东西。陷阱最成功的地方是你看不到它是陷阱，当你发现自己已经掉进去的时候，为时已晚。有一种花叫做丁心茗草，这种花能够散发出很香的香气和很甜的汁液，小昆虫很喜欢这种香味和汁液。当小昆虫落在上面时，它的花瓣就会马上合起来，小昆虫就会很快被它消化掉。于是这位博士就把这些称为陷阱，平常不容易察觉却很容易掉进去。他描述了这样几个陷阱。

第一个，表现误区。这个误区的人觉得自己必须要达到某种标准。刚才那个例子中的第二个男生就是这样想，我必须达到A，否则我就不会有良好的自我感觉。

第二个，指责误区。这个误区的人会觉得失败的人不值得别人的接纳，就应该接受惩罚。第二个男生很可能就是走入这种误区，认为因为自己考不好别人就应该讨厌我。

第三个，认可误区。误区里的人会觉得我必须得到某些人的认可才能得到良好的自我感觉。第二个男生可能会这样想，我考不好，家长、老师就不会认可我。

第四个，羞愧误区。这个误区里的人认为自己只能是现在这样了，不能改变。第一个男生可能就走入了这样的误区。

如果一个人感觉自己很糟糕，那么他的心情也会很不好，于是他自我形象表现得也非常差。所以如果为了让自己表现出一定的价值感和意义感，我们应该尽量塑造出更好的自我形象。但挑战就在于没有一个人是完美的。我们都是有缺点的，所以我们怎么调整自己的想法呢。在那位博士的书里，给出了一些积极的信念。

不管有任何失败，我们都可以描述。对于指责误区，不论有什么失败，我们都可以成功克服，无论有什么缺点和错误，我们都可以接纳；对于认可误区，我可以被爱和完全地被爱；对于羞愧误区，无论过去有什么失败我都可以改变。从哪里可以帮助我们找到这种自信和信念呢？是家庭。如果你觉得家庭是充满了鼓励和爱的话，那么你就会从中找到这种自信，当然这种力量也可以来自朋友，尤其是男、女朋友。不要总是去做你做不到的事情，而是去做你自己能做的事情。应建立一种良好的习惯，保持一种积极的心态去做，不要用一种消极的心态去做。每个人都有自己的才干，自己的天分，要注重这些。不要把自己和别人比较。

一位北大老师在班上做过一个调查，有50%的学生是以高中在班上第一名的成绩毕业的，另外30%的学生是以高中在班上第二名的成绩毕业的，于是竞争非常激烈。这个时候应该用不同的方式去思考。在北大四年后只有一个学生以第一名毕业。为什么每个学生的目标都是成为第一名呢？所以不要把自己的目标定在第一名，这样你失败的概率很高。相反，用另一种方式激励自己：首先，做到自己的最好；第二，成为最好的自己。因为这样四年后，两万三千名学生都能成功。如果每个人都做到自己的最好，那么就很好了。

在世界的每个角落，总能找到比自己更有钱、更漂亮、更有才干的人，所以一定要把目标定在自己能比较容易达到的范围内。每个人都有缺点，都有不太成功的地方，不要总是羡慕别人，要以一种更积极的眼光去看待。如果你总是和一个很消极的人在一起，那么你也会成为一个很消极的人，如果你总是和一个很乐观的人在一起，那么你也会很乐观，因此，要有智慧去交朋友。当我们面对朋友时，我们可以选择受他的影响，变得更消极，我们也可以去影响他，让他变得更积极。每个人在交朋友时，都希望从朋友那里得到我们想得到的，而我们也希望朋友能接纳我们。既然如此，我们也应该尽量去接纳朋友。每一次定好自己的目标，比如今天你说了一句消极的话，那么你要尽量说十句积极的话。当你失败后，不断往前走，你就有成功的一天，这样可以给你希望，因为你不用停下来看到自己的失败。

（故事《你很特别》）

有一个村子有一群小木头人，他们都是木匠伊莱刻的。他的工作室坐落在小山村上，从山村上可以俯瞰整个村子。每个人的样子都不一样，但都是同一个人刻出来的。他们整天只做一件事，就是贴贴纸。他们每天都在大街上贴纸。光滑的、木质好的木头人都被贴上星星，外貌不好，也没有什么特长的木头人都被贴上灰星星。其实有些人只是因为看到有些人身上有灰点点所以给他贴上。

有一天，胖哥遇上一个很特别的木头人，她身上没有任何贴纸。不是人们不给她贴上，而是人们贴不住。胖哥很好奇为什么她身上贴不住，所以他就去问伊莱。

“我天天都盼着你来”，伊莱说。

“我来是因为我碰到一个没有被贴贴纸的人”，胖哥说。

“我知道，她提起过你。”

"为什么贴纸在她的身上都贴不住呢?"

创造者温柔地说,"因为她觉得要把我的想法看得比别人的想法更重要,只有当你让贴纸贴到你身上的时候,贴纸才能贴得住"。

"什么?"

"当你带着贴纸的时候,贴纸才会贴的。你越相信我的爱,就越不会在乎他们的贴纸了。"

"我不太懂。"

伊莱微笑着说,"你会懂的,不过,得花点时间。因为,你有很多贴纸,现在开始你只要每天来见我,让我来提醒你我有多爱你,重要的是你怎么想?"

伊莱把胖哥从工作台上捧起放在地上,当胖哥走出门时,伊莱对他说,"记得,你很特别!因为我创造的你,我从不失误!"

胖哥并没有停下脚步,但他在心里想:我想,他说的是真的。就在他这么想的时候,一个灰点掉了下来。

"你很特别!"

每一个人都是独一无二的,都很特别。这就是我们要记住的,那就是你们可以在此之上建立积极的自我形象。你们是特别的,仅仅是因为你是谁。

常见性心理困惑及心理辅导

华中师范大学　汪海燕

性是一种存在，包含着生理、心理精神、社会文化等数个层面，而且有丰富内容的存在。全面正确地认识性，至少需要两个视角：一个就是哲学的视角——性哲学，它强调一些关于性的价值观，性的一些思想，等等；另一个是科学角度——性科学。具体而言，性既意味着性别、性器官，又包含着性思维、性体验、对性知识的学习、性态度、性价值观、性想象力，可以说是一整套的性文化。作为一种存在，性既包含生理层面，又包含着社会层面和精神层面，既指性意识，又指性行为、性关系。其中，身体器官的接触只是人类性表现中很少的一部分。这一段观点不是我的，是陈玉军老师的，他很早就提出来了，陈玉军老师是一个什么样的人呢？他是一个思维科学的专家。1989年我在中国人民大学进修的时候听过他，我们老师讲到他的时候表现得非常崇敬，全世界的志愿者大会召开，当时1989年的时候中国只有一个人去参加大会，就是陈玉军。陈玉军老师一个人打着院旗，代表中国人进会场。可以想象这是一个什么样的人，真的很有个性，很有爱心。他退休以后，就在北京一个叫青苹果的青少年心理健康研究所工作。你们在网上搜索"青苹果"，来个括弧青春期教育，就可以上一个网站，这里面有很多关于青春期教育的很好的知识。

总之，性是一个内涵复杂也极易发生歧义的一个概念。性有着丰富的意味，因人、因时、因地、因形而异。我们在这里不想花很多时间去展开这部分，因为我们今天的重点是讲大学生常见的性心理困扰及其主要特点。

研究表明，真正在性问题上体验到困惑、焦虑并带来严重心理紧张的时期是青春期，因为这时候性是生理上突飞猛进的发展期，它必然带来性心理的发展。生理的发育和心理的发展，在内心会有很多的冲突。青春期是性生理成熟的一个决定性阶段，也是性心理发展的关键时期。这个阶段青年人常常感觉到自己正在产生并且积累着性能量，他需要释放。但是他也意识到性能量的释放需要寻找一个正当的途径，而任何社会对性能量的释放都有着更多的限制。当强烈的性本能冲动面对原有的社会规范制约的时候，青年人的心里自然就会满怀紧张、矛盾与冲突，这就使得性的问题不仅是正处在青春期的大学生经常要面对的问题，而且也是导致大学生心理困扰或者心理障碍的常见原因之一。

在我还比较年轻的时候，学校做心理辅导的老师就说，我们这八成左右的学生问题都与性相关。所以我们要关注大学生的这样一个问题，主要是因为大学生在性问题上面临的是一种双重的边缘状态。

一方面，是性生理的成熟和性意识的发展滞后的矛盾。这一阶段生理成熟得很快，但因为学业，而对社会上的一些知识觉得淡漠了，有意识地去忽略了。因此我们性意识的发展相对滞后，这就造成了他们对性的困惑和性态度的冲突、混乱。而有些人，他们可能没有考到重点大学，但是他在书上、在网上看到很多有关性的一些知识，相对来说他们在这方面可能更先知一些。

另一方面，文化层次较高的同学，比同龄人敏感。聪明的孩子会敏感些，他更有意识地发展坚决的自我能力，因为他觉得我的行为应该符合社会规范。虽然我有性的冲动，这是一种本能的冲动，但是我是一个学生，要与社会身份相适应。他就压抑、控制得比较多。所以他们的性活动较多地受社会文化和心理的控制。那么我们有压抑，有冲突，然而适当的压抑是成熟的代价，青年人就是通过无数的冲突和紧张的历练学会了自我协调、自我成长。

对于性的困扰，关键是要形成科学的性认知，培养负责任的性态度，选择适当的性行为，以一个健康的性心理去直面性的冲动。因为这是我们成长过程中必须经历和面对的，所以我们要学会去直面这样一个问题。

大学生最常见的，在我们心理辅导中出现比较多的性问题，第一个是自慰，第二个是同性恋，第三个是被迫性行为，第四个是遭遇性伤害。

从性心理和性科学的角度来看，自慰是一种自我限定的性行为，无害亦不可滥用，这就是我们对待这个问题的基本的观点。首先大家注意到它是一个自我限定的行为，在 1988 年，我在人民大学进修了一年，这一年有很多的收获，人民大学性社会学研究所所长姓潘，他有一本关于性的专著叫《神秘的圣火》。因为我们在做心理咨询中，发现很多问题跟性相关，作为老师必须关注学生常见的问题，因此我就去看了这本书。看完之后我跟作者面谈了一些问题，他讲了一些话对我很有启示，他就讲了自我限定的性行为是自我问题的一种需要，他自己不舒服之后就不会进行了，所以有些人一谈到自慰就觉得好像要生病了之类的观点是不正确的。自慰是没有异性参与的所有满足自我心理需要的活动，它常在青春期的男女中出现，在未婚甚至已婚的成年人中也可能发生，一般有三种形式，性幻想、性梦和手淫。关于有自慰行为的比例，科学的统计是至少有 90%以上的男子在一生中有过一段时期的自慰。英国曾估计 90%～95%以上的男子会自慰，德国则是 92%，美国则只有 6%否认曾经自慰，莫斯科则有 60%以上的男子承认有过自慰，北京男生中有手淫行为的占 89.7%，女生中有手淫行为的占 49.4%，可见手淫在青春期男女中是较为普遍的现象。

人为什么要自慰？首先有生理方面的原因，因为在青春期发育以后随着能量的积累需要释放，所以就通过自己的这种方式来释放能量。然后它有一种功能就是会让自己平静一些，缓解紧张，所以我们需要纠正对自卫的一些不好的观点和看法。那

么它会有害吗？它会有一些功能，不过中国一致认为手淫是很不好的，西方性医学则认为性的冲动是一种能量，必须要找到一种正确的释放途径，而现在人到成熟到让人接受有一个正常合法的性伴侣会需要一段时间，自慰是在没有性伴侣的情况下的一种正常的能量的宣泄，手淫是性生活的另一种途径和形式。那为什么中国一直反对呢，原因是认为自慰过度会导致肾亏。自慰后的悔恨心理、犯罪感、自我谴责等才是一切危害产生的真正的原因。很多人会担心这个会影响自己的身体健康。

事实上，潘教授是留美的博士，他在台湾师范大学教书，受首都师大的邀请，到北京来办了一个性健康教育的培训班，做了一个"大学生性心理"的调研课题，这个调研是134道题目，我参加了这个课题的研究，是对全国16万大学生，38所院校做的一个研究，之后就请潘教授过来讲课的时候就说，对于手淫会导致肾亏的问题，当时他有句话让我印象非常深刻，他说只有中国的男人会有肾亏，外国没有男人有肾亏，所以这个中国中医上的一个理论是与西方的一些观点不相符的。其实他原话是这样说的，"有人认为手淫的行为会造成肾亏，我常常对学生说，全世界的男人都不肾亏，只有中国的男人才会肾亏。是不是中国人的生理构造和外国人的不一样啊，这是一个误解。中医所说的肾和西方所说的肾一点都不一样，性功能和肾一点关系都没有。"这就是潘教授的原话。而他是亚洲性学会主席，也是留美的公共卫生学的博士。

我们虽然这么说，但我们还有一个观点就是自慰不可以滥用。说自慰无害，并不意味它可以无节制地运用，更不能不顾及具体方法而滥用。

当某些人自慰成"癖"，或者是以病态的方式呈现时，这种情况被称之为"生理伤害性手淫"，比方说，有的人使用工具造成生理上的伤害。其特点一是在频率上无节制而给个体带来过度疲劳并难以恢复；二是在方式上运用不当造成机体结构和功能损害。有的需要外科手术来帮助，插入了别的什么东西，然后取不出来，那么，这样子当然就是滥用了，就属于病态了。

对于自慰带来某些困扰的大学生建议遵循以下原则。

第一，尊重科学，确立"手淫无害"的观念。

第二，运用森田疗法中"顺其自然，为所当为"的治疗原则，懂得性欲的产生是每个男女的自然生理现象，不必大惊小怪，在心理上接纳手淫是人的自然性使然，在行为上该做什么就做什么，避免自寻烦恼。

这是什么意思呢？我们讲"顺其自然，为所当为"，等等，我们有这种想法、有这种冲动要接纳它，我们该做什么就去做什么，不要关注，你过度关注，它就被强化了。

第三，开阔心胸，充实生活内容，转移对性或手淫问题的专注。如果大学生都能如此心理平静地对待手淫，既不上瘾成癖，又不自责自罪，何需担心因手淫而引起性心理异常呢？

这就是关于自慰的基本态度、观点，希望对在座同学调解自己和帮助同学都可以有用。

下面一个讲讲同性恋。现在，经常会听人讲到："哎呀，现在同性恋好多啊！"我

2000年在清华大学做访问学者时，因为我曾经在人民大学进修过，所以我就跟那边的张老师关系比较好，他是心理咨询中心主任，我去看望他，他就跟我提出这个问题。他说："现在好像很多同性恋呢！"其实，我当时在那个清华大学的心理咨询中心值班，每个星期三的下午做心理咨询，当时是以湖北省大学生心理研究会的副会长的身份到那里去。值班的过程中我还真的接待了一位同性恋的同学，从那个时候开始我就更多地关注了同性恋这个问题，当时，那个同学刚进来的时候，他不能够对着我说，就对着日光灯说："我是一个同性恋！"然后就瞄了我一眼。为什么？他要是看着我，他说不出来。因为在2000年的时候，同性恋还是被看做是性变态，所以他就觉得自己是个性变态，"别人会怎么看我？"他曾经几次想去寻求帮助，"哎呀，某个人有……"老师都会很紧张地说："是吗？"所以，老师这样的一个态度就使那个同学马上就退缩了。当时他来找我的时候，并不知道我对这个问题的态度，只是因为他已经不能承受了，他喜欢一个同学，但那个同学是个异性恋，这就是一个同性恋的悲哀。同性恋的悲哀就是他很难找到一个跟他一样的同性恋，然后他正好扮演一个角色，另外一个人扮演另外一个角色，一个主动，一个被动，两个人能够配合，这种时候真的是很少。能够考上清华大学是很优秀的孩子，所以，你们在笑的时候，我其实很不以为然：他们只是性取向跟别人不一样，他们很努力，而且他在中学阶段已经因为这个性取向的问题很困扰，但他能够在克服这种困扰的情况下还能考上清华，真的很了不起。所以，当时我听他说这个情况以后，第一个问题就是说："你根据什么觉得自己是一个同性恋？"我脸上一点都没有惊讶，首先就是不要让他受惊吓。我有什么好惊讶的，既然是这样的，老师就应该接纳。所以，他当时看到我很平静以后就讲到了自己的同性性行为，然后我就觉得这个问题可能不是那么简单了，我就跟他做了一点探索，包括他的人生、家庭。当然，这个说就来话就很长了，它一定是跟他的人生、家庭教养方式等是有关的。他在现实中的情况就是，他喜欢那个男生，那个男生报了一个英语课，他就连忙也报了那个班，他希望上课的时候能够看到他。他去食堂吃饭的时候，看到食堂门口有个摩托车，他知道这个摩托车是那个男生的，但他一进食堂那个人就不见了。然后，春节，正好2月14号是情人节，他就专门带上巧克力，坐火车到天津去看他喜欢的那个男生，他自己也是个男生。那个男生接待了他，但不把他带到家里去，就在市场上逛。市场上有个摊铺挂了很多的小饰品，那个他喜欢的男生看了一下其中一个，他就说："你喜欢吗？我给你买下来！"那个男生马上说一句话："我从来不接受男人送的礼物。"这句话实际是一个暗示，他带的那个巧克力也不敢拿出来，就回家了。他在火车上说"×××，我的巧克力都破了。"

情人节送巧克力，是应该男生送女生还是女生送男生呢？情人节是西方节日，是女生送男生巧克力，男生送女生玫瑰花。而他是一个男生，是一个同性恋者，在里面扮演女性角色，所以他就把那个男生当成自己的男朋友。因此他带着巧克力去的。但是那个人说了一句话，我从来不觉得我应该拿你什么礼物。所以说他还是很有尊严的。那他那天来是为了什么呢？他就是觉得为什么那个男生总是躲着他，教室也

不在，食堂也不在，这是为什么呢？他觉得是不是他特别的瞧不起我，特讨厌我？这样的一个自我的贬损就开始了。

那么我就要给他一个解释。我就跟他说："根据你的介绍，听了这几个信息之后我有一个感觉，就是他不想伤害你。"因为当时同性恋被看做是性变态，而这个同学是团支部书记，他学习成绩、为人各方面都挺好，但是团支部书记不可以是同性恋吗？那么这样看来，那个同学是挺爱护他的，不想伤害他。我是这样判断的，那个男生完全可以说不要来找我之类的话，但是他没有，而是通过比较隐晦的方式来去让他觉察。所以当我把这句话告诉他时，这个同学只说了一句话："啊，是这样啊，我知足了。"

这里面就是一个理解，不知道大家是怎样去理解的。大学生是一个高情商的群体，所谓高情商包括四个方面。第一个是善解人意，第二个是善于自我调控，第三个是善于自我激励，第四个是善于处理人际生态关系。那个清华的同学他喜欢的那个男生，同样是一个情商很高的同学，他一直不想伤害别人。因为点破了这个事情，那么那个同学很难为人。但事实上，在2001年的时候，我们国家关于性变态的这样一个问题已经有变化了。后来这个同学通过一些辅导和一些适当的方法去处理好与爸爸妈妈之间的关系，生活和事业发展得挺好的。

我的观点是不能简单归为病态，不可以随便乱贴标签。

Alice是一个很著名的性心理学类图书的作者，在20世纪30年代她的书就翻译到中国来了，她讲，假如一个人的性冲动对象是一个同性，而不是异性，就造成一种性畸变的现象，这样的人就是同性恋。而朱志贤主编的《心理学大辞典》将同性恋解释成性欲望和性欲念以同性为对象。

美国的金西性学报告的解释是，同性恋是一种性取向，用来描述对与自己相同性别的人产生浪漫吸引力、性欲和性行为。《性医学教程》里面称，同性恋为同性爱，所谓同性爱者通常是指性成熟期，个体在对性伴侣选择拥有相当自由的条件下，存在明显或者强烈的指向同性的性欲念或者同时存有同性性行为。

那么，讲到同性爱，青岛医学院（现青岛大学医学院）的张教授，他在全国范围内给予同性恋很大的支持和关爱。他也称这个为同性爱，他做了十几年的研究，他也通过我的学生了解到我做的研究，所以一直给我邮寄一本小册子，他们自己编的，专门支持这样的一些人，告诉他们怎么样做自己的心理保健。

我的观点是，同性恋是指性成熟期，个体在正常生活条件下，不是说在监狱里，不是在军营里，如果说全部是同性的人群，他没办法选择的时候，他会有同性性行为，但他不一定是同性恋，监狱里面一直都有做这方面的研究，第三次全国性协会的大会上，司法部的一个司长就曾经谈到过这样一个问题，半夜两点多钟以后，当狱警休息的时候，就会发现监狱里面很活跃，不管是男监还是女监里，都有同性的性行为，事实上他们在查房的时候，都会搜到性工具，他就问我们怎么看待这样的事情，我们就讲，在监狱里面，就是一个完全同性的人群，他被剥夺了这样一个权力。性是人类本能的一种需要，而剥夺了这样的一种性权利，当然是一种惩罚，可以用自慰来解决，但是在监狱里，他们那些人不想那样来约束自己，就会有同性性行为。他们搜出来的那个工具是谁送的呢？是家属送的。他们就不知道应该怎么样处理这些性工具。因为我做了一些个案，然后我就谈到我的观点，既然是家属送来的，就说明家属理解他们，希望他用一种比较卫生、比较尊严的方式来解决自己的性烦恼，而不希望他在监狱里面进行同性性行为，为什么不能够接受这个呢？不能没收他们家属送来的东西，应该让他们保持尊严，在性方面保持尊严，当时我表达这个观点的时候在会场上引起了大家的关注。因为监狱的管理也越来越向人性化方向发展。

在一个正常生活条件，对相同性别的人持续表现着性爱需要，而不是偶尔，它包括性需要、性欲望、性冲动和性爱行为均指向同性。为什么会有人有同性性行为呢？

它的成因有五种理论，即生理学的理论、心理学的理论、学习的理论、互动理论和社会学理论。我们把它概括起来分为先天的和后天的。

先天的是指生理的因素，比方说遗传基因、激素水平、大脑结构的影响等，这种情况比较少。在李银河（中国著名的性学专家）做的很多研究中发现，在人群中有同性恋倾向的占2%左右。2%在13亿人口中意味着一个很大的人群，凭什么歧视他们啊。真正是因为遗传基因的原因非常少。金西性学报告里面，她对所有判断为同性恋的人的样本进行研究，发现有遗传基因影响的只占4%，所以很多的同性恋者是因为其他的一些原因造成的。

后天的是指心理的因素、社会因素、早期的生活环境、幼年的教育、童年的性创伤、青春期经历，以及大学所谓的集体性同性恋环境。在我做的咨询中就有比如说早期的生活环境造成的，有一个男生，有一个困扰，“我不想当同性恋”，我说不想当同性恋不是挺好嘛。但是他自己有很多同性恋的行为，比方说他跟女生在一起没有感觉，可以一起合作、一起活动什么的，他都挺好。但是他说他跟男生在一起，他有时候会勃起，这个是他自己不愿意接受的。在他童年的时候发生过一件事情，父母都是工人，他的母亲很爱学习，就读了电大。读电大使得家里非常困难，就一间房子，在门口放煤气灶，把洗衣板放在煤气灶上面，让他做作业。他妈妈因为读了电大，成为厂里的一个会计（算是干部了），他爸爸还是工人，因此他妈妈成为家里比较有地位的人，显得强势一些。然后他小姨带他去看蝶恋花。当时他很小，看蝶恋花里的神仙美女啊，就觉得很漂亮，他就觉得很好，觉得真美。长大一点点，六岁的时候，他上小学，上小学有一次下课后，爸爸妈妈都上班去了，孩子们放学了一起做游戏，玩结婚的游戏（抬轿子，两个人把手一抓，就把轿子抬起来），一个新郎一个新娘，他就被指派当新郎，另外一小孩派去当新娘，玩了一下午，非常开心，不想回家。扮新娘的小孩也很兴奋，也不想回家。这不过是小孩子间的游戏，结果小女孩的妈妈就非常愤怒，骂这个男生，诸如不要脸、占我姑娘便宜之类的话。这小孩子还不懂事，其实还没有那个意识。但是小男孩的妈妈是一个非常要强的女人，她就觉得我的孩子怎么就不要脸了，然后就命令他以后不能跟女孩子玩，跟女孩子玩就是不要脸，你没听到别人骂你啊。

男孩吓得很厉害，跟女孩子玩就是不要脸，从那个时候开始就只跟男孩子玩，不跟女孩子玩，然后就一直发展到高中毕业。不会跟女孩子玩，只会跟男孩子在一起，然后就听到别人说他像个姑娘，说他很秀气，很文静。人家说他像姑娘，他觉得挺好的，文静、聪明、温和，他觉得这个挺好。这个其实跟他的家庭教育方式，跟他生活中的经历都是相关的。所以到了大学以后，他就有这样一些状态，他不愿意这样，他不想这样，他想做一个正常的男人。他要改变他心里的一些东西，所以他开始来做咨询。我们当时就鼓励他多和女生交往，接纳自己曾经的一些东西。他不是同性恋，那么他可以慢慢地走出来。

总之，诸多因素都会影响同性恋的发生。根据同性恋的表现来说有男同性恋与女同性恋；精神性同性恋与实质性同性恋，前者只有精神相爱而没有实质的性行为；主动性同性恋与被动性同性恋，前者指扮演丈夫的角色，后者扮演妻子的角色；绝对性同性恋与相对性同性恋，前者是指只对同性有兴趣，后者是指既有同性恋又有双性恋。目前同性恋者一方面因为性的调试不容易，另一方面因为没有立法的保护再加上社会的不理解和不尊重，他们在性的方面确实有很多苦恼，其中的某些人可能与多人发生性交，极易对自己造成较大的伤害。

有一本书，名字叫做《孤寂深渊》，是法国的一个作家写的，它被称为女同性恋的圣经。书中女主角的妈妈渴望生个儿子，因为这样她在家里就会比较有地位，但是她妈妈还是生了个女儿所以就比较恨这个女儿，但是她爸爸其实对她很关爱。她非常聪明、能干，她在战争年代做了很多很好的工作，保护了很多很多的人。她的每一次恋爱都不成功，但是她都会成全她爱的那些女人，放了那些她爱的女人，她是一个很高尚的同性恋者，所以这本书被称为世界上女同性恋的圣经。她们没有伤害任何人，她们除了性取向和别人不一样外其他都是一样的。

同性恋的性活动并非一定是心理异常，由此同性恋不再统统划为病态，只有因同性恋导致心理矛盾、焦虑严重地影响正常的生活和学习才被认为是心理障碍，如果没有影响正常的学习、生活和交友，那么就跟正常人一样。

性指向障碍指起源于各种性发育和性定向的障碍，从性爱本身来说不一定异常但某些人的性发育和性现象可引发心理障碍，如个人不希望如此或犹豫不决，为之感到焦虑、抑郁及内心痛苦，有的试图通过治疗加以改变。自我不和谐的同性恋也就是那些自我感觉不好的同性恋将继续被视为医疗对象，但是其他人并不把他看做是病态。我也希望同学们在这一点上有一个科学的观点。现在有些人通过手术变性，这个风险特别大，重庆的一个电视台里面展示了一个男人通过手术把自己变成女人，但是他变成“女人”以后并不是实际意义上的女人，虽然他打了激素什么的，但是他不能怀孕生孩子，虽然他很漂亮，性格也很温和，但是就是没人娶他。这给他带来了很大的苦恼，他以前以为变性后可以找到一个相爱的男人然后过上幸福的生活，但是他没有，他很痛苦，所以采取变性的方式来解决这个问题也不是很好的方法。

讲这些是希望大家对同性恋有一个认识，但是同性恋的标签是不能随意乱贴的，国内外性心理学的研究以及心理咨询的个案一再证实青春期是一个性心理取向比较混乱的时期，研究认为因为青春期第一次体会到强烈的外向的性冲动，而且在大学生的内心里充满了混乱，不知道怎样才是最健康、最恰当的发泄形式，在这个时期性感是最强烈的，所以不管是一个人固有的，还是环境的影响所造成的，各种类型的同性恋在几年内都是急迫而强烈的。在这段时间许多大学生体验和做过这个事，但在他们成年的全部生涯里却再也没有重复过，所以这个研究是很有意义的，所以不要紧张，不要乱贴标签。

少男少女都会因为这样那样的原因出现性别自我认同性障碍，产生一些与自我相悖的性心理和性行为，比如他们进入了青春期，生理和心理的萌动是一种自然的现象，但是由于复杂的原因他们不能通过常态的两性接触和交往来满足性心理的需求，生理的能量更是不能通过两性的性行为得到宣泄，于是同性之间的一些亲密接触就起到一种缓解性生理和性心理紧张的一个替代作用，反复强化的结果性行为与性对象建立了神经联系，于是性取向就出现了混乱而且指向同性。等到他们能够和异性自然交往或者能够进行常态的两性性接触时，性取向就会慢慢走向常态了。

总之，同性恋是一种极其复杂多样的心理、生理社会现象，只凭一个人简单的行为就判定他是同性恋的做法是肤浅的。特别是现在有些中学老师居然去告诉学生家长说你的孩子是同性恋，我说你这老师凭什么这么说？你是医生？是精神科专家？是性学专家？不能够给孩子随便贴标签，贴了这个标签以后对孩子的影响真的是很大的，可能真的就使他的发育轨迹发生改变。

从混乱走向有序，是不少青少年性心理发展的必由之路，经过这个阶段，大多数人都能够完成性格的自我重现，并形成常态的性倾向。这个情况具有规律性，因此不要随便给自己或他人乱贴标签，弄不好不是害自己就是害他人。我们讲规律很重要，规律支撑人。为什么规律能够支撑人呢？因为规律揭示了事物发展变化客观性、过程性，不以人的主观意志为转移，如果你了解这个规律，即使在青春期或者谁有过这样的行为，没关系，不要那么焦虑，它会自然地成长，慢慢地改变。但是如果真的是同性恋者，而且为之很痛苦，希望他能主动向专业辅导者寻求帮助。现在提供这种帮助的资源是很多的，心理咨询部门还是很多的，现在还有一些专门的同性恋服务机构。

下面讲一下微分性行为，这里有两个观点：性能证明爱吗？你选择你就得负责。

下面我想请大家看一个我今天带来的爱与心之玻璃。

荷西向三毛求婚，三毛说我的心是玻璃做的，它已经碎了。荷西说我这里有一颗心它是金子做的，我跟你换。怅然泪下，泪下的不仅仅是三毛吧，我们是不是都听过心碎的声音。凯说："你还是走吧，我决心已下。"凯当了八年的女友不相信，涕泪横流地摇撼他："我已经放弃了和那个人去美国，我已经决定为你留下，而且我从来没有爱上他。"凯说："可是在你徘徊不定，取舍不定的那些日子，我清楚地感受到心在一丝一纹地龟裂，到如今，脆裂开来的疼痛。原谅我，我背不动你打算做出的牺牲，我期望的是两情相悦之后，共同需要的水到渠成，不平衡的付出和牺牲也能够窒息爱情；原谅

我，我背负不了这段感情。”在怀孕七个月后，娟向她的同居男友提出分手，男友目瞪口呆地望着她，呆了半天，一句为什么也忘了问。转望着自己已经明显挺出的腹部，语调沉静温柔，“其实也没有为什么，只是那句关于婚姻的承诺，你实在让我等得太累太久，恋爱中每前进一步都需要作为女生的我来主动提要求，日复一日，当初的义无反顾变得可叹可怜，爱也渐渐变得模糊。当然还是感谢你和我共同孕育了这腹中的生命，让我重温爱的温暖和被爱的回忆。”这其实很愚蠢，因为生育下来之后就真的是那么地温暖，谁来养这个孩子？你真的要一个人养他？另外一个人真的能接纳他，能够善待这个孩子吗？你把这个孩子带到这个世界上来经过他同意吗？他愿意做你的孩子吗？为什么不问一问。

中德心理医院在汉口，它的前任院长曾奇峰，你在网上搜索曾奇峰给女儿的一封信，他让我非常受震撼。他说了这样一句话：“孩子，请原谅，我们没和你商量就把你带到这个世界上来……”他认为每一个父母善待自己的孩子是应该的，因为是你把他带到这个世界上来，你没征求过他的同意，你就必须善待他，凭什么不好好待他，谁愿意做你的孩子，你这么待他不好。我也作为一个母亲，曾奇峰这句话对我也有很多的刺激，所以我也觉得我应该好好善待我的孩子，让我的孩子发展得很好。这也是我对娟的一个评论。还有一个就是力，力结婚了，新娘不是她爱的那个人。他爱的人在婚宴上举杯向他和他的新娘表示祝福，止不住泪光粼粼，力却从容一笑，云淡风轻，仿佛他才是那个当初背信弃义的人，力说：“能够被背弃的就已不再是爱情。她当然应该哭，她失去了一个爱她的人，而我没有，爱的感觉依然保有着，我失去的只是一个并不爱我的人，至于新娘呢，反正都不是她了，是谁都一样吧……”至于新娘，反正都不是他的，谁都一样了吧，我们也不会练习相爱，只是学习相处，搭个伴儿过一生。这对后面的人也太不公平了！

曾经有个男博士，追求一个女硕士，两个人的感情很好，女孩是想嫁给他，但是男的曾经谈过恋爱，而女的是第一次谈恋爱，她总觉得心理不平衡，就想要心眼，想整一下这个男的。两人周末约定去外地旅游，让这个男的去买票，男的把票买回来就在楼底下等，女的就是不下来，一直等到下雨了、火车都开走了她还是不下来，就气这个男生。她也不关心这个男生，这个男生一到她家吃饭，她就跟她妈妈说：“不要弄太好吃的啊，把他惯坏了”。这个男的有一次去漂流，别人的船翻了，他去帮别人，腿上被礁石划了很多印子，他回来就跟另一个女生讲，这个女生是个专科生，专科的女生一直爱着这个男生，但觉得自己不配，她一直对这个男生很好，于是她就告诉这个女生：“他出去把腿划的都是口子，你怎么不给他擦点药呢？”“我为什么要帮他擦药呢？这是他自己的事情。”这个专科生就心疼了，就去照顾这个男生。当两人要结婚了，要去见父母，这个男生就要他的父母准备宴席，并且还请了亲戚。这个女生在头一天晚上问自己寝室的同学：“我明天要去见男朋友的父母，要怎么样啊？”“他家人要给你红包，红包越大，就代表他的家人越重视你。”其实不见得啊，因为我也是武汉人，我就没听过这样的事情。结果第二天她就去问那个男生，“你爸妈准备红包没有？”“啊？没有啊,你又没跟我说,不知道啊。""那我不去,说明你家根本就不看重我。"她就不去了,不去就麻烦啦,他家请了亲戚又预订了酒席。这就是傻啊,她是真心想嫁这个男生的,怎么能做这样的傻事情呢,完全不顾以后。几天后她就说"不对啊,我还是要见你的父母的,我还是要嫁你的。"这个男生就说"好",这个男生还是很负责的,就跟他的爸妈讲,他爸妈因为儿子要这样还能怎么办呢,还是要请她吃饭,但只请了他表哥一个亲戚就到餐馆里去吃饭了,给了这个女生一个红包,这个女生又觉得菜太少了,觉得不像是宴席。她就推了下这个男生,觉得心里不舒服就跟他吵架,他爸妈也觉得很反感,这个男生觉得没有意思,"你到底看中了我什么,你爱我吗?"当这个男生和她分手时,这个女生就失去了很重要的价值,开始求这个男生给她一个机会。这个男生和她分手后马上就和那个专科的好上了。因为那个专科的女生一直都很爱他,默默地相守,以为硕士才配得上他,一直都是退在后面。这个男的就觉得学历不是最重要的,爱才是最重要的,温暖才是最重要的。这个男生就开始对这个专科生好,那个硕士女生就接受不了,认为他应该给她一次机会,那个男生就说了一句话:"我珍惜过你,现在我要珍惜她。"有什么感觉?这个男生怎么样啊?我珍惜过你,但是你没有珍惜,现在已经分手了,我就应该珍惜她,不能两边弄,这个很重要。那个人抛弃了你,这个人接纳了你,但是你竟然说只是"搭个伴儿",那很不公平的。

这里还有个小故事,草以为丈夫不是真的要离婚,但丈夫就是认真的,草很镇静,泡了功夫茶,坐下来有条不紊地问他原因,丈夫说"我就恨你这个样子,气定神闲,就像什么都掌握在你手中一样。"草说:"是啊,你要离婚我就是一哭、二闹、三上吊,七十二般武艺全用尽了你还是要离。我也不知道你这是第几次婚外情了,我也就是在你这挂个名,你以为我还真有第一次知道你外遇的那份狂热激情?不过是懒得跟你离婚。再说真要离了,上哪找我这样的老婆看你隔三岔五地跟不成样的人缠绵都不眨一下眼睛。"功夫茶稳稳地注入杯中,杯底却隐隐有碎裂的声音。我们终其一生都在寻找那一颗金子做的心,可我们不一定都有三毛那么幸运,换得一颗纯粹、坚强的心来面对一生。在寻找的过程中不经意地忽略了,其实我们该把自己的那颗心铸炼成黄金的质地,在爱与被爱的路上去呵护、包容别人,而不是指望别人来小心呵护我们自己。这是太多人急功近利的世界,有着太多的浮躁,我们已经习惯了在理性中思考。在衡量所有的利弊得失以后再做出决断。爱情,当然也不例外。凯女友的犹疑是人性本能的反应,站在命运的十字路口前面的她,当然地忽略掉了凯的心灵悄悄破碎的声音,理性的潮汐终于淹过了柔情的沙滩。力也终于在她最需要爱的时候,放弃了她曾经一往情深、却没有得到相应回声的爱情。在力和草各自的婚姻里面,那洒落满地的玻璃心的碎片,还隐隐地在它们那个尖锐的角上,挂着几缕自伤和伤人的血痕。太多的时候,太多的你我,听到的,只是我们自己心灵碎去的声音,而忽略了那个人也会难过、也会心碎。爱一个人的时候,我们是否该换一颗金子做的心,在理性和功利的世界里面,留一片不会轻易碎裂的晶莹给他(她)?爱人的心是玻璃。

事实上,未婚性行为会造成很多麻烦,台湾著名心理学家张春兴先生对婚前性行

为提出这样一个原则："我们不妨从青年人本身去想，看他们需要什么？追求什么？能获得什么？因为对性的问题，开放也好，禁锢也好，真正值得考虑的后果，社会规范的维护只是其中之一，最主要的还是，开放后是否能增加青年人婚姻中的幸福。"根据这个原则，我们再看看婚前性关系和感情生活的幸福。

婚前性行为发生的原因，一般不外乎这样几种：①认为时代变了，传统的贞操观念已经落伍，不再值得重视；②身心发育失衡，个人的心智能力不能控制性的冲动，因而在好奇和不能自主的情况下发生性关系；③对两性间感情关系的误解，认为性关系就是爱情的表示；④生米煮成熟饭的策略，以性关系为手段企图借此诱发爱情并达到结婚的目的；⑤受骗或在暴力威胁之下失身。

这里面的每个原因都是真实的。了解了发生这一行为的原因和有关认识原则，决定这种行为之能或不能的真正关键就是看它对当事人以后婚姻生活所产生的影响。

国内外很多学者曾经研究过这个问题，几乎找不到任何资料可以证明婚前性行为有助于婚后的幸福生活。相反，从很多婚姻问题的个案看，许多人的不幸都与婚前性行为有关。同时在中国，很多男人会有一个双重标准，谈恋爱的时候希望与别人发生关系，结婚时又希望老婆是个处女。这是个很矛盾的东西。

在《最失败的教育中》讲到，有天吴若梅接了一个冗长的电话，是一个高一男生打来的，他的目的是要向吴若梅宣告："我要和异性发生性关系，马上！""行啊。"吴若梅不动声色地回答，"可是，为什么呢？""我周围的同学都有了，那我也得有。"男生说。"行啊。"吴若梅还是那种缓慢的语调，"那你和谁啊？""和我女朋友啊！"男生理直气壮。"好啊。可是如果你想和女朋友发生这种关系，那就得有个长远打算吧？你爱她吗？打算和她结婚吗？""我们俩长不了，高考完肯定分手。""哦？为什么？""我根本不喜欢她。但是我们班男生都有女朋友，我也得找一个就找了她。她特别喜欢我。""那这事儿你和她商量过吗？""没有。但我知道如果我强烈要求，她一定会同意。她特别喜欢我。""可是你想过没有，如果你将来的妻子，在结婚前和别人发生过性关系，那你……""那绝对不行！"没等吴若梅说完，男生斩钉截铁地接道。"哦，那你想，你将来肯定要和这个女朋友分手，如果她将来碰到一个和你有一样想法的丈夫，那你不是把她害了吗？""嗯……那也是……"男生犹豫了半天，又执著地说："那你看这样行不行，我家有钱，我去找'小姐'行不行？""行啊！当然可以。"吴若梅心里咯噔了一下，但声音还是很平静："可是找小姐，你要考虑到安全问题。即便采取了安全措施，也不能保证百分之百不出问题呀……如果这些我们都不考虑，还有法律问题呢？"她慢悠悠地说："你现在闭上眼睛，试着想象一下那个场景，警察进来了，把你抓住了，他会问你问题，比如你叫什么？你的身份证呢？你还是个学生吧，哪个学校的？……我可以跟你打赌，不出4个问题，就能把你问哭，你信吗……"最后那个男生最后叹了口气说："吴老师，你说服我了，我不做了。"听到这句话后，吴若梅终于松了口气，说："我很感谢你。""谢什么？"男孩儿大惑不解。"我要感谢你，在发生这种行为之前，想到了给我打个电话，而不是草草地就进行了。感谢你这么信任我。"

这个文章我看得真是伤心啊，这是张颖墨做的十三个中学生婚前性行为调研中的一个，它讲的是一个中学生朋友高考没有考好，因为在高考前一个月，她与自己的好朋友一起去医院堕胎，更惨的是这个女孩子还坚持参加了一星期后的体育达标实验，于是她的腹部永远留下了一块阴影。这个女孩子后来考上了一个医科大学，每当上妇科这门课的时候她都后悔不已，她甚至怀疑自己丧失当妈妈的能力。因为她不晓得这个有多厉害，也不敢和别人讲，还去上课考试。其实人流是有个创面的，你们经常听到广告"三分钟，一点都不痛"，那是个混蛋啊，怎么可以打这样的广告呢。什么叫不痛啊，就是上麻药的时候，当时不痛的。但麻药过了呢？

怀孕其实是受精卵在子宫着床，被子宫内膜的绒毛包围。由于被很多绒毛包围，所以受精卵就会安全稳当地呆在子宫中。一般"十月怀胎，自然分娩"，她的创伤就比较小。但人流是用器械或药物使子宫内膜的绒毛和受精卵分离，把胚胎从子宫中剥离，因此带下许多子宫内膜的绒毛。如果多次人工流产，子宫内膜的绒毛就会越来越稀薄。我们还知道一个名词——"习惯性流产"，在结婚后一次又一次地流产，其中有一个原因就是子宫内膜绒毛稀薄保不住胎，可能她一动就流产了。

同时，如果在人流后没能正常休息，也会带来很多负面影响。如果是一个正常的人流，比如我在生了我儿子之后，哺乳期有个暗胎，但现在计划生育只能生一个，所以去做了人流。但在人流前后，我丈夫特别呵护，生怕我心情不好什么的，说话轻声轻语的，给我做很多好吃的，喝鸡汤，而且学校里可以有带工资的产假，让我可以放心地卧床休息。每天家里都是轻声轻语的，生怕你受刺激啊，希望你是快快乐乐地过，因为小月子过好能使身体有个好的康复，将来生活要好一些。但是这些孩子哪有坐月子呢？都是去上课，心里还有很多的忐忑，子宫会得不到修复，它里面是有创面的，就会粘连。

中山大学医学院妇科的一个医学博士跟我讲到，"如果你有机会，就要告诉这些学生，特别要注意感染"。感染后就粘连，那种粘连后就怀孕不了，这也是不孕的一个原因，并不是"三分钟，一点都不痛"那么简单的一个事情，它会带来很多很多的麻烦。

再者就是生米煮成熟饭策略，这个也不可取。我的一个朋友曾经告诉我一个故事，就是一个十九岁的女大学生，在读书期间很活跃，很可爱，她出生在一个教师的家庭，很单纯。她从外地来武汉读书，认识了一些同学，就说周末的时候到同学那玩。那是很多年前的事，有二十年了，她到一个男生那去，他只是一个同乡。那个男同学故意跟她谈到很晚，就没有车了，回不去了。那个男生说，"我给你借了个房间，有个寝室的男生都回家去了。"然后就把钥匙拿来了，女生觉得男生很细心。这个男生把这个寝室门打开，打开之后女生就应该把钥匙要过来啊。那个男生就把钥匙拿走了，女生也没有把门反插上。半夜的时候男生控制不了自己，拿钥匙就把门打开进去。就强迫这个女生发生了事情，这个叫做约会强暴。最后的结果非常不好，因为周边都是这个男生的同学，觉得自己没面子。男生说："生米已经煮成熟饭，别人也不会要你了，你就跟我好吧，我会好好待你的。"但那个女生觉得这个男生太卑劣了，一直到结婚以后，孩子都三四岁了，她心里还是不安，发生了婚外情，发生婚外情之后那个男的就使劲打她，最后以离婚结局。

到底有几个是因为相爱而在一起呢？这里有588个男生，144个女生，我们看到男生因为相爱而发生性行为的有25%，只有四分之一的人是因为相爱，其他的都不是因为相爱。男女差异很明显，男生因为好奇占16.5%，女生占10%。了解了这个事情的原则、发生这个事情的原因，以及男女生差异以后，决定这个事情是能还是不能的关键，就是看这一行为会产生什么样的后果，对其后果当事人能不能负责。国内外很多学者做过研究，结果找不到任何一项事实可以证明婚前性行为有助于婚后生活的幸福。

相反，从很多婚姻生活的个案看，很多人的不幸都与婚前性行为有关。婚前性行为有六大可预见的不良影响，为了婚后获得幸福美满的生活，必须对婚前性行为有足够的认识，增强自律，同时还要懂得拒绝，应当在生活中坚守必要的原则。你没有义务去满足他人所有的要求，尤其是那种不合法、不讲理的私欲。千万不要将性误解为爱，将爱缩减为性。

我曾经在学校新生报告中遇到过一个女生给我递条子，当时我讲到西方性道德的原则：第一，自愿；第二，无伤；第三，私密；第四，无生育的性行为与社会无关；第五，女性的性行为自负自责。第一是自愿，不能强迫的，我说最好还加个相爱。这里也讲到私密，不能到处展览，我们经常看到在大街上或汽车上搂搂抱抱的。在华科作报告的时候，当时有人问“汪老师，你怎么看”。这个我实话实说，一句话：缺德。西方性道德里第一条：自愿，第二条：无伤，第三条：私密。我们说你搂搂抱抱可以，但是不应该在公共场合。你愿意展览，别人不愿意参观，这不叫爱。有个女生说，军训结束后，有个男生约她看通宵电影，那个男生趁她不注意吻了她，那个女生很恐惧，可以说这个男生是带有一点性冲动的，所以我们要学会保护自己。我们说性不是爱，不要说我爱你就要把性也给你。那么我们应该怎么做呢？

第一，不要自暴自弃，要振作。性不是我们生活的全部，不要因为青春期的一些性困惑破坏了你的整个生活。性是一个很隐私的东西，要学会保护自己的隐私权不受他人侵犯。我有一次在大学讲课的时候，有个同学递条子上来说，汪老师，请你谈谈你的初恋。我当时很气愤，这不是侵犯了我的隐私权吗？所以我决定给他们一个警示。我把问题念了一遍，然后他们很开心，以为我要讲。我说，很遗憾，我不能告诉你，这是我的隐私。那你遇到这种事应该怎么办呢？你可以反过来问他：“你怎么对这种事这么感兴趣呢？”这样你就把他堵回去了。你们一定要学会保护自己。

第二，慎重处理。有些时候发生了一些不想发生的事，你就应该与对方保持距离，仔细想想与对方的关系，对方的性格、人品是不是值得你继续交往。

两个人如果决定在一起，那当某个人控制不住自己的时候应该怎么办呢？我们要安全释放激情，当我们受到性刺激时，就会有反应。女人的阴道湿润、男人勃起都是很正常的，但是这个反应只有你自己知道。有反应和产生行为之间有很长的距离，如果你不想它发生，你是完全可以控制的。你应该立刻离开黑暗的地方，离开两人世界，到光亮的地方去，到人多的地方去，这样你就能很快恢复正常。所以说，我们要学会保护自己，因为人是有尊严的。我们有老师开了一个性科学课，有个女生就问他，她男朋友想跟她发生性关系，但是她想的是结婚那天才进行性行为。所以老师就告诉她，男生在亲密的肌肤接触后容易产生冲动，所以夏天的时候尽量避免太过亲密的行为。

哲学中有很多矛盾的范畴，比如说真与伪、善与恶、美与丑，还有理想与现实。理想与现实作为哲学中的一对范畴，这就意味着现实就是理想，理想就是现实。我们希望的理想状态就是我们的学生们都能够善待自己、保护自己，有一个健康的性心理、性生理。但有时候确实管不住自己，冲动了，然后就会发生性行为，怀孕了。不要互相抱怨，最好要有可靠的人陪伴，到正规的医院去做手术，有必要的卧床休息和营养补充，同时要注意卫生，以防出现感染。若感到心理压力太大，自己无法调节的时候，不要感到绝望，可以主动寻求心理辅导，在辅导老师的帮助下重新恢复心理健康。这时候，恋人间彼此的体贴与关照是十分重要的，特别是男人要有担当。

最后要讲讲性伤害。性伤害的本质是心理受伤害，最需要的是关爱和保护。性伤害是指由性行为给受害者心理上造成严重伤害性体验的一个现象。强暴、约会强暴、乱伦，等等，都属于性伤害。性伤害受害者不仅在事发当时，而且在以后相当长时间里都会存在消极退缩、担惊受怕、回避人际交往、自尊心受损等严重心理状况，甚至造成婚后性生活的功能性障碍。问题的严重性还在于社会上存在着对受害者的歧视和偏见，加剧了受害者的心理压力，使其不但不敢揭发侵害者的丑行，反而产生深深的恐惧和自责，长期在罪恶感中煎熬。有些同学觉得被性侵害后不敢讲，觉得自己是无价值的，自己是没有人要的，甚至抑郁地住院、轻生，等等。她们都是很无辜的，这不是她们的错。

约会强暴是指在约会时女性被迫从事她所不欲的性行为。这可以视为对信任关系的一种背叛，是性的攻击和暴露。女性被强迫从事违背其性意愿的性行为时，她身为一个人的尊严遭到侵犯。现在校园里就有这样的情况发生。约会强暴的受害者常常把责任归咎于自己，通常也不敢告诉别人。因为罪恶感，性欲、情感受到利用使他们感到混乱。这种创伤性经历的不良后果使其再也不会信任对她示爱的男性，认为他们都是想占她便宜。她们无法开放自己，与各种关系保持距离。她可能从不允许自己从做爱中获得欢娱，因为害怕如果失去控制，她将再受到伤害。这种人在以后婚姻的性行为中都是很压抑的。而她对性的罪恶感使她不能充分享受满意的性关系，因为罪恶感和受到背叛而责备所有男性。不止责备伴侣，甚至责备自己的小孩。遭遇性伤害者最需要的是什么呢？最需要的就是社会的关爱和保护。认识性伤害的社会特性，给受害人以关爱和保护。受害人受责备会很压抑，她已经很痛苦了。北大一位心理学教授说：应该看到，对于任何社会来说，都存在对儿童、青少年的性侵害，这是如自然灾害一般难以避免的人祸，只在于是谁打了遭遇战，被色狼攻击，被色情引诱，被坏人教唆，或者遭遇其他意外袭击和侵害，往往不是完全凭借个人力量就能抵御的，尤其是天真幼稚的少年儿童，常常更易成为性侵害的对象，这就是性伤害的社

会特性。其实性伤害不是中国才有的，不是大学才有的，它具有社会特性。只要是社会，就会有这样那样的性伤害行为。

所以当她认识到这点的时候，那我们就有一个观点，关于这个东西，我的观点是，认识这个特性的意义对社会而言，包括学校、单位、家庭、亲朋好友不要对遭遇性伤害的个人抱有歧视和偏见，因为任何歧视和偏见对于正在经历严重的身体心灵创伤的危机状态的受害人都无异于二次强暴，使她们备受伤害。比方说，去询问细节、到处给她脸色，等等，其实他们真的是很无辜的。那我们在一个讲究人性化管理，讲究温暖和谐的社会下，我们每一个人，特别是作为大学生，作为一个知识分子，我们有没有想到关怀这样一些人，她已经受伤，如果她是我的同学，她是我的学生，我有没有给她温暖？有没有给她体贴？让她能够度过这样一个危难的时期。那么这样来说的话，至少不要让她因为我们而受二次伤害。

遭遇性伤害还有一个最需要的就是，扫除心灵的阴霾最终是靠当事人的自助与重建。那么如果说外面的人不给你任何二次伤害，如果你自己不能够自助和重建的话，你也走不出心里的阴霾，因为这是你心灵的创伤，所以我们的第一个建议就是站在社会角度看问题，学会理解自己、爱护自己，有的人会猜测，是不是这个人衣服穿得太少了，是不是她半夜出门了。当然我们说，教一个女性在一个复杂的社会里保护自己，尽量半夜里很黑的时候不要一个人这样，但这是容许那些人做坏事的一个理由吗？肯定不能成为理由，所以在说的时候，要那个人在发生这种事的时候，对我来说可能是一个遭遇战，要学会理解自己、爱护自己，在需求心理咨询专家帮助的同时，积极地用心理学的方法进行自我调节。我还是希望在你们同学、朋友、亲戚中，如果发生这样的事情，还是建议她寻求专业的帮助，专业的心理咨询老师，她有这样的能力，这样的一些理论和方法去帮助她，使其释放、修复自己的心灵。

然后就是要克服性格弱点，重建自信心和自尊心。比方说要学会拒绝，一个健康的成年女性是可以拒绝强奸的，除非那个人就是一个惯犯。如果说是和男友在校园里，是一个约会场合的话，应该是可以反抗的，首先就要告诉他你应该受到尊重，你不喜欢那种不尊重你的人。在校园里面，我会看到，前面有一个男生和一个女生在走路，走得好好的，那个男生就跑过去用手搅着那个女生的腰，那个女生就把那个男生的手拉开，因为她不想搞得那么亲密，认为她自己跟他还没有到那么亲密的时候，这个男生就强制地把她搂着了。那么我在课堂上就讲了，如果说有一个男生像这样做的话，那么最简单的就是把他手使劲的甩开，跟他讲清楚，再这样我就不理你了。因为我很讨厌这样，我不喜欢这样，如果你尊重我请不要这样。

刚柔相济，不管是男人还是女人，在这样一个现代社会中，性别气质的双性化，是成功的很重要一个条件，什么意思呢？就是一个人如果只有柔，没有刚或者缺少刚，就难以成事，但是一个人只有刚，没有柔或者缺少柔，就难以为人。所以不管是男人还是女人，刚柔相济，情理相融，什么时候该怎么用就怎么用，这样会比较好一些。因为作为一个女人来说，一个受过高等教育的女人应该有这样一种能力，保护自己，拒绝自己不想做的事情。而且找到一个对象，他应该是尊重你、理解你、欣赏你的人，而这个人也值得你尊重、理解和欣赏，这样才会比较幸福。

那么关于我们的性态度和性价值观，为了引导我们的青年在性方面的健康成长，学校开始实施性教育，以回应青年的成长需要，性教育的目的：一是帮助每一个人正确地认识自己在性生理、心理和社会各方面成熟的过程，以避免因错误认识知识或态度所导致的损害；二是帮助个人对于人际关系有较深刻的认识并发展自己的性别角色，如伴侣、父母亲、子女等，学习去爱、尊敬和对他人负责；三是培养正确的观念和建立对道德所需的了解，它是在做决定时，很重要的根据。

具体来说，对于性，我的基本看法如下：性是人类自然的生理现象，是人类正常生活的组成部分，性活动不仅是为了生育后代，也是一种欢愉的形式，使人获得快乐与幸福。性是表达爱的一种动力，爱是性满足的基础。性是异性青少年交往的驱动力，塑造了健康的人格和性别角色。性是重要的，但它并没有重要到可以涵盖整个人生。性快感是重要的，但它并不能包容人世间所有的快乐。性欲也是重要的，但它并不比生存的欲望、发展的欲望、安全的欲望、创造的欲望更加重要。这三句话是灵活交错的。手淫是一个自我性欲的行为，无害亦不可滥用。不赞成婚前性行为，并力求在观念上澄清，性未必能证明爱。你选择，你就得负责。同性恋作为一种性取向，既不能简单归为病态，也不可以给人随便乱贴标签。关于性伤害问题，基于性伤害的社会特性，主张给受害人以关爱和保护，并鼓励当事人勇于自救和重建自尊、自信，主张在两性关系中具有自尊心，并能够坚持自己的权利和拒绝他人的无理要求。对两性关系中的行为选择应考虑到个人、同伴、家庭、社会及后代的幸福，具有社会责任感，要有男女平等意识，在两性活动过程中，既要有相互合作态度，又能尊重异性，具有分寸感；既能够坦诚地进行异性交往，妥善处理友谊、爱情、事业三者的关系，又能够有所克制，不采取轻率任性的态度，以及既无性压抑，又无性放纵，等等。

最近我在华师做了一个讲座，题目就是《爱情、性、幸福》，最后有四个观点，幸福的爱情哪里来？幸福的爱情源于人格的成熟。一个人，可能有很多的权利是与生俱来的，但结婚的权利是到了法定年龄才有，为什么呢？因为这时候他比较成熟，懂得了自知自律、自重自责，懂得了尊重、理解、欣赏。

幸福的爱情源于经济的独立与精神的自主，有人就想到全职太太。我们有一次做活动，活动里面就有人讲，她现在是太太，全职太太，结果马上就有研究生表示羡慕：哎呀，好幸福啊！那么你思想上想成为全职太太吗？我们通过自己十二年的努力成为大学生，我们将来还是要独立的，为什么呢？你想自主必须经济独立，经济不能独立，精神就不能自主，所以吃人家的饭，端人家的碗，你就归人家管，所以你为了独立，必须在经济上自立。幸福的爱情源于个人的魅力和定力的一起成长。我们说一个人很有魅力，那么这个魅力包括人格魅力、才华魅力、形象魅力。如果你都有这些魅力，你肯定对不止一个异性产生吸引力，肯定对很多异性产生吸引力，这很正常。如果只对一个异性产生吸引力，那你这个人就没多大魅力了，对吧？但有那么多魅力却没有定力，你滥用你的魅力，那马上你魅力也没有了，所以一个真正的能够在爱情中获得幸福的人，一定是他的魅力包括他的人格魅力、才华魅力，还有他的形象魅力和定力，也就是自我规定边界，这种能力是一起成长的。再则，幸福的爱情源于担当责任和风险的意识与能力，懂得安全、温暖和对于生活的实际意义，因为这个婚前性生活，包含人流、某种疾病，都是有很大危险的，它会使一些人绝望，而有希望对于生活是很重要的，所以呢，幸福的爱情急不来，是需要等待的，衷心地祝愿同学们，都能有一个幸福的爱情，谢谢大家！

提问环节

问：同性恋的价值是什么？它不能像异性恋那样产生后代，推动人类繁衍。

答：我们讲，真正的同性恋是这样一种情况，人是一种社会的动物，他需要跟其他人有亲密的关系，在这种关系里面他会有一种安全和温暖的感觉，能够满足这样一种需要，而青春期中性的东西不能够释放，它能够通过这样一种温暖，得到一种潜在的满足。这是心理上的一种需要。它确实不能够繁衍后代，所以大家可以接受同性恋，但并不鼓励大家都去成为同性恋，这是两回事情。

问：当一个女性遭受性侵犯后，被男子以公布这件事情为威胁，继续保持性关系，那么这个女子该如何抉择？如果这件事情真的被公布以后，这个女生该如何面对？

答：我的观点和大家是一样的，他们就是抓住了你怕被公布这一点，那么这件事情光靠你一个人的力量是不够的，你应该找一个比较安全的、信任的、替你保守秘密的一个专业的心理机构，把那个男人的信息坦诚地告诉老师，因为每一个人都不可能无法无天、没有人可以制约他，一定存在着能够制约他的人，他这样伤害一个人是违法的。宪法里面有人格尊严权，人格的尊严是不允许侵犯的，这样暴露你的隐私是侵犯了隐私权，属于违宪，会受到处罚。所以需要勇气，不用到处去说，进行心理咨询的咨询师都需要为咨询者保守秘密，除去一些关系到生命安全的事情需要向有关部门或者上级进行反映。忍气吞声的后果会十分严重，这样就要求你们在遇到这种情况下要去寻求帮助。

问：怎么看待男性遭遇性侵犯？

答：这个问题大家不用笑，大家都是大人了，华师的唐克军教授在给北大的同学讲婚姻与性的时候提到，男孩和女孩，年满十八岁便是成年人。之前我在做一个关于压力辅导的时候，发现理工科的男人在面对一些活动的时候会哈哈直笑，这样情感没有投入进去，没能用心去思考，当大家看到一个男性遭遇性侵犯的时候是觉得好笑吗？为什么不去思考和体验这种感受。英国比较讲究绅士风度，英国人生来便被教育如此。一个中国的留学生去英国留学，他的老师和师母去接待他，他的老师是白发苍苍的教授，还帮他拖箱子，这个留学生不适应，觉得让这么大年纪的老师拖箱子不合适，他的师母便对他说让他老师去拖，如果不帮忙的话会让他老师觉得老了没力气了，这便是一个文化的差异。所以大家觉得一个男人受到性侵犯觉得太抽象，不好理解。其实，男性受到性侵犯与女性受到性侵犯一样，都是一种性权利的被侵犯，都需要进行权利的维护。比如说，心理的伤害同样需要寻求心理咨询，但是心理咨询的方式会更加具体些，在很多年前的军训期间，一个男大学生受到了别人的侵犯，造成了肛裂的结果，这个学生告诉了自己的父母，他的父母非常愤怒，找到学校里的当事人，当时当事人说法律没有规定不能如此，但是事实上违背他人的意愿与其发生性行为是违法的。后来这个男生经过了南京一所医院的治疗，但是还是遗留下一种很难根治的皮肤病，之后还经过了心理医生的专业的治疗才恢复正常。所以说，男生遇到这种情况，同样是需要勇气去寻求帮助，敢于求助者才是勇者，相信今天我求助于人，明天别人同样可以求助于我，只有相互的帮助才能造就一个温暖的人间。

心理疾病的成因与治疗

华中师范大学　陶嵘

一般来说，精神障碍的原因主要包括三个方面，即心理因素、生物因素和社会文化因素。举一个例子，有一个女生晕血，我们可以从不同的角度来分析原因。从心理因素的角度来说，是一种条件反射；从生理因素的角度来说，是杏仁核激活而高级皮层未能调节，属于血管迷走性晕厥；从社会因素的角度来说，晕血体现了娇弱女性的美丽模式，更容易赢得男性的呵护。而对于晕血，一般采用系统脱敏的治疗方法。

心理异常通常都有一定的生物学基础，例如，大脑的不同部位控制我们不同的行为。遗传学研究表明，许多受基因影响的疾病符合素质-压力模式，即基因或基因的组合决定了对于某疾病的遗传易患性倾向。这种倾向再加上特定的环境因素，就可以导致异常行为的产生。遗传因素在疾病发生中所起作用的程度，以百分数表示。如果一种病的遗传度是80%，那么环境因素的作用就是20%，遗传因素所起的作用为80%。我们来看一些有关遗传因素的重要研究。首先是一个家庭研究，它将分裂症亲属的分裂症患病率与对照组(正常组)进行比较，发现前者显著高于后者，但这类研究的缺点是无法排除环境因素的影响。而后来对孪生对的研究就弥补了这一点，有一个研究比较了单卵双生子与异卵双生子精神疾病的同病一致率(共同患病的概率)，发现在精神分裂症、情感障碍、焦虑症、强迫症、孤独症等精神疾病方面，单卵双生子要高于异卵双生子。而寄养子的研究更能表明遗传因素在精神障碍中的重要性。一项研究比较从小被分开抚养的同卵双生子精神分裂症患者生身和养育父母家庭中一、二级亲属分裂症患病率，结果发现养育父母家庭比率为0，而生身父母家庭比率为8.8%。在生物因素中，除了遗传因素外，行为及行为异常与大脑结构也有密切的关系，例如，大脑额叶负责计划、判断、情感和认知整合，杏仁体负责情绪(积极、消极、恐惧)，海马负责记忆情感等，如果这些部位出现问题，都可能引发行为异常。

另外，精神障碍也与神经递质有密切的关联。例如，乙酰胆碱神经元主要分布于基底核，负责注意、记忆、意识、不自主运动；去甲肾上腺素负责交感神经系统，与意识、觉醒、饮食、生殖、恐怖症、情感障碍有关联；5-羟色胺神经元位于中缝核，与情绪、自杀、暴力、抑郁症、焦虑症、强迫症有关联。因此大部分治疗精神障碍的药物都是纠正神经递质的不平衡，或作用于神经元信息传递的过程。对于一些精神障碍来说，生物学原因是首要的，而心理原因只是辅助的，如精神分裂症、躁狂症、重症抑郁症、精神发育迟滞、儿童孤独症等，而在焦虑障碍、人格障碍等障碍中生物因素起到了基础的作用，所以对于这样的障碍，生物学的治疗方法是很重要的，现在用得最多的是药物治疗。下面我们介绍心理异常的心理学解释，这个解释是从弗洛伊德开始的。现代的精神病学家意识到生物学原因并不是全部，心理学原因也起着非常重要的作用，而心理学原因在不同的理论流派会有不同的解释。我们首先来看心理动力学理论对于异常心理的解释，下面将重点阐释该理论与异常心理之间的关系。

弗洛伊德理论体系里面有几个很重要的成分，第一，他强调潜意识的心理过程，第二，它强调人格结构本我、自我、超我，我相信大家对此已经有所了解，它的心理性发展理论认为儿童在不同的心理性发展阶段要解决不同的冲突。在异常心理里面有一些人格障碍的性心理障碍，如异装癖、暴露癖，就是用不同于常人的方式来满足自己的心理。人格障碍就是他的人格特点偏离一般人的水平。在弗洛伊德的理论里面，其解释就是在各个心理性的发展阶段上一些关键的问题没有解决好，导致接受的刺激太多了或者太少了，然后造成人格的异常。比如说，反社会的障碍就是本我的欲望过度地满足而没有得到一些控制。如果一个人得了抑郁症，用潜意识的理论来说就是对于丧失的反应。比如说，丧失了亲人或人生中最重要的理想，一般会悲伤、愤怒，但是又把这些悲伤或愤怒压制在潜意识当中，就会造成抑郁。用弗洛伊德的理论来解释焦虑及神经症，弗洛伊德认为本我与超我存在天然的矛盾，如果自我没办法调节，就会产生焦虑。这些焦虑如果转换成躯体症状，身体就会出毛病，可能会导致肚子疼或腰疼，甚至会失明或瘫痪，但是这些都是心理上的，并不是真正的，而一旦生活顺利了，这些症状就没有了。如果这种焦虑被分离出了意识，就变成癔症的分离性症状。比如说一个人失恋了，被男友抛弃了，可能就会出现恍惚的状态，甚至会认为从来没有发生过这件事，从来不认识那个男朋友，根本就没见过他，怎么可能会恋爱或失恋呢。这是分离性的遗忘症，即焦虑被分离出了意识，那么焦虑如果转换成外部的对象就会表现出恐惧症，比如说内心很害怕，将这种恐惧转移到外界。所以通过精神分析来治疗心理障碍就是通过自由联想和梦的解释，把无意识的心理冲突意识化来加以解决。

行为主义的心理学家认为所有的行为都是可以通过学习获得的。正常的行为是通过学习获得的，异常的也是，所以治疗的方法是重新学习。系统脱敏或者社交训练，比如像社交恐惧症这样一种障碍怎样通过学习产生。人可能不同程度地怕与其他人交往，但是社交焦虑比一般程度严重很多，社交焦虑的患者不敢在人多的场合说话，害怕人的目光，会躲避等。如何用经典条件反射的理论解释社交焦虑呢？如果你是一个心理咨询师，遇到一个社交焦虑的来访者他就会跟你说：初中二年级的时候，老师让我上黑板写题目，这个时候老师批评了我或是同学嘲笑我，等等，从那以后我就不敢在人多的场合说话了，渐渐地，在人不那么多的场合我也不说话了，也不敢出门了，整天待在宿舍里，这是经典的条件反射。晕血也可能有经典的条件反射学习。

比如儿童的学校恐惧症，一个孩子要上一年级了，这个小孩从小被妈妈溺爱，到上学的时候就不敢去，在家里哭，或者是肚子疼或者是像白癜风发作。这个时候他妈妈说不要上学了，宝贝我们今天不去，明天再去。这个时候会有什么后果，他可能今后遇到事就会这样，严重的可能成为一个躯体上的障碍。他如果害怕上学，回避可能就是上学恐惧症。这样一种"学习"，加上学习的恐惧泛化就可能导致异常心理的产生。还有一些学习是通过模仿，比如暴力行为、一些反社会行为。这就是行为理论对异常心理的解释，就需要通过系统脱敏、社交训练来进行治疗。

当然还有一种方法就是暴露疗法。介绍一个暴露疗法的案例，即一个中年妇女害怕花圈。我的老师在治疗这个病症时，在确定该妇女没有大的躯体疾病后，让她站到放满花圈的屋子里，在站得很累的情况下她无奈地将凳子上的花圈挪开并坐下。就这么一次，大概半个小时，她的花圈恐惧症就治好了，这样方法简单又有效。但一般的系统脱敏法，先给她看图片，再看实物，最后再这样待一个小时。

还有一种解释适用范围较广，甚至可以用来针对正常人的心理问题。每个人都有自我实现的潜力，但在成长的过程中我们偏离了成长的方向。偏离越远，心理问题越严重。什么叫做价值条件呢？就是我觉得自己有价值是有条件的。当代学生可能最大的认识就是我必须学习好，只有这样妈妈才爱我，才有价值。我曾遇到一个考研的来访者，他说："学业上的成功是我唯一的希望，我必须要走这条路。"他现在有严重的强迫性观念，上自习的时候受不了一点噪音。他上不了自习，又不得不上自习。所以就是这样一个价值条件，也许他内在并不爱学习，但是他父母给他的价值条件是考上武汉大学。他曾说过这样一句话："如果我明年考不上武大，后年再考一年，后年再考不上我就去自杀。"所以，这样一个有条件的价值就会使理想的自我和真实的自我偏离，偏离越远，就越容易出问题。

还有一个心理学的理论就是认知心理学的理论，他的说法来自于古希腊哲学家："人并不是因为世间的事件而烦恼，而是因为对事件的认识而烦恼。"所以你并不是因为辅导员的批评、失恋等一些事而烦恼，而是因为你对这些事的看法。一个人跟你说，考上华中科技大学是我唯一的出路，考不上我就只能自杀，你会觉得他的认知太偏激了。所以他的真正痛苦不是没有考上华中科技大学这件事，而是他的认知，认知心理学是这样看的。很多的焦虑症，比如说社交恐怖症，就认为高度的社交场所就是危险。其实说话能发生什么危险呢？来访者高度的害怕，所以他焦虑。焦虑的因素就是人高估了场所发生危险的可能性。

而抑郁的人为什么会抑郁，就是因为他有一个消极的自我暗示，认为自己是不够好的。如果我有一个团队，这件事情即使成功了，功劳也是别人的。如果事情没做好，那是我的责任。你们会不会觉得这个结论有失偏颇呢？但是抑郁的人就是有这样的消极自我暗示。他总是会把不好的一面跟自己联系起来，而且是系统性地、广泛性地和稳定性地联系，所以一遇到生活事件，他就会引发抑郁症。在没有激发抑郁症的时候，他可能还能正常地生活。

如果我给大学生做一个人格障碍的调查，最可能出现的结果是强迫性的人格障碍大概为2%。强迫性的人格障碍的特点是，我必须把事情做得十全十美。所以我必须很早就做计划，不厌其烦地做核对。有强迫性的人格障碍人群的认知的层次就是我必须把每件事情做得很完美。

而一些反社会性、偏执性的人格障碍的特点就是当两个人一发生冲突，其中一个人就会想，他在搞我的鬼，给我穿小鞋，故意跟我作对。有时候遇到这样的场景，两个人发生了矛盾，如果你从第三者的角度看，会发现两个人各有对错。带有一点偏执性的人，哪怕别人对他是友好的行为，他都会认为，对方是故意害他的。当然，严重的就导致反社会行为、偏激行为的障碍。

还有一个就是依赖型的人格障碍，就是我必须要依靠他人才能生活，这是依赖性行为认知因素。大家有没有听过一首歌，歌名我忘了，但是有一句歌词我记得很清楚："因为我不相信我自己，所以我把自己给了你。"事实上这就特别像依赖型人格的认知图示。就是说他不相信自己能够支持自己的生活，所以他必须把自己的生活寄托在别人的身上，过于依赖他人。所以一个依赖型人格的气质可能是，她的丈夫不仅找了第三者，还把第三者带回家来。这是现实中曾经发生过的。

所以，精神障碍的心理原因，就是心理因素。精神障碍的心理因素强调，来自他的人格特点、认知模式、既往的学习、价值条件严重与否，这些是精神障碍产生的重要原因。所以抑郁症、神经症、人格障碍、非线性的失眠症、摄食障碍等，不能排除生物学因素和社会因素，最重要的可能是心理因素。再比如说，癔症。第一次世界大战的时候士兵得癔症最常见的表现形式是失明、瘫痪。最强烈的心理因素是什么，潜意识里面认为自己瘫痪了，不用送死了。所以像这样心理因素占的比例会更大，比社会因素和生物学因素更大一点。

接下来看社会文化因素方面。心理异常也跟社会有关系。我们都是社会上的人，没有一个人可以独立存在。人的心理异常，也会跟周围的环境，小至家庭的小系统，大至社会上的大系统，都可能有关系。社会文化与心理遗传的关系有以下几种。第一，社会文化的因素是心理异常的主要原因。比如我刚刚说一个女孩子说自己没事，就娇喘一下，瘦弱的样子很美的话，会不会就特别容易朝那个方面发展。社会文化因素可能会是心理遗传、精神遗传的最重要原因。第二，心理异常表现的内容会受到社会文化的制约。最常见的就是，如果你看一个流行病学调查，你会发现同样一个现象：社会文化阶层低的人群，发病率高于社会经济文化阶层比较高的人群。也就是说，社会文化阶层越低，得精神障碍的可能性越大。他们之间的联系怎么解释呢？你想想看，如果你是在一个贫民窟里长大，身边都是暴力、凶杀、贩毒的事件，与在一个安静祥和的社区相比，你觉得在哪种环境下长大更可能有严重的心理问题？当然是前者。这也是为什么美国曾经出现一个青少年暴力杀人事件，凶手是中产阶级的子女，给社会非常大的震惊。文化阶层低，精神分裂症、躁狂症、抑郁症的发生概率都会比较高。社会阶层低，应激事件多，导致精神疾病容易发生。所以第

二个就是应激性的生活事件。

假设你有一个同学，最近情绪低落，什么事情也不想做，觉得生活没有意义，有自杀的念头，你会觉得他为什么这样？失恋了，受刺激了。其实我们对于这个指向是什么？社会生活事件，我们第一反应是，是不是有什么社会生活事件导致他抑郁了。

当然，还有一些社会生活事件，比如说人口的流动、移民的群体、文化的社会迁徙……对于我们现在的社会生活来说，新生代的农民工、留守儿童等这样的社会大的变迁，现在大学生工作很难找，可能不像师兄师姐那样是天之骄子，独木桥过去很多工作等她挑，其实这样的社会变迁也会使人的心理产生压力。所以我讲，你们现在觉得自己这个心理压力是大还是不大？这样一些社会文化因素可能都是容易产生心理异常的重要原因。

还有一些文化导致特定性障碍。在中国有一种障碍是与气功有关的精神障碍，也就是我们平时所说的走火入魔，即在长期练气功后出现的思维、情感、行为的障碍，失去自控能力、兴奋、行为混乱、出现妄想，甚至出现幻觉。还有一种跟文化有关的精神障碍叫做恐缩症，一般在东方文化地区，尤其是在中国南方和东南亚一些华人地区可能出现的一种障碍。这种障碍只会出现在青年的男性身上，他会担心自己的生殖器缩到体内去。所以他会抓起来往外拔，不仅自己拔还会叫家人一起拔。这只出现在东方文化中，西方没有这种心理异常。北方少见，主要见于南方。要问为什么，肯定跟文化有关系，我不知道是不是跟生殖崇拜或者说生殖的恐惧和焦虑有关系，或许两者间在文化上有一定的相关性。虽然在中国谈性是不太登大雅之堂的事，但是如果要说哪个男的“不行”的话，也是一件极其不能忍受的事。

东南亚有一个岛国，那边有一种特别的文化，在那个地方，他们都敬畏他们的巫师，也害怕他们的巫师，他们都100％相信，一定不能得罪巫师，如果巫师诅咒你死你一定会死。文化人类学家就去那里做调查，然后就在那里呆了一年左右，他们真的就遇到这样一个情况，就是一个青壮年，就不知道怎么就得罪了巫师，然后就被巫师诅咒了。然后怎么样呢？全部的人都害怕得要死，极其害怕，好像整个部族马上就要来一个什么很恐怖的事，就把那个青年逐出部族，赶到森林里面去了。然后过几天找到那个人在森林里面，死掉了，还不是被豺狼虎豹咬死的，就自己死掉了。当然这也是和文化有关的，其实跟文化有关的都跟癔症有千丝万缕的联系，像这个走火入魔啊、恐缩症，其实都是一种特殊类型的癔症。而这个癔症跟我们的心理因素关系很密切，而心理又因为文化有一些弱点再加上我们自身的人格特点的弱点，就有可能在我们身上出现。这是跟文化有关的一种障碍，还有一些障碍只有在其他国家才有，比如说，马来西亚有一种杀人狂，加拿大北极圈也有一种杀人狂，发了狂就会吃人，这就是跟文化有关。只有这些地方有，其他地方没有。

异常心理学和社会学的观点是，社会文化因素可能就是异常心理的原因。社会文化因素在一些异常心理当中可能是首要原因，比如说应激相关障碍。不知道大家听说过创伤后应激障碍没有，比如说遭受地震以后，长期梦到地震的场景，不敢入睡、害怕。回避与地震有关的场景，一直处在焦虑和抑郁的状态下没办法正常工作和学习，如汶川地震后有两个干部自杀，就是创伤后应激的障碍引起的抑郁。在这些障碍中社会因素是首要原因。因为这个刺激太大了，只要你受到这样的刺激，90%的人都会出现这个问题。这个时候社会刺激是最主要原因。当然也在薄弱的人格特点、心理特点的基础上发病，但是社会因素是最主要的方面。所有的精神障碍社会学都起到了作用，但是在某些方面作用更大。那你说地震这个事情能不能治啊？没办法治。地球要地震你是没办法干预的，但是有一些是可以的，比如说火灾啊，被抢劫、被强暴啊，目睹亲人死亡啊，这样一些也是强烈的应激，在这样一些应激下可能很多人都会出现问题。那么这个时候我们改善一下生态环境也许会对这样一些障碍起一些作用。当然还有的就是一些小的生态，一些家庭乃至社会的生态。我们现在这个社会最大的价值条件就是必须学习好，我们才有价值，那么是不是整个社会层面对此有所改变，这样的话我们的孩子就能够生活得更加健康，并且我们培养的学生也许会更有创造力。所以这个就是社会学观点上的干预，当然有时候会显得不那么具体，但是有时候对于家庭的干预、对于某个社区的干预，甚至对于整个社会系统进行干预，这都是一个治疗观点。所有心理异常都是生理、心理、社会三方面共同作用的结果。所以要治疗的话，要注意哪个是最主要的方面，一定要用足功夫，但是其他方面也要进行辅助治疗才能起到最大的效果。药物方面主要是进行一些药物治疗，心理方面可能是进行一些心理治疗，社会方面就是进行社会方面的干预。

提问环节

问：人类有心理问题，其他的动物有没有这种问题？

答：这是个很有意思的问题。我在大学里曾经看到一个节目就是跟踪观察一个黑猩猩群体，看黑猩猩每个群体的社会生活。在黑猩猩群体里有一个妈妈带着一个小猩猩。那个妈妈经常会做一件事是所有其他黑猩猩不会做的，它会做什么呢？它会经常在别的黑猩猩妈妈没注意的时候把她的孩子拖过来吃掉。而这样一个行为是其他黑猩猩妈妈在整个观察期都没有看到的，就是这个黑猩猩妈妈会做。你说它有没有可能有某种类似于反社会人格这样的心理障碍啊？我还看到有一个关于黑猩猩的调查就是黑猩猩的拍摄。这个黑猩猩是一个很老的黑猩猩，它已经有好几代的子女了，现在已经很老了，当然它可能也很孤独，最后还生了一个黑猩猩。一般来说，黑猩猩可能在几岁时就要离开母亲，他养的前几个孩子都长大了，但是最后这一个黑猩猩，不知是什么原因，他们两个之间的关系异常紧密，他妈妈有时候会试图把这个小猩猩推走，但是这个小猩猩就会不断地叫，后来这个妈妈就没有办法一直带着他。其实那个时候它已经没有奶水了，身体也很瘦很衰弱，但是这两个黑猩猩就一直待在一起，后来这个母亲死掉了，那个小猩猩几天不吃不喝，很快就死掉了。它是不是一个抑郁的黑猩猩呢？我不能回答这个问题，但是我相信你们心中会有答案。

问：我想问一下陶老师，如果一个人得了抑郁症的话，那么痊愈的概率大不大？

答：抑郁症在我们的精神障碍的教科书里是这样说的。轻性障碍是一种预后良好障碍，他可能有时候容易复发。就是说你如果得了抑郁症的话，经过特别的病期的治疗一般来说是效果良好的，但是对于抑郁症的人来说，要学会去了解自己，什么时候会发抑郁。整个抑郁症的治疗愈后是比我们一般人想象中要好，抑郁唯一的后果就是怕它在某一比较低落的情绪下自杀。但其实如果没有自杀的话，书上是这么说的，它甚至有自发缓解的可能性，当然我们加上药物治疗和心理治疗，它是一个愈后良好的心理障碍。所有人在一生当中的某个时间段的抑郁都有可能达到临床中的抑郁诊断标准，人的一生可能有一次。

问：陶老师，你刚说人的障碍的认知因素有强迫行为、偏执行为、依赖行为等，那我想问一下，人际敏感关系属不属于这个精神障碍？如果是的话，人际敏感关系表现在哪个方面？

答：我们对人际关系感到比较敏感，害怕跟人交往，那么这样一种心理是每个人都有的，那么它有可能达到严重心理障碍的程度，但不是每个人际敏感都达到心理障碍的程度。中国人比较腼腆和内向，特别是像男生主动跟女生搭讪是一件特别困难的事，我不知道你们理科的男生是不是更有这种感觉。但是这并不代表已达到了心理障碍的程度，这是要持续一段时间，并且对人的心理和社会的影响达到比较严重的程度才可以达到精神障碍的诊断标准。当然，如果达到了精神障碍诊断标准的程度，它可能有几个走向。第一个就是在这个神经症里面有社交焦虑症或者社交恐惧症，就是我刚刚说到的不敢跟别人讲话，严重的情况就是回避跟所有人交流。人格障碍里面有一种，因为我这里只是举了几个人格障碍为例，有一种叫做焦虑型人格障碍，又有时候叫回避型人格障碍。如果一个孩子从小就是这种焦虑或回避型特征，终生不变的话，达到一定程度可能就是焦虑型人格障碍。但他以前没有，而现在因为害怕跟人交往达到很严重的程度，那就是社交恐惧症。

问：陶老师你好，我想到几年前看的一个电视节目，就是有一个部族的人整天都睡觉，睡不醒，而且是一睡就是几个月醒不来，拍都拍不醒。电视节目解释说是癔症，我想请您解释下这个。

答：这个节目好像我也看过，癔症是精神障碍当中表现形式最多的一种，而且很多疑难杂症找不到具体问题的话就可能是癔症。睡眠很多的问题是不是癔症我还不敢讲，因为它不是常见的癔症类型。如果按照癔症的诊断标准来看，分析不出它属于哪一条，可能要放在其他类里面。在精神分裂症里面有一种木僵型精神分裂就很像你刚才描述的情况，但他也有可能是站着一动不动，在夜深人静的时候去吃东西，然后又一动不动。要判断这个个案应该找到它的本源，真正做调查和细致的检查，才能诊断。所以现在我没法说它是不是一种癔症。

问：老师好，上个月乐嘉在光谷体育馆做了一个性格色彩分析的讲座，我想问一下，这个在心理学上面有没有科学依据？

答：我可以这样来回答你这个问题，你刚才说的这个问题从生物学的角度来讲，会讲大脑结构怎么样，神经机制怎么样，A是这样说的，B是那样说的，弗洛伊德是这样说的，然后讲社会学理论好像也是确切的研究，但是讲到心理学理论，我会这样跟你说人本主义是这样说的，认知是这样说的，学习理论是这样说的。而事实上，现在心理治疗理论据说全球有一千五百种之多，我跟你们介绍的是学界比较公认的几种，对于某一种具体的心理理论我不知道如何评价，但是我相信这个性格色彩分析也是心理学解释理论之一，但是这个心理学理论能否有效是看它被接受、被认可的范围有多大。

问：陶老师您好，我想问一个问题，前几天我从一本书上看到，一个女生家庭条件非常优越，自身条件也很好，很优秀，各方面都是特别好的那种，但是她初中的时候因为对自己要求很严格，周围压力很大，所以患上了强迫症。患了八年的强迫症到上大学以后，她实在受不了这种生活环境，于是选择去国外就读。但是从她患了八年的强迫症一直到自杀没有一个人发现，我就觉得这是一种很奇怪的现象，她的强迫症这么严重，她的父母同学老师都没有发现，我想这到底是什么原因呢。一个人有如此大的心理压力和疾病居然在表面上没有表现出来，而且还把自己的很多事情做得特别好，考上大学还出国留学。直到她最后自杀了家人才知道。我想知道如果一个人知道了自身的问题，他该如何去解决，还有就是一个人如何做到这一点的，就是他本身有很大的心理压力，但是他还是可以把自己分内的工作做得很好，而最后也有他自己承受不了的这一天。我想这个问题是很矛盾的。

答：你的问题有三点，第一个就是她有那么大的心理问题为什么没有人发现，这些疾病是一个内心的东西，而且很多的精神病患者都可能有这样的一个问题，内在有痛苦，但是他的外在社会功能很好，甚至比一般的人还好，学习和工作做得比一般人都漂亮。但是他唯一能表现他心理危机严重程度的就是他内在的精神痛苦程度。为什么没有发现？这里就提到了一个很重要的问题。第一，我要先去发现我的身边有没有人有心理问题。第二，如果有那就要勇于去陈述，勇于去告诉别人。因为大家想一下，如果一个人外表上看起来很好，别人有的时候真的是很难发现，他没有给他的爸爸妈妈和这个社会一个机会去帮他。这个一定要他给出这个机会才行，如果他不给的话，周围的人就很难发现他需要帮助或者帮助到他。

自我与人际关系

武汉大学　钟年

我们真正能知道自己和别人吗，这其实挺难，我们天天都跟自己打交道，我们不见得很清楚自己，甚至有一个最简单的问题“我是谁”我们都不见得能说清楚。我们先看一下引言，我会用一两个故事来告诉大家自我将如何起作用，这都是我们很熟悉的日常生活的话题，比如说我们在别人家串门，我们一敲别人的门，别人会问一声“谁呀?”我们会怎么回答？我们会脱口而出地回答“我”，但是这个回答是没有信息量的，因为别人问“谁啊”的时候是要问你叫什么名字。但是我们每一个人都不假思索地回答“我”，因为我们每一个人都是很自我的。我们可以挑一两个故事来看，这里有个关于吴文藻先生的故事，吴文藻是著名的社会学家、人类学家、民族学家，但即便这样还是很多人不知道。我们会这样介绍他，吴文藻先生是冰心的丈夫。冰心比吴文藻的名气大，但他们俩谈恋爱的过程倒不是吴文藻追求冰心，而是冰心追求吴文藻。他们俩有缘，同一条船到美国留学，在这条船上有很多中国留学生，其中有很多都是中国的大学问家。在这条船上呢，我们想想，将近一百多年前出国留学的是男生多还是女生多，当然是男生多对不对。女生是稀有动物，尤其是冰心，她在出国前就是个小有名气的作家，发表过一些诗词散文。所以在船上有很多男生围着她转，说着各种各样殷勤的话，但是这么多男生，冰心发现有一个男生不围着她转。那是谁呢？吴文藻。这有一个心理学的秘密，你越靠近他，他越觉得你不怎么样。你越不想理他，他倒越想理你。所以冰心一看到有人不理她，后来借机认识了吴文藻，认识后发现两人还很谈得来。冰心后来回忆，她跟吴文藻谈恋爱的过程。我们猜猜吴文藻先生跟冰心谈什么？吴文藻先生是个书呆子，跟冰心在一起没讲两句话就谈书。他问冰心到美国干嘛，冰心说我到美国学文学啊，“雪莱的书读过吗?”冰心说没读过，赶紧回去读。所以基本上是这样一个过程，叫冰心备受打击，但冰心反而就爱上他了。而且后来冰心回忆，到美国后两个人并不在一个学校，两个人经常写信。但吴文藻先生的情书，没有情意绵绵的话，基本上都是书单子，你最近好吗？我最近看了几本好书，1、2、3、4这样列下来……这样，吴文藻先生就把冰心吸引住了，后来两人就谈恋爱、结婚，一起回到祖国来到燕京大学，也就是现在北京大学。吴文藻先生做社会学教授，冰心做教员。吴先生很忙，后来做过系主任，有很多很多事情，冰心相对闲一些。一个很忙的人和一个很闲的人在一起会怎么样，那个闲的人就会想问题，各种各样的问题。冰心后来就回忆，她会隔三差五地把吴文藻拦住问问题，“文藻，我想问你个问题。”“那你问吧。”她问“文藻，你还爱我吗？”吴文藻就拼命表白，“我还像当年一样爱你嘛！”表白一通，冰心心里就舒服了。舒服没有两天，又想着整天都不理我，冰心又把吴文藻拉住，“文藻，你还爱我吗？”吴文藻又表白，表白了若干次后吴文藻就发现表白没有作用了，必须做点什么。我们都知道社会学是一门实证的学科，所以当冰心又拦住吴文藻的时候，吴文藻说了一句话“我跟你说了这么多你还不相信，这样吧你不信到我书房去看，在我书房最显眼的地方摆放了什么。”在最显眼的地方放了冰心的照片，这样冰心一看就踏实了，“果然，文藻还是爱我的。”但脑子还会想啊，冰心又想到另外一个问题，“相片是放在桌上，但是他看不看？”吴文藻先生大概是这样一个人，早上吃完早饭进书房看书，直到中午，吃完午饭进书房看书，晚上吃完晚饭又进书房看书，每天都这样一个生活或工作的节律。有天，吴文藻进了书房后，冰心就跟过去了，偷偷监视吴文藻，这一监视不要紧，冰心心都凉了。因为整整一天，吴文藻只在那里看书，没有看照片一眼。所以当天晚上，冰心做出一个重要举动，悄悄溜进书房，把当时一个著名演员阮玲玉的照片放上去，替换了自己的照片。又过两天，冰心先生把吴文藻一拦，“文藻，你还爱我吗？”“爱呀，我不跟你说了嘛，而且我书房最显眼的位置就放着你的照片。”“那好，我们去看一看。”一看，吴文藻大吃一惊，“你怎么长变样了？”冰心说不是我长变样了，那根本就不是我。冰心在晚年写了《回忆文藻二三事》、《回忆老伴吴文藻》都转述了这个故事，大家有兴趣可以去查一下。我讲这个故事的目的是想告诉大家，哪怕智慧如冰心那样的人，最关心的事情也还是自己，所以心理学上有一个基本定理：我们最关心的是那些与我们有关的事情。

现在我们来看几个例子。

这是一个小故事，有两个妇人在聊天，其中一个问道：“你儿子还好吧？”“别提了，真是不幸哦！”这个妇人叹息道，“他实在够可怜，娶个媳妇懒得要命，不烧饭、不扫地、不洗衣服、不带孩子，整天就是睡觉，我儿子还要端早餐到她的床上呢！”“你女儿呢？”“那她可就好命了。”妇人满脸笑容，“她嫁了一个不错的丈夫，不让她做家事，全部都由先生一手包办，煮饭、洗衣、扫地、带孩子，而且每天早上还端早点到床上给她吃呢！”我们说人都是这样的，都是以自我为中心的。讲到儿子的时候认为儿子很不幸因为媳妇不做事，但讲到女儿就认为女儿很幸运，因为女婿把事情都做了。

下面是网上流行的一个帖子。某个城市完成某个重大项目后有笔余款，领导们就在商量用这笔钱来干嘛。有两个项目要做，一个是中小学的教室要修缮，一个是监狱的环境要改善。大家的意见很不一致，在相持不下时，一个老常委说了一句话，“你们想想，你们以后还有机会进中小学吗？”于是后来大家一致表决通过把这些钱用来改善监狱环境。

我想说，这些故事都可以表明我们每个人都会关心与自己相关的事。

另外，我们可以问一个问题，宇宙的中心在哪里？

这是天文学家、物理学家要问的问题，但我们在日常生活中会怎么回答呢？我们来看看古人的回答，宇宙是两个字构成的词，我们古人对宇宙是分开解释的。“宇，上下四方谓之宇；宙，往来古今谓之宙。”所以宇宙就是时空，就是所有时空的叠加。那么我们想想，这个解释有没有什么立足点和前提呢？自己，这是站在自我的角度说的话。因为上下四方是我们的上下四方，不是美国人的上下四方；往来古今也是我们的往来古今，而不是秦始皇的往来古今。所以宇宙的中心也许就在我们身边。这里还有一段话：“宇宙就是我，我就是宇宙，盖我即宇宙也。”我就是宇宙，那么宇宙的中心自然在我这里。这是毛主席语录，是毛主席在《伦理学原理》这本书上的批注。

被誉为“美国心理学之父”的威廉·詹姆斯，也说过“自我是人类心理宇宙的中心”。这也是我们自古以来一直追求的东西，古希腊的先哲就告诉我们要认识自己，但至今我们对自我和自己的认识还是相当有限。心理学有个实验也告诉我们“自我真的是我们的中心”。其实我们每个人在日常生活中也有这样的体验，我们有很多的阈下刺激，什么是阈下刺激呢？比如说，我们拿一块手表放在耳边，肯定可以听得见手表的滴答声，但随着距离慢慢变远，有个点我们刚刚可以听得见滴答声，过了这个点就听不见，这个点就是阈，就是一个门槛。过了阈，我们也许就听不见了。在心理学上，我们认为“阈下刺激”就是我们感知不到的。我们假设有个社交场合，假设我们一堆人在聊天，假如我与前面两个人在很认真地交谈，那么我还能听得见周围的说话声吗？如果我想听清周围人的说话声，那么我就听不见他们俩的话了，那么周围人的话对我而言就是余下刺激，我只听得见周围嗡嗡的声音。但有个例外，就是当有人在说我的名字时，我会马上反应过来。我们都有这样的生活经验，心理学上也做过这样的实验。实验结果表明，我们对自己以及对与自己有关的事都是很敏感的，甚至是余下刺激我们都在监测着它。实验告诉我们，自我确实是我们一个很重要的中心。

所以我们可以总结一下，对每一个人来说自我确实是我们最重要的居于中心地位的一个东西。这是我们的引言。

第二个话题我想说的是：我是谁？

我们知道我是谁吗？我们可能没有问过自己这样的问题，但一问的时候，可能会糊涂。我们知道成龙主演了一部电影——《WHO AM I》，心理学上刚好也有一个测试 WHO AM I。这个测试很简单，每个人都可以做。具体的测试是这样的，像造句一样，我们每个人顺着往下写，写我是什么什么、我是什么什么，写到最后你大致就知道你是什么了。但平常我们真的不想去这样问自己，我们说自我是中心，但中心的东西我们并不一定熟知。中国古人有句话叫“日用而不自知”，意思就是天天用的东西我们并不一定了解，天天离不开的东西我们也不一定了解。比如说现在让我们说什么东西对我们最重要，很多很重要的东西往往被我们忽略，如空气和水。前段时间的“抢盐风波”也说明了这点。也就是说很多东西真的很重要，但在平时我们却容易忽视。自我也是这样，自我在很多时候我们也想不起来。

心理学告诉我们，自我认识真的很难，虽然我们说自我是中心，但不等于我们能很好地认识自我这个中心。

我们可能都有这样的一种经历,我们有没有后悔过?我们有没有后悔过刚刚说过的话、刚刚做过的事。很多时候我们在刚做完一件事后就后悔,会问自己刚刚我怎么会做这样的事啊。这种后悔就表明你自以为自己对自我有很深刻的认识,但其实你并不见得认识自己。

下面介绍心理学的两个研究方向,其中一个我自己也有很深的体会。

比如说,我当年读大学,读了一个学期也不知道我学了些什么。于是我归咎于自己没有好好学习,于是放寒假的时候,我拿了一包书回武汉,决定在寒假好好读读。但其实大家都知道那些书我一本都没有读完。第二个寒假、第三个寒假也是如此。

心理学还有个实验,大家可以回去做。例如,我给大家布置了一个作业,让大家7月1日交,这个作业大概一两个小时就可以做完,但我只要你们在两个月后交。那我让大家预测一下你们自己什么时候可以做完。很多同学会说我估计一个星期吧、两个星期吧。但最后的结果一般是截止日期前一天晚上才去做。这就是我们讲的,每个人对自我的认识、对自我的预期、对自我预期的预期都是有问题的。我们自以为很了解自己,但我们其实真的不是很了解自己。

这是心理学对自我的看法。自我是什么,自我就是我们每个人对自己存在状态的一种觉知,这种觉知包括很多方面,如身体的自我、心理的自我、社会的自我,也许都是我对自我觉知的一部分。还有些人把自我分为现实自我与理想自我,现实自我是我对现在自我的认识,理想自我是我对未来的一个预期。还有很重要的一个东西,就是心理学在研究中发现自我还有一个很重要的东西,那就是延伸的自我。什么叫延伸的自我呢?延伸自我是说我们在自我这个概念中,除了我身体之外,还有些东西其实并非我身体的一部分,但由于和我关系密切而构成我身体的延伸,比如某人买了一辆很喜欢的车,爱车对他而言就是延伸自我。还有,比如某个人的孩子,那个孩子在一定意义上也是延伸自我。延伸自我就是说我之外的东西,但我觉得那些东西和我很有关系,用汉语表达就是我和我的,我们从小就知道那个橡皮是我的,你不可以不经过我的同意去用。我的概念和我的一样是自我的一部分,那么我的概念有没有什么意义。

"我的"有时候可以帮助我们来界定自我,一个人到底是谁,有时候他自己也不知道,但"我的"可以帮助他来界定自我。大家都知道赵匡胤的故事,"黄袍加身",黄袍一加身他就是皇帝。他为什么是皇上呢?可以说是借助一件衣服来实现的,一件衣服也许就可以帮助我们来界定自我。所有物可以延伸自我,人对所有物有感情。比如家长喜欢清孩子书包,书包老是乱七八糟的,经常会有石头等各种东西,于是家长就把东西清掉,问题是清掉之后孩子会失落。失落的原因是你不要简单地把它看做是一块石头,那个石头是他从哪个地方捡来的,摸了几十上百遍,他和那块石头有感情了,你把那个有感情的东西清了,他就感觉自我有所缺失。

我说,自我就是我加上我的。所以你对一个人好,不仅要对他好而且要对"他的"

好，因为他的就是他的一部分，所以我和我的，他和他的都是我们的自我概念。

后面这个是我编的，李自成有天对吴三桂说："你过来我封你做大将军，但陈圆圆要充公，你说可以吗？"起码历史上有种回答告诉我们不可以，一首诗告诉我们，吴三桂"冲冠一怒为红颜"。我们当然不知道这种说法是否能真实地解释历史，但我们说它有道理，因为你不仅要对吴三桂好而且要对吴三桂"他的"好。这就是我们讲的自我的概念。

还有个故事，很早以前，有批内地的企业家到香港去旅游，顺便到香港来取经，找到最会做生意的人——李嘉诚。见了李先生后，企业家们希望李先生教教他们怎么做生意。但出乎大陆企业家意料的是，李先生没有教他们做生意赚钱，而是反问了他们四个问题：当我们梦想更大成功的时候，我们有没有做好更刻苦的思想准备？当我们梦想成为领袖的时候，我们有没有服务于人的谦恭？当我们常常只想改变别人的时候，我们知道什么时候改变自己吗？当我们每天都在批评别人的时候，我们知道该怎样自我反省吗？大家觉得这四个是什么问题啊？都是自我的问题吧，李先生没有告诉他们怎样做生意赚钱，反而告诉他们不要太多关注外面的事情，你把自己想清楚了，也许外面的事情也就清楚了。有人总结李嘉诚先生做生意成功的经验，就是七个字：做人、做事、做生意。李嘉诚说：做生意很简单。你现在想不要我赚钱，反而难。赚钱太简单了。做生意很简单，一辈子做生意还做不好吗？但是做生意有前提，做生意是一件事，你要会做生意，首先要会做事。如果你会做事了，难道生意还做不好吗？但是在会做事之前还要先做一件事，你要先会做人。如果你会做人了，事还做不好吗？他的意思是做生意很简单，做人其实挺难。你把这件事情做好了，也许生意就做好了。这是李先生对大陆企业家的问题的回答。答案对不对？这是李嘉诚发明的吗？不是吧。那是谁发明的？中国古代有个人每天睡觉不直接上床，要坐在床头问自己三个问题。当自己三个问题都回答满意了之后他才能踏实地入睡。这个人就是曾子。所以流传了一段佳话叫"日三省吾身"。那么大家觉得这三个问题现在重不重要？现在依然重要。这三个问题是人生的基本问题，到现在为止还是很重要。我们可以把这三个问题翻译成白话文，第一个问题是什么呢？每个人都要为别人做事，你可能不是为某一个人做事，你在为一个组织做事。或者放大来说，我是为人类做事，是为人类服务的。你为别人做事的时候是否尽心尽力？这是曾子的第一个问题。第二个问题又是什么？我们每个人在日常生活中都有很多人际关系的往来，那么你在交朋友的时候有没有讲最关键的一个东西呢？就是诚信。你是否坦诚、真诚地待人呢？这就是第二个问题。还有第三个问题。每一个人在这个世界上靠什么生存呢？总要有本事吧。那么这些本事你是否又经常在温习、提高呢？我们现在正在学习，是否天天在学习呢？这就是曾子的三个问题。这三个问题到现在为止还是我们人类的基本问题。我们刚才讲了，其实认识自我挺难的，但不是没有办法，起码中国的前辈给我们提供了一个办法。就是"自省"。我们可以通过自省的方法来认识自己，要扪心自问。我们没必要每天问，但一周问一次或一个月问一次总可以吧。问一问曾子的这些问题,也许我们就能更快提高,更好地认识自我。

第三个话题,我想谈一下自我如何起作用。第一个话题讲了以自我为中心,第二个话题讲了认识自我很难,接下来我们看一下自我如何起作用呢?自我怎样影响我们的心理和行为呢?自我可以通过很多方式来起作用,我们挑一些和大家聊一聊。比如说聚光灯下,每个人都以为自己是别人关注的焦点,其实不是这样的,但每个人都这样以为。康坦大学曾经做过一个实验,让康坦大学的学生穿一件新的T恤衫,每件前面都有一些很醒目的图案。然后问学生:你觉得你穿这件新的衣服上学会有多少人注意到你的新衣服?大家都认为起码有70%以上吧。但实际上,也许还不到30%。这就是说,每个人都以为别人会注意自己,但其实别人没有注意自己。我们可以举个例子,比如在今天这样一个公共的场合,我们在前面表演,一不小心出了个丑,哄堂大笑。大家肯定觉得脸上挂不住。一个星期之后,我又到这里来上课,我走到门口要推门进来的时候,我就会很犹豫要不要推门进去。会不会我一推开门大家看到钟老师来了又哄堂大笑。会不会呢?很大的可能是不会。因为一个星期过去了,别人已经把这件事情忘记了。这个星期每个人都发生了很多事,都在忙自己的事,大家都已经把这件事忘了。但为什么你记得这件事呢?因为这和你有关,所以你记得。这就是我们说的聚光灯效应。对于外界事物的看法也会受到自我的影响。我们最熟悉的故事就是半杯水的故事。三个人在看同一本书,第一个人越看越郁闷,越看越压抑,最后满怀心事地走了。第二个人越看越高兴,最后哈哈大笑地走了。第三个人觉得这本书一点都不好看,最后睡着了。并不是书不一样,而是人不一样,用我们今天的话来说,是自我不一样。我们有不同的自我观、自我概念和自我意识,这都会导致最后的结果发生很大的不一样。这样的原理鲁迅先生很早就说了。鲁迅曾经评论过《红楼梦》,鲁迅说:"一部《红楼梦》,经学家看见《易》,道学家看见淫,才子看见缠绵,革命家看见排满,流言家看见宫闱秘事……"不知道毛主席看见了什么,毛主席看见了阶级斗争。毛主席说,每个大学生都要看《红楼梦》,因为《红楼梦》是一部封建社会的百科全书。尤其要看第四回,因为看了第四回你就知道地主如何压迫农民了。他们说的都有道理。不同的自我看到了不同的东西,我们把这些加起来也许是一个更完整的《红楼梦》。我在这里讲一个故事,可能大家都读过好多遍。没关系,我再从自我的角度诠释一遍。有三个砌墙的人,有一个路过的人问他们在干嘛?第一个人没好气地回答说"你看不出来吗?我在砌墙"。第二个人抬起头,双目炯炯有神地说"我在盖一栋大楼"。第三个人不光抬起头,还看着远方说"我在建设一座城市"。10年过去了,第一个人还在砌墙,第二个人成了著名建筑师,第三个人成了那座城市的市长。这个故事告诉我们,如果你对你的现状不满意,那么你首先不要怨天尤人,你首先要想一想自己。我们今天的结果更多的是由我们自己来负责。自我可以决定今天的结果,还可以影响未来。所以我们要记住:有什么样的自我就有什么样的未来。我们的未来是由我们自己打造的,阻碍并不是别人。

第四个话题我们来看一下自我与人际关系,自我与他人。哲学家喜欢说"我思故

我在。”我知道我是因为我在思考。社会学家则喜欢说“对他而自觉为我”。上面那句话是笛卡尔说的，下面那句是梁启超说的。梁启超说这句话是因为他有一个深刻的体会。我问一下大家，我们知道我们是谁吗？我们知道我们是什么民族吗？我们知道我们到底是什么人吗？我们是什么人？中国人。我们是什么民族？中华民族。但是我们有没有想过，我们知道我们是中华民族，我们知道了多久？是不是自古以来就知道了？不是的，我们是很晚才知道我们是中华民族的。在100多年前，西方列强过来了，最后西方列强把我们打败了并要我们赔款，一万两白银。中国自古以来就很有钱，就把钱凑齐赔给了西方列强。结果人家说赔少了，我们不是说一起一万两，而是一家一万两。中国人觉得奇怪，你们不就是一家的吗？长得都一个样，你们不就是鼻子高一点，眼珠子凹进去一点，不都是一样的吗？但别人说，我们不一样。我们不是一家，我叫英吉利，那个叫德意志，还有一个叫法兰西，还有一个叫俄罗斯，还有一个叫美利坚，我们不是一家，每家都要赔这么多。我们才傻了，原来别人不是一家的。而且我们才想到一个问题，别人都有名字，我们的名字是什么？我们到底是谁？我们只知道是大清国的子民，不知道我们是谁。所以我们就找啊找，结果找到一个最有名的人那里，说我们是他的子孙，这个人就是孔子。我们是孔子的子孙。这句话只有姓孔的人才高兴，其他人都不高兴。所以继续往前追，直到炎黄。但炎黄这个人有没有都不知道，姓氏是什么也不知道，说是炎黄的子孙我们都没有意见。所以我们最后才说我们是炎黄子孙，说我们是中华民族，这到现在也就是100多年的事情。也就是说，在100多年前，我们并不知道这样的结果。这就是梁启超说这句话的原因，也是社会学家很喜欢这句话的原因。社会学家一直在说，我们想要认识自我，光靠自我是不行的，还要靠别人帮助我们认识自我。正因为有别人在，我们才可以更好地认识自我。比如说角色，我们在社会上都有很多角色，都在扮演很多角色。社会学告诉我们，当我们有意识地扮演某个角色的时候，其实是我们自我意识比较强的时候。在这个地方，我能更好地意识到我是谁。我在回答这个问题的时候也往往回答“我是老师”。我站在这里能让我更好地意识到这一点。心理学上做了很多研究，发现在角色状态时候的自我意识是比较强的。举个例子说，警察什么时候最会去助人为乐？会去除暴安良？一定是他穿警服的时候。因为这个时候他的角色意识是很强的。他的角色意识让他知道他是警察，那么他就会去做警察该做的事情。现在我们很多警察上街都不穿警服，角色意识就没有那么强。我们的角色意识比较强的时候往往是我们人数比较少的时候。正如在座的同学，你们在华科的时候不会想你们是华科的学生。但是当你走出华科的时候，你就会那样想。当你遇到的群体中自己这种类型的人越少的时候，你就越能意识到自己，如果出国了，你会意识到，你是中国人，但是现在在校园里你不会反复念叨着“我是中国人”，因为大家都知道自己是中国人，所以环境能够让人更好地认识自己所在的群体、自己的归属。

从社会比较上来说，每一个人都会和别人比，这是先天性的，假设现在有一位同学站起来回答问题，每个人都会在心里和他进行比较，想着是他的水平高还是我的水平高，所以我们随时和别人在比较着。我们说过成功与失败的一些事例，一些事件能够更好地帮助我们认识自己，“我是一个成功者？失败者？还是一个没有价值的人？”另外就是他人的评价，社会学家库利创造了一个概念，叫“镜中我”，意思便是别人对于我而言就像一面镜子一样，我们需要镜子才能看到我们自己，我们对于自己的认识，往往是通过他人的评价，所以别人对于我而言就像一面镜子，别人的评价具有其重要性。我们讲的这些人际关系、他人，都是自我通过他人来认识、实现自我，所以我们说人际关系放在自我心理学上来看很简单，人际关系貌似是我和他的关系，但其实归根结底是自我和自我的关系，每个人都是一个自我，我们能够把别人也当成一个自我来看的话，当做中心来看的话，我们的人际关系就很好处理了。

卡耐基大家应该都知道，他写了《人性的弱点》、《人性的优点》，在《人性的弱点》中，他专门谈到了人际关系的建议、人际的沟通，那就是卡耐基人际关系的六条金律：真诚地关心他人、微笑待人、牢记他人的名字（之前的心理学试验表明，我们对于自己的名字都很敏感）、学会倾听他人讲话、迎合他人的兴趣，以及让他人感觉到他自己的重要。我们在谈自我和他人，但是这里面所有的自我和他人都是可以互换的，所以要处理好人际关系，就是要把别人眼中的那个他人当成是像你的自我一样来看待，你既要把自己当成中心，也要把别人当成中心，做到如此，那么你处理人际关系时会好些，这便是卡耐基告诉我们的一些基本原则。

前面我们讲过，自我认识很难，有时候做起来很难，有时候知道做起来也很难，这便是知易行难。真正困难的是我们真的能够站在他人的立场上去看问题吗？很多时候我们难以做到，我们需要的还是修炼、需要反省、需要运用很多基本的原则，包括前人给我们留下来的很多智慧，如将心比心、推己及人，如果我们真的按照这些原则去做，也许我们的人际关系会更好一些。

心理学研究人际关系的时候，有一个特殊的东西叫做“人际吸引”，换一个词来说是亲密关系。在人际关系中，有两个关系，一个是疏远，另一个是亲密。人际吸引讲的是亲密的关系，我们每个人都想和他人建立亲密的关系，比如说情侣、朋友、同志。心理学告诉我们很多定理，能够让我们建立这个亲密的关系，很多都是人们所熟知的，比如说一个人长得漂亮对于建立人际关系有好处，人很多时候都会以貌取人；一个人有能力对于建立人际关系也有好处，我们很多时候会以能力看人；一个人很有人格魅力对于建立人际关系也很重要。这些基本定理对于一个人建立人际关系起到了很重要的作用，在这些定理中有最重要的一条，我们可以表述它为一个问题“我们喜欢谁?”，人际关系便是相互喜欢，我们能不能够相互喜欢？或者换句话说便是“谁更招人爱”。所以我们有这样的问题，别人喜欢什么样的人？我们喜欢谁？我们喜欢那些喜欢我们的人！这便是答案。仔细想想，我们会喜欢谁？我们真正会喜欢的是那些喜欢我们的人。打一个最简单的比方，我现在在做讲座，讲着讲着发现大家都在摇头，但是没办法我要讲下去，但是如果是前面人在摇头，发现最后一排有人在点头，讲座过后我会三步并两步跑到后排，一拍肩，因为所有人里面就只有我们两个是英雄，

其他人都是庸人，英雄所见略同，所以我们喜欢谁？我们喜欢那些喜欢我们的人。那么这样一个原则告诉我们什么？告诉我们在人际关系中，我们到底应该怎么做？我们喜欢那些喜欢我们的人，那么别人呢？同一个道理，喜欢那些喜欢他们的人。那么如果我们生活中真的喜欢一个人，那么我们在生活中一定要有所表达，表达对于别人的喜欢、对别人的欣赏、对别人的关注，因为只有这样才能换来别人对于我们的关注、喜欢、欣赏。这便是我们在人际关系中最重要的一个原则。

心理学中也有一个我们日常生活中比较关心的问题，“我们能够改变别人吗？”答案很难说，因为我们很难去改变别人，一个人要去改变别人真的很难，但是我们可以改变自己。因为我们可以掌控自己的言行，但是当我们改变自己之后，我们可能会欣喜地发现别人也随之改变了。人与人之间是相互作用的，套用社会学上的一个词那就是“互动”，人与人之间是互动的，所以我的行为可以影响别人，别人的行为同样可以影响我，我们在相互作用。

第五个话题，我要讲的是一句口头禅“不可能”。相信在座的各位都说过不可能这个词，但是我们对于不可能并没有一个清晰的认识，我们以为我们在做一个客观的描述，描述客观的现实，但是事实并非如此，因为你在说不可能的时候就是你在说儿语。我们可以从心理学对于自我力量的研究来认识“不可能”这个口头禅，自我的力量有多大？心理学有一个词叫做“效能感”，就是我们每一个人的力量，心理学还有一个反向的词汇叫做“习得性无助”，说的是我们感受到的这种无助感往往是我们从社会学习而来的一种态度。心理学家曾经做过这样的一个实验，将一个弹跳力很好的动物放在一个宽口的玻璃杯里面，这个动物可以跳出来，但是将一个厚玻璃板放在玻璃杯上，这个小动物跳的时候会撞得头破血流，昏死过去，然后它醒过之后还会继续跳，然后继续昏死过去，如此反复下去，它也会意识到，虽然上面看起来没有什么阻碍，但是它不能跳过去，然后它便开始调整自己跳跃的高度，慢慢开始降到和玻璃杯同样的高度，当它跳到这个高度的时候它会发现这样可以满足自己跳跃的需求也不会碰到自己的脑袋。当心理学家开始移开玻璃板的时候，结果是这只小动物跳不出来了，因为它的心理有一种力量在阻碍它了，这个就是“习得性无助”，我们习得的这一种态度，让我们有了一种无助感，让我们很多事情做不成，其实我们很多事情都是可以完成的。

从心理学上讲，其实人是有心理力量的，而且这种力量很大。从正面来讲，这个心理学效应的力量是罗伯森·塔尔效应。有一个叫做罗伯森·塔尔的心理学家，他来到一个小学，说要测某个班上同学的智力，最后拿出一份名单给班主任，说经过反复的测试，你们班上同学可以分为两组，左边一组为班上最有希望的同学，右边一组是你们班上最没有希望的同学，班主任很纳闷，这个成绩的分布不一样，但是罗伯森·塔尔告诉他，班主任的判断依据是经验，而自己的判断依据是科学。在美国的班主任都是学过心理学的，于是那个班主任相信了罗伯森的说法。一个学期过去，罗伯森回到这个学校，那个班主任对罗伯森说：教授，太神奇了，你分组的情况就是现在我们班上的成绩分布情况,你分组中有希望的同学正好是现在班上表现好的同学!但是罗伯森·塔尔告诉班主任,那个名单是瞎编的,随机分组。后续的研究告诉我们,起作用的是自我,罗伯森·塔尔改变了班主任的自我,所以班主任相信那些同学有希望,另外一组没希望,于是班主任的看法、眼神变化,对待两组人的态度也变得不一样了,长此以往,班上的同学也会感觉到班主任的看法,两组同学便表现出不同的态度,一组看到了班主任的期待,于是好好学习,另外一组感觉到班主任对自己的漠不关心,也便没兴趣学习。于是班主任的改变影响到了同学自我的改变,导致了那样的结果。这个效应属于"自我实现预言",说的是我们人在很多时候把预言变为真实,当我们这样想,就会如此行动,这样下去这个目标便实现了。

以前的武汉高校都有一个标签,如华科的标签是"学在华工",武大的标签是"玩在武大",这个标签有可能实现吗?自然是有可能的,假设一个武大的学生和一个华科的学生谈恋爱,见面的时候都会想对方是怎么样的人?武大的学生会这样想,华科的同学一定很严谨,爱学习,我应该穿得正式一点,当武大的学生穿得很正式来见华科的这个同学时,华科的学生想,哇,这老兄是怎么想的,怎么穿得这么正式?武大的学生一定很喜欢中规中矩的人,要不怎么穿得这么整齐,那我怎么办,我就要表现我很规矩的一面嘛。一看他拿了一本书,哇,武大的学生都这么爱学习了,那我更要爱学习,来,我们一起谈学问。好,谈完学问武大的学生回宿舍了,旁边的同学赶紧问,哎,华科的学生怎么样?哎呀,就是学在华科啊,我们没有谈恋爱,我们在谈学问啊!但我想跟你说,华科的学生跟你谈学问是因为什么?很有可能是因为你这样做了,他才这样回应。而别人这样的回应让你认为别人就是这样的人,这种东西我们称之为自我实现预言。自己把一件事情变成真的。你们也不要太以为武大的学生都在玩,你们如果这样认为,这种标签很有可能影响你们跟武大同学的交往。我们的标签会影响我们跟别人的交往。我这里有一些电影,都是心理系推荐给同学们看的电影,在座的是心理协会这样一些组织的成员,我想这些电影你们也看过一些。我告诉大家这些电影都在讲什么,它讲了很多东西,我们可以做各种解读,对不对?我们刚才讲了,站在不同的角度就会有不同的解读,那我们今天的解读是这些东西都在讲自我心理学。你看《肖申克的救赎》在讲什么,在讲那个主角如何坚持自我,当他坚持自我的时候就会怎么样?就会实现他前面自我的预言。他坚持认为有希望,结果就真的有希望。当一个人认为没有希望的时候,就真的没有希望了。《幸福终点站》大家看过没有,汤姆·汉克斯主演的,在纽约肯尼迪机场,因为国家政变而滞留在那里,汤姆·汉克斯主演的这个片子其实跟肖申克一样,也是一个有信念的人,有希望的人,他坚持认为自己可以走出这个机场,虽然碰到了很多意外,但他坚持认为自己能够走出机场,最后的结果是什么呢?他确实走出了机场。还有一个中国人拍的片子,被称为红色偶像剧,《恰同学少年》,大家有没有看过?在这片子里面反映了毛泽东和他的同学们在青年时期发生的故事。我只想告诉大家,我看完之后还对照了一本书,这个片子反映了三个主角,一个叫毛泽东,一个叫蔡和森,一个叫萧子升,三人成绩都很优秀。

这三个人中我们不太熟悉萧子升，因为他后来走上了另外一条路，他是一个自由主义者，反共产党，所以在我们的历史记忆里基本上没有他了，我们只记得毛泽东和蔡和森，后来萧子升在很多大学里做教授，他写了一本回忆录，这本回忆录现在在网上可以查到，名字叫做《和毛泽东一起乞讨》。他晚年的立场是反毛泽东的，所以在那本书里有很多骂毛泽东的地方。但即便如此，你去拿那本书对照电视剧里面的情节，就会发现，里面的情节基本上都是真实的。那我就想说一说电视剧里面毛泽东和他的几个朋友，我们看一看毛泽东和他这几个朋友，哪个更聪明，哪个智商更高？我只知道蔡和森、萧子升是门门功课都很好的人，毛泽东是有些功课很好有些功课不好的人。毛泽东哪些功课不好呢？数学不好，外语不好，最奇怪的是图画课也不好。我们图画课谁不及格？图画课一般老师都会放大家一马，但是毛泽东后来跟斯诺说过，我连图画课都不及格，因为他脑子没用在那地方。后来有一次图画课考试发一张白纸，毛泽东都不知道该画什么，后来一看时间快到了，就画了一条直线，又画了一个半圆，交上去了，画得倒像“东方红太阳升”。后来老师看了这张卷子哭笑不得，说我这是图画课又不是几何课，即便你真要画“东方红太阳升”，你也应该把那条直线改成波浪线。于是老师就想给他不及格，但后来没给，因为毛泽东也很聪明，他知道自己画得不好，就在卷面上提了一首诗，李白的诗，半壁见海日，空中闻天鸡。所以老师就看在这个诗的份上，觉得这孩子还有点诗情，也算有点画意，就给他个平均分吧。这就是毛泽东，很多功课学得不好。我也有这样的经验，我当年还算学习成绩好的，也有那么一两科觉得学得不好。我是觉得如果一个同学门门功课都好，一定很聪明，他的两个同学门门功课都好，一定很聪明。所以我们可以想象那两个人一定比毛泽东更聪明，但我们知道毛泽东其实也是一个很成功的人，看毛泽东一生的经历，他很成功，那么毛泽东靠的是什么呢？电视剧里面给了我们一些回答，或者说今天讲的东西给了我们一些回答，靠的是不说不可能，毛泽东最不喜欢说的就是不可能，他认为什么事情都可以去试，你不要先讲不可能。在电视剧里面反映的几件事，都是真事，毛泽东当年想办工人夜校，但就是办不起来，连他的同学蔡和森也都觉得办不起来，但毛泽东坚持要办，最后办成了没有？办成了。还有很多很多类似的事情，坚持就都成了，包括《肖申克的救赎》，那个主角就是坚持，没有什么办不成的。在这个《恰同学少年》里最后几集有一个故事不知道大家有没有印象，长沙城被几千溃军包围了，大家认为该逃走，因为当时长沙城没有武装，认为没有武装只有逃，所有人都认为该逃，只有毛泽东认为不该逃。大家问毛泽东不逃干什么？毛泽东回答缴他们的枪，大家觉得毛泽东是不是发疯啊？连毛泽东的老师都认为应该逃，因为他们手中没有枪。敌人是几千人，几千条枪，你怎么跟敌人对抗，怎么缴他们的枪？但毛泽东坚持，我们能缴他们的枪，应该说毛泽东是很懂心理学的。他分析说，这一伙人，是什么人？溃兵。溃兵最想干嘛？最想回家，就想抢点钱早点回家，他不想打仗。所以我们能缴他们的枪。最后毛泽东就带领一帮学生，手里拿着木头棍子，把那几千个人的枪给缴了。这不是电影的虚构，这是真人真事。“文革”期间，斯诺来到中国，在天安门城楼上，和毛泽东有过很多的谈话，斯诺就问毛泽东，主席啊，你是全世界公认的军事家，打过很多仗，什么三大战役啊，渡江战役啊，四渡赤水啊，那么，哪场仗是你打得最得意的？毛泽东说，那些仗都是我很得意的，但不是最得意的。因为打那些仗的时候，敌人手里有枪，我手里也有枪，不算本事，我最得意的一场仗是我在当学生的时候，手里没有一条枪，却缴了几千条枪。这就是我们想说的，什么东西是不可能？我们总结一句话，其实不可能不是客观事实，只是我们的主观观念，但我们经常搞混了，认为那就是客观事实，其实只是我们很主观的经验。我上课的时候经常问武大的同学，今天也可以问大家，我问今天在座的各位当中，将来有希望做国家主席吗？你们觉得有希望吗？我的同学就笑，老师，这怎么可能，国家主席离我们太远了吧。我说真的这么远吗. 我说那你有没有可能做你们班的班长，大家说这有可能，我稍微表现好一点就可能做我们的班长。我说你班长当好了有没有可能当院系的学生会主席，这个也有可能，如果想当，也有可能。我说那你有没有可能做武汉大学的学生会主席，他说这个也有可能，因为我们院就有人在做主席或者副主席的，那我再问，如果你做到武大或者华科的学生会主席，你离国家主席还远吗？大家便笑，那觉得远还是不远？其实不远了。我跟武大同学说，前年团中央书记处改选，七个书记里面武大进了两个，所以武汉大学特别高兴。我想说的是，其实你做到了著名大学的学生会主席，离团中央就不太远了吧？离团中央不太远了，离党中央还很远吗？我的意思是，很多时候不是没有可能，是我们不敢想，甚至说个实话，有很多时候自己都没想到。其实像国家主席、总理这样一些国家领导人，很多就是著名大学的学生领导人，所以我想说，很多的不可能，大家一定要认识清楚，其实就是我们的一些主观观念。著名哲学家罗素讲过一句话，他说人类有三个敌人，自然、他人和自己。那么在这三个敌人当中哪个更强更可怕呢？他说自己。所以我们也可以总结一句话，自己是我们最先遇到的敌人。我们要做的是什么？就是要认识自我，战胜自我，超越自我。

下面谈最后一个话题，我们应该怎样做？我们可以积极地寻求自我。我们讲了半天自我，其实就是想让大家变得更加积极。讲到积极自我，我可以给大家讲另外一个现象，自我有一种表现，心理学家把这种表现称之为自利归因，也就是说我们在解释很多事情的时候，往往会选择那些对自己有利的解释。那么我们可以看一些自利归因，考试，我们大家都考过无数次了，假设我们考得不好，我们最容易怎么说？大家回答最多的是，题目出偏了，当然还有很多其他原因，什么老师复习不到位啊，最近一段时间我特忙啊，我们家里有人生病啊，有很多很多理由，总之考得不好都不是因为我。那么考好了呢？考好了这些理由就都忘记了，你不会说考好了是因为昨天晚上楼上的人没有打麻将，你更多地会说自己，你说考好了是因为我聪明啊，我努力啊，起码也是我运气好，典型的自利归因。心理学家调查，两辆汽车撞了，你去问甲，怎么回事，他会说，我好好开车，那个家伙不知道从哪冒出来了，你去问乙，乙的回答也是一样的。心理学家研究夫妻吵架，夫妻怎么吵，往往是自我表扬，说我如何如何对家里有贡献，你如何如何对家里什么都不做，所以一些事情很有意思，有些心理学家调查

妻子，很多妻子都说家务百分之百都是我做的，但你问丈夫，丈夫也说起码有百分之五十是我做的吧，结果加起来百分之一百五了，你家里怎么那么多事啊？都是每一个人都说我自己做得多，其实你做的未必那么多。政治家也是这样，当一件事情成功的时候，他会说我的政策得当啊，我有能力啊，当竞选失败的时候，他就说了，经费不足啊，准备时间短啊，对方舞弊啊。公司的CEO也是一样，公司经营得好，一定是自己经营得当，领导有方，经营不好的时候，会说目前经济危机啊，大形势不好。这些都是心理学家研究的，我想跟大家说一个我们的事情，刚才介绍我的时候，大家听见了吗，我们心理学系在哪个学院，哲学学院。武大的哲学学院在全国的地位怎么样？还可以吧，曾经输出了“半个”人才到华科来，邓晓芒。可是，我们学校哲学系确实有很多出名的老师，我们哲学系在全国的地位还是相当高的，武汉大学哲学专业在全国稳居前三。到了年底，我们的领导讲完一年的工作后，往往都会提到专业排名。那我们往往会说我们的专业在全国稳居前三，因为从教育部门的各个指标来看，我们是这样的。但是大家知道吗？在广东有一家专业排名，叫武书连中国大学排行榜。这个系统每年会出一本专业排名的书，这本书很多要参加高考学生的家长都会去买。不知道为什么，武书连总是喜欢跟武大作对，每次都把武大排在后面，所以武大现在自己搞了一个排名。包括哲学专业，武书连把武大排在五名或五名以外。所以年终的时候领导就会讲，今年啊，我们在官方的排名系统里面稳居前三，顺带提一句，武书连今年把我们排第六，不过大家不要在意，这是个民间机构嘛。不过很有意思的是，六年前，武书连不知道哪根筋动了，把武大哲学系排到了全国第一，我们哲学系的老师啊、领导啊高兴坏了，把在《光明日报》上张贴消息的那一面复印了N份，在学校到处张贴，还送给校领导看。于是到那年年底，领导会说：除了官方系统仍旧把我们排在第三，今年武书连把我们排在了第一，虽说武书连是个民间机构，但是人家毕竟排了十几年还是很有经验的。我们虽不能每年超过北大，偶尔一年超过还是可以的嘛。故事还没有完，第二年，武书连又把武大哲学系排到了第六，所以在年终大会的时候，领导又讲了，顺便提一句，今年武书连又把我们排到了第六，我早就说嘛，这是家民间机构。我说这个故事，不是说我们领导怎么样，而是说再有智慧的人也会跟常人一样，自利归因，自利归因的好处是什么呢？心理学家发现，自利归因就算是犯错也是有积极性的错觉。假设我们的真实自我是100。把自己看成100好，还是120好，还是80好？我们认为是120好，我们说不要看成80，要是80那就是贬低自我，我们不需要这样，我们其实需要在一定程度上提升自我。比如说考试，我们考不好，如果我们不归因于题目出偏了，我说自己蠢啊，笨啊，不是学习的材料，当你这样认为的时候你就会不好好学习，就会考得更不好，于是你就更有证据证明自己蠢和笨。这样就实现了一个坏的自我实现，但是我们的初衷是要实现一个好的自我实现的。

这还有一个约会的故事，假设武大一个男生和华师一个女生约会，武大的男生先去了，等着嘛，七点钟了，到处看，女生还没来，这个男生就在归因嘛，八点钟还没来。现在我想问大家，这个女生为什么没来？去图书馆了？堵车了？在化妆？其实有很多好的原因和坏的原因,化妆说明这个女生很在乎这个男生,对吧?武大的男生就会想是不是不想跟他谈了?是不是跟别的男生约会去了?还有很好的理由,比如她在偷偷地观察那个男生,再比如学雷锋,做好事。那到底是什么原因我们也不知道,但是我们应该选择积极的理由。如果你选择消极的理由,对你自己不好,对那个女生也不好,是不是?你拼命地指责那个女生,那个女生最后一烦,说,对,我就是跟别人约会去了。这叫自我实现预言,你自己把最坏的结果预言到了。我们说应该寻找积极的自我。积极的自我可以影响行为,让我们有一个良好的感觉,更加自尊、自信、自强。比如曹操,他可以打得一个兵都不剩,他还在那哈哈大笑。他还每笑一次都出来一个伏兵,但是出来以后他还笑。这就是三国里为什么曹操最强。还有一个例子,曾国藩向朝廷写奏折:屡战屡败,但是反过来呢,屡败屡战,我们可能就获得更积极的结果。我们前面提到,习得性无助,我们应该去争取自尊、自信、自强的积极态度。我们说习得性无助最典型的一个例子就是"不说白不说,说了也白说"。所以你有了这种观念就会产生这种行为。我们应该把这句话倒过来说:虽然说了也白说,但是毕竟说了比不说好。比如领导在那开个茶话会,你怎么不去啊?有吃有喝还可以骂领导。那你怎么不去呢?你去了可以改变点什么。我们说领导最会解决谁的问题啊?是不是那个提问题的人啊?我们说会哭的孩子有奶喝。你老提意见,把这个问题解决了吧。《肖申克的救赎》里就是的吧,不停地跟那个人写信,最后把别人写烦了吧?别人最后就解决了。所以你看,我们提出来就会有改变的。比如校领导要你们去提意见,你们都不去,那领导就会觉得学校已经治理得很好了。所以我们不要忽视自我的力量。只要我们去做了就一定会有改变。每个自我都有价值。我们说我们要改变观念,还有采取行动。心动不如行动。挑选最简单的方法,就是从小事改变起。很小的改变可以积累大的变化。另外,强迫自己坐前排,你会有所收获。最后我们可以总结一句话,把握自我,寻求积极,是因为积极是一种力量,这种力量可以改变我们的生活。

因为人是一种解释动物,但在很多解释中,我们可以寻求一个积极的解释。最后简单回顾一下,今天讲了这样一些东西:自我的中心性。我们说对于每一个人来说,最重要的和居于中心地位的就是自我。我们还讲了,如何认识自我,我是谁,还讲了自我对我们的影响。有什么样的自我就有什么样的未来。也讲了自我的作用。改变别人很难,但是我们可以改变自己。改变自己之后,我们很可能引起别人的变化。还讲了"不可能",像不可能这样的我们可以反思。自我,其实有可能是我们的对手,甚至是我们的障碍,需要去战胜和超越。最后还讲了积极的力量。我们要寻求积极,让自己变得更加快乐,更加幸福。最后,送给大家一句话,那就是"让我们做得更好"。谢谢。

提问环节

问:物以类聚,人以群分,所谓"道不同,不相为谋"。如果两个人道不同,但他两人要在一起谋。究竟要如何才能在一起。

答：你已经假设他们道不同了，两个人在一起，真的很难受。我们会说，物以类聚也是我们的一个基本原则。这个基本原则还是我刚才讲的，对大多数人会有效，但不会针对某个具体的人一定有效。很多基本原则，我们在日常生活中，会喜欢那些跟我们近似的人，跟自己越有相似点，更可能帮助他，喜欢他。举一个简单的例子，我们在国外更有可能帮助谁？更有可能帮助中国人，因为会觉得中国人跟自己是一类。到外校去更可能帮助谁？如果我在外校碰见一个华科的同学，我就可能会喜欢他，接近她，帮助他。这是我们讲的一个基本原则。如果两个真的道不同，我个人感觉真的很难了。因为心理学告诉我们，如果不管是两个个人还是两个群体，团结在一起，确实需要共同的目标。如果这两个人没有共同的目标，他们两个真的比较难走在一起。你说如果这两个人真的道不同，怎么办。会寻求其他的相同点。因为我们有很多层面，我们在不同层面有不同层面的相同点。也许在这个层面上我们没有相同点，但是我们真的要"谋"在一起的话，我们会寻求有没有其他层面的相同点。包括我们现在跟美国，在某一个层面，我们就道不同了，但是我们毕竟生活在同一个地球，我们也许要来往，而且要密切来往，那就要在其他的层面找有没有共同点。还是有可能为谋的。

问：我想请问一下，任何一件事情都有两个面，有些人总是会更多地看到坏的一面，有没有什么具体可行的方法让这种现象转变。

答：我刚才其实举了一点点例子，就在讲我们要从小的事情做起，改变一个人，会从很小的方面做。具体该怎么做呢，那也许要问心理咨询师，他会根据每一个人的具体情况来分析，因为每一个人的具体情况是不一样的。我们只有些基本的大的原则。现代心理学的一个分支，叫积极心理学，那里面会告诉我们一些原则，但很难找到一个对所有人都起作用的原则，也许某个人能在里面找到适合自己的方法，所以我们看到心理学给出方法的时候，往往会给若干种方法。其实每个人的体会都是不一样的，每个人要去从心理学家讲的话里寻找适合自己的。所有问题的解决之道，都有一个与自己契合性比较高的解决方法。很难讲有一个方法帮具体的一个人，但可以到别人的智慧里寻找那些更适合自己的解决问题方法。心理学告诉我们，好多东西都是可以改变的，包括我们的态度、人格。有这样一个信心之后，就很有可能实现。

问：要积极自我暗示，那么什么是自负，自负与积极暗示的差别在哪。那么，自负在什么情况下是积极的？

答：这个问题我回答不了，因为我不知道自负的标准是什么。我只知道，人生中有很多东西难做，我一直都觉得人生中最大的智慧就是"度"，人生的度在哪里，是我们每一个人要去探寻的。也许我们一辈子都在找那个度，也许一辈子都找不清楚那个度。也许到死时才明白我的度在什么地方。所以你说刚才那个度在哪里，我真的不知道。我也找不到那样一个度。如果想了解，可以去找人格心理学家测试，在自尊等某些方面达到一个什么水平。

问:当面对世界的不确定性,面对某个现象,寻求积极的解释的时候,当自己反复希望,却又反复失望之后,还会不会继续抱着希望。

答:那要看是对什么事情失望,是对事失望还是对人失望。如果老是反复,那就要考虑度的问题了,考虑事情不合适或者人不合适了。度在哪里?其实可以借鉴中国古人讲的话,事不过三。好多事情我们不要超过三次,三次也许是我们检测好多事情包括人的标准。我们不是说三次就一定把这个人定性了,而是说没有那么多时间给你更多的三次,也许三次就是一个结果。比如说有些时候,我们要勇于斩断某些东西。心理学研究告诉我们说如果不斩断,很可能会带来更多的烦恼。这就是"等门槛"效应。也许你有更多东西接着来了。古人这样一个智慧也许可以帮助我们,在某些事情发展到某一阶段的时候把它中止掉,寻求其他的事情去做,或者寻求其他更适合我的人去交往。

问:每次翻阅手机电话薄的时候,感觉会看到陌生的名字,而他们大都是曾经比较好的同学或者同事,长时间没有联系。请问有没有什么好的建议,不至于疏远了老朋友。

答:你是说你已经把他们忘记了吗?这些人你还记得名字,但由于很久没有来往了。如果你已经意识到了这样一个问题,那你也许该主动跟他们联系了。既然你在惦记着他们,想着这个事儿,那就联系。心理学上说我们对于很多事都可以做一个假想。如果不这样会怎么样?如果我有个机会会怎么样?如果怎么样我又会怎么样?这是反线式思维,其实你刚才就有一个反线式思维。就是说你完全不跟他们来往会怎么样?完全把他们抛弃会怎么样?或者其实你们还是愿意和他们来往,觉得这样一批人是我以前感情的基础,我的一些根基性感情也许就会跟他们有关系,那既然是这样或者他们是一些珍贵的记忆,那么我们不妨主动地和他们联系。我们想到某些事也许我们就该做,我们很多时候有好多事没有做。心理学有这样的一个游戏,假设你有个突然来临的假期,你会干什么?突然间你五六天时间没事干,那你也许会想到有这么一个时间大家都没事,我就把我的一些老同学找来我们见一见面。既然这样想你不妨现在就去做,那我建议你可以和他们联系。因为对我们而言,我们真正的人际交往圈,我们的社会系统往往就是这一批我们经常联系的人,包括我们以前的同学。

问:钟教授你好,有个问题想请教一下。我遇到这样一种人,他们会无意中伤害到你,甚至伤害到你的自尊,这种情况我心里很不舒服。因此我常常告诉自己要有一颗包容的心,大海的胸怀。即使这样,我还是觉得和同学交往中很痛苦。谢谢老师让我们了解自我,了解人际关系,了解心理学。

答:我觉得其实你在一定程度上是在回答自己的问题,因为你有点纠结,但是你也回答了。比如说你说到了宽厚的胸怀,这是一种自我肯定,一种自我确认,起码我和这些人交往本身就表明自我有一种宽厚的胸怀,对不对?这件事情对自我肯定自我价值是有帮助的。另外,你又用了一些词,你说他们是无意伤害到了你,不过既然

是无意，那我们也可以用宽厚的包容的心态，而我的建议是，你不必去放弃这样的人际关系，我说的放弃是指和某些人打交道超过三次，实在是相处不来了，也许我们可以敬而远之，而不必和他们斩断关系。那像这样很在意的一些关系我们就要维护，维护的方式就是沟通。我们可以怎么样和他们沟通，采取一些更好的方式沟通。我想说的是，中国人的沟通和美国人的沟通是有一定的差别的，这个差别是中国人沟通还是有很多善意的，那我们可以进一步释放善意，我们可以很好地去沟通。中国人特别会讲善这个东西，这是我越讲越觉得很感动的一件事情。《三字经》的第一句话就讲：人之初，性本善。那并不是说古人一定认为人的本性是善的，而只是说人身上有向善的东西可以把他启发出来，这就是积极心理学的基本含义。就是说你身上有很多善的东西，包括别人身上有很多善的东西，当你和别人坦诚交流的时候，我相信你可以启发他们身上善的东西。所以我的建议是，你还是可以跟他做一个坦诚的交流。

压力与情绪管理

武汉大学　严喻

从高中到大学我们要面临大学学习环境的适应和调整，它是我们职业生涯的一部分，从大学到新的职业岗位对于新员工如何适应和调整也是职业生涯的一部分。去年闹得沸沸扬扬的富士康"十三连跳"的事件，其实就是关于一个刚进入企业的中职生、高职生、大学生如何尽快地进行适应和调整。适应是被动的，调整是主动的，我们通过两方面使大家更好地适应家庭和企业生活，这是我们目前研究的几个领域，今天我把这两个领域列到我们共同分享的一个主题——压力和情绪的管理。

美国管理协会前会长说过这样一句话："21 世纪的管理将更加心理学化。"这句话怎么理解呢？我们真正做好管理必须深入理解人性。因为管理的是人，管理者也是人。一个有效的管理、一个有效的领导应该把核心放在人上，21 世纪的管理注定是以人为本。管理越来越关系到人性的问题，也就涉及管理越来越关系到心理学的问题。关于人性的认识有三个阶段，英国的经济学家亚当·斯密是最早把人当做理性人来看待的。他在著作《国富论》中写到"给我想要的东西，你也会得到你想要的东西"，这就涉及心理学的黄金法则。中国古人也阐释了"己所不欲，勿施于人"。同样，亚当·斯密在《国富论》中说出了另外一半的话，"就是我们想要什么我们就给别人什么"。假定人是理性的，当我们给别人想要的东西时，别人就会给我们想要的东西。亚当·斯密从劳动交换的经济理论出发，把人的需求看做是最大限度地满足人的一己私利。在这个过程中，他们又意识到，私利和公益是由一只看不见的手引导，一步一步地趋向和谐和均衡，此乃自然和谐的本质。他提出了人是理性的观点，所以人在交换过程中遵循了一个公平交换原则。我们追求的是一种最优的方案。

有个美国的管理心理学家后来获得了诺贝尔经济学奖——赫伯特·西蒙，扩展了亚当·斯密关于人是理性的观点，他提出人不一定都是理性的，人是有限理性的。比如奖学金评选是根据各个方面的指标权重来选取的。但是在生活中能做理性决策的事都是非常简单的事情，稍微复杂点的事情根本没有办法进行理性抉择。比如找女朋友，你不可能理性地最优决策，你选到她，她可能不会选你。比如说我们买汽车，首先确定几个指标，如外观、性能、价格，我们在买车的时候是不是把所有的汽车都看过了然后再买得分最高的？不是这样的，你买汽车的时候也就是看几个 4S 店，感觉还可以就买了。

我们找男女朋友也是这样，找配偶常用的一句话就是“还可以”，“还可以”遵循的是什么原则呢？就是有限理性的原则。我们在做选择的时候根本无法得到最优解，只能找到一个满意解。赫伯特·西蒙用实验的方法证明了人的有限理性，并因此获得了诺贝尔经济学奖，这是第二个。第三个，我们在人性的认识中是不断扩展的。心理学家丹尼尔·卡尼曼通过研究拓展了赫伯特·西蒙的观点。他说人是非理性的，丹尼尔·卡尼曼教授通过实证研究证明了人的非理性，这个理论在社会中广泛应用，后来他因此获得了诺贝尔经济学奖。它的理论是基于以下三个基本原理。

第一个原理是大多数人在面临收获的时候是风险规避的。越有钱的人越希望社会和平，所以我们常说“光脚的不怕穿鞋的”。穿鞋的希望太平，光脚的希望社会动荡。

他通过一些实验来证明。下课了，每个在座的同学，我给你发一千块钱。或者你有一种选择，我们来抛硬币。你猜正面还是反面，如果你猜对了，得两千，猜错了，一分钱都没有。大家会选哪一种情况？这个时候，我付出的总钱数是一样的。但是绝大多数人会这样想，我凭空得一千块钱，猜什么猜。我拿一千块钱走人不好吗。这就是在面临收获的时候的选择是风险规避的。它的理论后来解释了股市。在股市上有很多人，一旦赚到了钱就会落袋为安，也就是一旦赚了钱，就跑出来。哪怕别人说后劲多么好多么好，是潜力股，绩优股。他都不会听，只要赚了钱，赶紧跑出来。这就是在经济学上讲的落袋为安。就是说人在面对获得的时候，是风险规避的。

第二个原理是人的非理性。大部分人在面临损失的时候，是风险寻求的。这就是为什么赌博的人越输越赌。其实一个人要给他戒赌，当他赢了钱的时候让他戒赌，那是挺简单的。但是要是一个人当他输了的时候，给他戒赌，那是非常难的。因为他越输，越是增加了他对风险的寻求，对小概率事件的寻求。哪怕要他的身体，要他哪个胳膊、大腿，他都愿意。人在面临失去的时候，是风险寻求的。这个观点后来解释了股市。大家都知道股市上有个说法是套牢。为什么会套牢？随时可以卖出去啊。股市跌幅很大的时候，我就不愿意出来，我就要奋起一搏，我相信它哪一天就会赚回来。这时候增加了他对风险的寻求。

同样他也做了一个实验，证明了人的非理性。比如说，在座的，今天走的时候，每个人交一千块钱，不交一千块钱不准走。你还有另外一种选择，我们抛硬币，猜对了一分钱都不用给我，猜错了给我两千。结果通过实验，大多数人不甘心白白地掏出了两千。他用这个实验证明了他的假设。他把这个假设推广形成一种理论，并且在社会上得到广泛的应用。诺贝尔奖一般都是理论在社会得到广泛应用以后，通过实践证明是正确的才会获得。

第三个原理是人对损失比获得更敏感。如果你捡了一千块钱，你今天一天都会高兴，但是如果你掉了一千块钱，你一个星期都会不舒服。这就是第三个规律，对损失比对获得更敏感。当她有了一个孩子以后，当上妈妈了，她很幸福。但是要是这个孩子夭折了，她一辈子都会痛苦。这就是人对损失比获得更敏感。并且他通过实践之后，进行了量化，人们对损失的敏感程度是对获得的敏感程度的两倍。这就是心理学的现象。

要了解管理，就必须要了解人性。人性随着时代的发展，不断地拓展着对人性的看法。基于对人性的看法，我们来看一下，目前压力和状态是管理心理学研究的一个很重要的主题。作为一个管理心理学工作者，他的使命主要包含了两个方面。

一个方面是传统的使命。管理心理学也涉及很多企业、学校的管理，涉及企业员工消极心理和行为的发泄、监控和干预。进入企业以后会发现，现在的企业越来越关注员工的职业心理健康问题。现在困扰企业员工心理健康的最主要的一些问题，涉及员工的职业压力、员工的工作状态、员工的第一自我成就，都是我们今后需要关注的问题。所以关注员工的工作状态、职业压力和慢性职业病，也是我们管理心理学关心的一个主题。

另一个方面就是伴随着现代积极心理学的兴起。

2002 年美国心理协会会长赛迪·格曼进行了一个叫习得性无助的实验。他把一条狗放在一个笼子里，用木板把它隔开，木板只有笼子的一半。笼子的一半通上电，另外一半不通电，每次把笼子通电的时候，狗拼命跳。一次偶然的尝试，它跳到另外一边，逃过了电击。后来狗就习得了这个能力：一通电，它就跳过木板，跑到另外一边。后来他把实验改进了一下，两边都通电。刚开始狗在通电的一边乱蹦乱跳，偶然之间，跳到另外一边，还是被电击。无论它怎么挣扎，都被电击。后来狗就慢慢地没有再挣扎了。后来即使再换回原来的笼子，它也不挣扎了。这时候狗习得了一种能力，即习得性无助。

这个现象能形容生活中很多人的行为。当一个人总是遭受挫折的时候，他感觉到无论怎么奋斗，都无法摆脱自己的宿命，慢慢就变成破罐子破摔，听天由命。这类人更容易导致抑郁等各种各样的身心疾病，最后在社会中沉沦。这种沉沦更多的是由于主观的观念导致的。

后来有一次他在家里打扫卫生。他的生活质量很高，有一个小洋楼，一个很大的花园。好不容易打扫完以后，不到五岁的小女儿把他刚刚打扫好的地方的很多东西都打翻在地。他非常生气，对自己的女儿发脾气。在他情绪表现得非常消极的时候，他的女儿居然很冷静地对他说，“爸爸，我希望你以后不要像这样冲动，要是你今后做到不要这样冲动的话，我以后也做一个乖巧的孩子。我们之间做这样一个妥协可以吗？”赛迪·格曼听了之后很震惊，他意识到，作为一个心理学家，可以说世界顶级的心理学家，在这个小孩子面前居然表现得还没有她成熟，他意识到人性中可能具有某种与生俱来的东西。后来，这个事情就导致了他后来研究方向的重大改变，他不再研究人性当中负性的东西，比如说愤怒、生气、倦怠、浩劫、抑郁等，他开始转向研究人性当中一些优秀的品质，比如说快乐、幸福、创造、巅峰体验，他开始关注这些人性当中的积极层面，这导致了整个心理学的转向，从过去的负性心理学转到现在的积极心理学。这种转向也导致了所有搞压力、情绪、倦怠、管理心理学者研究的一个转向，现在

的研究开始关注：我们如何营造这样一个企业或者组织的氛围，使这个组织当中的成员的成功、成就、幸福、情绪、智商，这些好的优秀品质得到挖掘培养和促进，开始关注组织成员的幸福感，现在越来越关注企业里员工的满意，然后关注生活质量，关注创造性，这就是现在我们研究的两个主题。今天我们将从这两个主题，即如何从负性的情绪和压力转到我们正性的心理状态，这就是我们今天关注研究的一个主题。

在关注这个研究主题之前，我们首先对这样一个问题做一个反思，那就是 21 世纪人们对健康问题的反思。对健康问题的反思有几个小问题，我也想问一下大家，看大家有没有常识性的知识。21 世纪导致人类死亡率最大的是什么问题？现在导致死亡排行第一的是心血管疾病。那么为什么心血管疾病导致死亡率最高？大家都知道，在 20 世纪早期导致人类死亡率最高的是一些传染性的疾病，如天花、霍乱、结核、疱疹。传染性疾病有一个特点，它是一个纯粹的生物和生理性的疾病，伴随着我们医疗水平的进步，我们越来越可以克服这种生物和生理性的疾病。

但我们有一句俗语，叫“道高一尺，魔高一丈”。现代社会的疾病超越了过去生物生理的疾病，也开始结合社会因素和心理因素，所以现在治疗这些疾病，我们医院有一种模式，叫生理心理社会模式，要治疗这些慢性病仅靠医疗技术的改进是不够的，还要靠你自身的调节和社会环境的改善。所以它是一种身心结合的疾病，这种疾病不断地增加，反映了目前整个人类心理社会因素的一种恶化。

第二个问题是：在我们青年人群当中，我们在座的基本上都是青年，那么在我们青年人群当中导致死亡最主要的原因是什么呢？自杀。好像我听说我们学校上个星期就有同学自杀。其实武大也一样，武汉所有的高校都存在这样的问题，每年都会有个把两个，多的时候有四五个。为什么会自杀呢？其实导致自杀的原因多种多样，有的是因为学业压力问题，有的可能是人际困扰问题，有的是失恋问题，有的是就业压力问题，但其实大部分自杀的人在自杀之前由于各种原因导致他情绪低落，处于一种消极的心境，然后郁郁寡欢，找不到自己的目标和生活的希望，觉得自己活得像行尸走肉，慢慢就找一个方式结束自己的生命，自杀。所以他们往往是因为各种原因导致了抑郁症，在心理学上我们把抑郁症叫做心理上的感冒。这说明什么？说明抑郁症非常普遍。我们就常在身边，或者一个人在生命的某个阶段或多或少地经历过这个消极的、沉浸在这种泛化了的心境当中的这样一种状态。还有一种说法是，抑郁是心理上的癌症，这说明什么？说明抑郁最后导致的结果非常严重。

据统计，我国每两分钟就有九个青年人自杀，其中八个自杀未遂。现在大一点的企业，每年都会做一些关于企业员工职业减压的工作，企业越来越注重安全绩效，安全绩效的一个指标就是这个企业里有没有员工自杀。所以做企业员工减压的这种企业，都是在做自杀的干预工作。基本上大一点的企业每年都会有个把两个，多的时候有三四个员工自杀。你看武汉大学，2008 年的时候，到了十二月份还没有一个学生自杀，当时我们学校的党委书记是霍海亮，握着学工组委朱伟的手说，到十二月还没有学生自杀，这个学生工作做得相当好，再过几天我请你们喝庆功酒。这句话说完没几天，就有一个学生从当时的工学部靠近东湖的变形金刚楼八楼跳下自杀。大家可以看到，自杀问题已经成为青年人群当中导致死亡的最主要原因，但是其根源还是抑郁症。这也反映了我们现在这个生理心理社会交错作用的恶化。

第三个，大家反思一下，就是关于进入21世纪金钱和幸福有多大的关系。大家可以看到，生活水平不断提高，我们都有房子住了，有的还有好车子，那是不是我们现在就幸福了呢？是不是越有钱越幸福？反正这个假设是值得怀疑的。那是不是越没钱就越幸福呢？这个肯定得不到认同。那幸福和金钱与我们存在什么关系呢？美国一个专门研究幸福的最主要的心理学家，叫爱德蒂娜，她长期研究幸福，发现幸福和我们的收入存在这样一种关系，就是那个价值观。同样生活条件的人，价值观最看重金钱的这种人，他的幸福和金钱是负相关的。也就是说，越看重金钱的人，在相同情况下，价值观是物质主义或金钱主义的人，是最不幸福的。并且他作出了解释，可能不是金钱导致他们不幸福，而是因为他们不幸福，所以他们看重金钱。不幸福可能是他的社会资源比较少，比如说他的社会支持少，自我认知比较消极，导致他不幸福，他就追求从金钱上去获得一种补偿。所以不是收入导致我们不幸福，而是不幸福导致我们更关注金钱。

过去是把幸福作为一个结果变量，现在的一个趋势是把幸福作为一个原因变量。就是幸福的人是不是会导致他们的收入更高，不幸福的人是不是会导致他们的收入更低，幸福的人是不是会在解决问题上表现得更加理性，更具有创造性。不幸福的人在处理他们的社会事情的时候是不是更狭隘，导致了他们更多的失败。通过这些研究，大家可以意识到，通过我国近几十年的改革开放，GDP不断增加，收入也不断增加，但是我们却普遍感觉到压力不断增大，负性情绪也在增加。在改革开放之初，邓小平高瞻远瞩地提出：我们搞改革开放要两手抓，一手抓物质文明建设，一手抓精神文明建设。但是在改革的实践当中，物质好量化，人们关注数据，关注短期的效率，人们开始慢慢忽略了这种隐形的精神文明建设。可以说，这几十年人们找到了物质的世界，但是更多的人却迷失了精神的家园。

既然这已经成为一个现实问题，我们无法逃避。我们生活当中，当你面对这种挫折、负性的东西的时候，我们不要逃避，一定要去面对。当你一个人去逃避现实，你连现实都没有。首先，当负性的东西出现的时候，我们要去面对它，然后想出解决负性情绪的办法。下面，基于这样一个原因，我们来看看目前关于压力、倦怠这些负性的情绪，它的现状是怎么样的。面对这样一个现状我们解决的办法和出路，又在哪里呢？

在探讨这个问题之前我觉得有必要谈一个概念，即心理健康。我们现在天天谈心理健康，那么什么是心理健康呢？在座的有没有能对心理健康做出准确的定义呢？其实关于心理健康，每个人心里都有自己的看法。但是我们经常把这种健康叫做最低层次的心理健康，即消极的健康观。很多人认为心理健康的人就是没有心理疾病人。

第二个层次的健康观，叫做整体的健康观。心理健康不仅仅意味着没有心理疾

病。其实我们在座的每位同学，可能在生命的每个阶段，或多或少都经历过这样或那样的挫折，负性的情绪，我们都有过，心理不健康的时候，那么是不是意味着我们都不健康呢？不是的，整体的健康观认为，心理健康的人不代表一生当中没有心理问题。可能我们有心理问题，但是真正心理健康的人在心理疾病产生后，他能去面对，然后寻求自身的身心资源，寻求社会资源，去解决自己面临的这种心理问题。在解决这些身心问题的过程当中，自己的潜能得到了开发，自己的个性得到了成长，这就是更高层次的健康。所以这是一种动态的健康观，认为心理健康不仅仅意味着没有心理问题或者没有心理疾病，而是一旦有问题或者是有心理疾病，我们敢于面对，然后调动社会资源和身心资源去解决。

第三个层次叫理想的健康观。理想的健康观说的就是一个人处于一种自我实现的状态。什么是自我实现？按心理学家马斯洛的观点，自我实现就是一个人成为他能成为的样子。什么是我们能成为的样子？是不是我们当上了国家主席，当上了国务院总理就是自我实现呢？不是的。你当上了国家主席，当上了国务院总理，也不一定能自我实现。如果你当上了国务院总理，整天为了协调各种矛盾，压抑了真实的感受，迎合、妥协各方面的压力，同样你的心理也会不健康。哪怕你是一个老百姓，但是在你成长过程当中，你的个性得到张扬，你的潜能得到开发，你同样自我实现了。

一个人成为他能成为的样子是什么意思呢？马斯洛以苹果树的种子为例。他说人就像苹果树的种子，大家把苹果树的种子种在土壤里面，只要给它阳光和水，这个苹果树的种子就会长成一棵苹果树，并且结出苹果，那么这个苹果树的种子就自我实现了。我们人类也是这样。人一生下来就具备了我们未来能成为的样子的一切条件。他把这称为机体智慧。他说我们每个人都有机体智慧。我们要跟着我们的机体智慧。每个人在成长当中，总是能把握住你的机体智慧，所以有一句歌词叫做“跟着感觉走，请拉住梦的手”。他说这种感觉就是我们的一种机体智慧，在成长的过程当中我们不要给它太多的价值干预。外界只要给它无条件的尊重、信任和爱。这个人就能长成他能成为的样子，就像这个苹果树的种子一样。

但是我们成长的过程中由于受到影响，父母总是按照自己的价值取向，学校按照社会的价值观去培养、塑造我们。本来我们长出的是“辣椒”，结果非要把我们培养成一个“黄瓜”，这就扭曲了我们真实的样子。当一个人真实的样子变得扭曲的时候，他就迷失了自己精神的家园，他就不健康了。只要外在给他无条件的尊重、关注和爱，一个人就能长成他能成为的样子。

2005年，世界健康组织在普林斯顿大学健康组织研究的基础上提出了一个比较具有共识的心理健康的概念，即心理健康就是一种幸福的状态。大家可以看到，心理学里面研究幸福比较多的一个词就是 well-being。well-being 就是个体处于一个幸福的状态，意识到自己的能力，能够处理正常的生活压力，能够从事创造性的工作，能够为他所在的社团作出相应的贡献，这样就是一个心理健康的人。

带着心理健康这个观念，我们简单来看一下目前大家比较关心的压力。我们把心理健康作为一个结果变量。下面我们来看一些导致心理不健康的一些原因变量，关注一下压力和负性情绪问题。那么压力和我们身心健康存在一个什么关系呢？关注这方面的成果和专家都很多，其中有三位非常著名的专家，第一个就是加拿大心理生理学家塞尼，他通过研究压力和身心健康的关系，提出了一个生理学的压力理论，认为压力导致了我们一系列负性的生理状况的恶化。我们把它叫做生理学的压力理论。

下面我们简单的来看下压力理论的观点。他说，在各种不同压力下，各种压力是什么意思呢？是指有的压力是来自经济的，有的压力是来自人际关系的处理，有的压力来自于婚恋、工作、家庭冲突，各种压力。虽然压力各种各样，但是个体都会通过一些非特异性的反应，就是说虽然压力各不相同，但是面对压力时的反应是相同的。他说，我们个体会通过一些非特异性反应的过程来适应，而与刺激的种类无关。虽然我们每个人感受到的压力原因不一样，最后我们出现的压力导致食欲减退、体重下降、浑身无力、萎靡不振等全身不适和病态的表现。他还用动物做实验，给动物各种压力，比如说把它放在有电击的环境里生活，它就会产生压力；有的动物放在寒冷的环境里生活，它也有压力；有的动物放在有毒的食物当中生活，它也有压力。结果发现，通过动物的实验注意到，在这些有害的刺激作用下，尽管有害的刺激程度各不相同，但是动物出现的生理反应都是相同的，是非特异性的。比如说出现的都是肾上腺素增大，肾上腺分泌增加，胸腺脾和淋巴结减小，胃肠道溃疡出血。就像我们很多同学都有这样的感受，经常在压力下时会出现一些溃疡，出现溃疡的反应其实就是有压力的反应。可能产生压力的原因都不一样，可是压力导致的结果是一样的，这就是非特异性的反应过程。

塞尼认为每种疾病或有害刺激都有这种共同的特征性和涉及全身的生理、生化的反应过程。他说，压力和慢性病是息息相关的，现在慢性病的增加，是导致死亡率最高，这些都是由于压力的普遍增大。他说几乎所有的心血管疾病、癌症、哮喘、帕金森综合征、偏头痛等一些慢性病都是和压力息息相关。他进一步解释，有这样几个原因，首先就是长期的压抑、生气、敌对、忧郁、焦躁、愤怒、沮丧和悲观，都是造成慢性病的罪魁祸首。另外负性情绪对慢性病的影响包含两个途径，第一就是当人们处于负性情绪的时候，更容易采取不健康的生活方式。男同学心情不好的时候喜欢抽烟、喝酒，找几个朋友去喝得酩酊大醉，快毕业的时候有离别焦虑，在那里摔桌子、摔板凳，闷在房间里抽烟、喝酒。女同学有压力或不开心的时候就拼命地吃各种零食。当人们处于负性情绪的时候，更容易采取不健康的生活方式。第二就是负性情绪会产生生理上的变化，从而增加慢性病的易感性，现在医学上都有证明，它会抑制免疫机制的分泌，最后导致我们对这些病的易感性增加。这是塞尼的研究，他主要关注压力与慢性病的关系，所以把他的这个理论叫做生理学的压力理论。

第二个有代表性的专家就是美国的著名心理学家——赫姆霍斯和拉赫等人，他们关注的是社会事件与压力的关系。他们通过研究和调查将纷繁复杂的社会生活事件总结出43个最重要的社会生活事件，并指出这些事件与我们的压力、身心健康息息相关。他们给出了一个单位，即生活改变单元(life change unit，LCU)，把生活改变单元最大确定为一个人至亲至爱的配偶去世，即把一个人至亲至爱的配偶去世定为100个LCU。然后依次往下，这43个生活事件对人的影响依次减弱，比如说离婚为73个LCU，如果有牢狱之灾为63个，如果被老板解雇为47个，最后他做出了一个量化的研究结果。结果认为生活事件和我们10年内的健康有关，如果一年内你的生活改变单元达到了200，那么你患病的概率将大大增加，如果一年内你的LCU达到了250，那么第二年患病的概率就达到50%，如果一年内你的LCU达到了300，那么你第二年患病的概率就是80%。

举个例子，假设我们在座的某个同学，恋爱谈得挺好的，大学毕业了，因为价值观不一样，你想去小城市生活，而你的女朋友想去大城市甚至要出国，你们俩要分手，这个时候你的LCU就是73，然后突然又知道分手了一段时间的女朋友告诉你她怀孕了，这个时候LCU增加40，然后你找工作又一直没有找到，这个LCU是47，此时若又告诉你小时候和你最有感情的奶奶去世了，这几个事情同时发生在你身上，你的LCU一共是223。这就意味着超过了临界值200，你以后患病的概率大大增加，你再也不能受打击了。如果你再受打击，第二年就要崩溃。所以西方有一句谚语叫“最后一根稻草压死一匹骆驼”。也就是它已经处于临界值了，你再给他一个很小的打击，就会崩溃。

第三个有代表性的研究者就是美国著名的心理学家拉章勒斯，他从纯粹心理学的角度来探讨压力，提出我们心理认知的作用对压力导致的认知的影响。拉章勒斯提出的压力对心理的影响称为心理学的压力理论。他提出压力是个体和环境交互作用的结果，当环境要求超过个体能力的时候，个体在应对环境的过程中就会产生压力感，当人们受到压力的时候，首先对压力做出评定，然后根据评定在行为和情绪上做出反应。他强调同样一个客观事件，为什么对不同的人有不同的压力结果呢？这是因为我们对压力的主观认知不同。

举个例子，一对恋人高中谈了三年，大学谈了三年，六年过去了却闹着要分手，相比之间有很深的感情，如果两个人对这个事情的认知不一样，那么他们对它的反应是不一样的。比如说，这个女孩子认识到是男孩子主动提出分手的，和男朋友分手了，这个世界上就再也没有人爱我了。她这样想，如果我和男朋友分手了，意味着我做女人最大的失败，以后就没有了生活的依靠，我就不知道我后半辈子生活的目标在哪里。如果老是这么想，她会出现什么问题呢？她肯定会情绪低落、郁郁寡欢，最后处于一种抑郁的心境，从而患上抑郁症。如果分手时男孩子是这样想的，分手了，我终于摆脱了一个过去我曾经爱过但是现在已经丝毫没有感情的人，以后我再也不用一个人的钱两个人花。分手之后我就没有了束缚，我开始想爱谁就爱谁，“海阔凭鱼跃，天高任鸟飞”。如果他这样想的话，你想他会不会抑郁呀？

所以拉章勒斯说，生活实践和后果不存在直接的关系，而是取决于中间的认知，不同的认知有不同的结果。他提出了一个模型，我们在面对压力的时候首先做第一步——初级评估，比如男女朋友分手，我们先评估是谁分手，他分手和自己有没有关系，没关系他就会很快放松了。如果是你的女朋友提出分手，和自己有没有关系？有关系。有关系就开始进行次级评估，关注以下两个方面。第一，我有没有可能改变现状，开始与自己要分手的女朋友沟通。你的女朋友如果告诉你：首先我觉得你的性格不好，你不像个男人，你遇到事情就哭。而且我觉得你这个人没有责任感，我一点都看不到你的上进心，我以后和你在一起会没有安全感，我也怀疑你以后有没有能力抚育我们的后代。如果她这样说，提到的都是性格问题。"江山易改，本性难移"，性格问题、价值观问题往往是我们不管怎么努力都改变不了的问题。他希望要出国，你希望留在父母身边，留在二线城市，留在你父母身边。这些涉及的都是价值观、个性等比较稳定的特质，稳定的特质是不容易改变的，这时候你再怎么调整她也不会相信。不可改变，分手就成了既定事实，那么你怎么办？第二，能不能改变情绪。你无法采取"问题关注"策略，不管你怎么努力也改变不了这个结果，就不能用问题关注策略，而要用"情绪反应关注"策略，这时要调整情绪。就像我们平时说的，我们没办法改变天气，但是可以改变心情，既然我天天要死要活哭哭啼啼地求着他和我在一起，我还不如整天微笑着重新面对人生。这就是开始用情绪应对。如果她说的是可以改变的，比如她说分手的原因是还有一个女孩子在追你，两个人追你她会觉得很累，那么你就在两个中间选一个吧。这个是可以改变的，无非就是做一个抉择，约束一下自己。这样可以改变的就是采取问题关注应对，得到的结果有效，又重新获得了一种适应。这就是拉章勒斯提出的解决压力的基本模式。

关于压力与工作倦怠的关系我们刚才看了几个理论：一个是生理学家塞尼的生理学的压力理论，第二个是社会学家赫姆霍斯和拉赫的社会学的压力理论，第三就是心理学家拉章勒斯提出的心理学的压力理论。它们分别揭示了压力形成的原因。压力形成的结果是什么呢？这是 1993 年著名的学者 Coskier 提出的压力紧张后果的模型。他说压力通常会产生这样一种情况，最常见的就是导致一种情绪的耗竭状态。大家看过电视连续剧《激情燃烧的岁月》，激情烧着烧着就成了这种 burn-out 的状态。心理学中的 burn-out 包含三个特点。第一个就是情绪耗竭。我们过去谈劳动的概念，一个是体力劳动，另一个是脑力劳动，最近两年我们组织行为学又提出一个劳动称为情绪劳动。在某些领域会对人们的情绪提出较高的要求，比如说殡葬行业，不管你今天多么高兴，只要有业务你就要整天哭丧个脸。这其实是对人情绪的过度的要求。比如说医院里面的护士，上班的时候必须对病人微笑，其实这都是超出了一个人应有的状态，我们把它叫做情绪劳动。情绪劳动带来的结果就是我们通常所说的情绪耗竭。所以压力把我们全身的能量都过度地投资进去了，最后导致了耗竭和倦怠。马斯拉奇认为倦怠是以人为服务对象的职业领域当中，个体的情绪耗竭、人格解体和低成就感。现在全世界研究最大，耗竭最强的三个行业是哪三个？第一个就是医护行业，这是倦怠最高的行业，医生和护士的倦怠是最高的；第二个就是教师；第

三个就是搞刑侦工作的警察。倦怠包含了三个要素。第一个是情绪耗竭。所谓情绪耗竭,是指工作过程当中,个人因为无法较好地处理周围的问题而感到精疲力竭,表现为疲劳、烦躁、易怒和紧张。第二个是压力会导致我们犬儒主义。犬儒主义是指长时间的压力会导致一个人变得愤世嫉俗、玩世不恭,然后以不带感情的方式和很冷漠的态度来回应我们周围的人际交往。它表现为对同学、同事的疏远、冷淡和淡漠。第三个压力会导致我们低成就感。低成就感代表着工作状态当中自我评价的层面,低成就感的人工作当中缺乏成功的经验,表现为合作过程中,能力不足对自身意义的低成就体验。和低成就体验对应的一个词叫做巅峰体验。我们一些同学看自己感兴趣的专业书,边看边擦鼻血,这就是巅峰体验。

那么压力和倦怠之间是什么关系呢?是否压力必然导致倦怠呢?那不一定,我们认为压力和倦怠之间有一些中介变量,这些中介变量直接影响压力的后果。压力和倦怠的模型是基于心理学家拉章勒斯·库珀和罗宾斯的理论综合出来的。压力源是无法回避的,那是不是压力就一定会导致倦怠呢?这倒不一定,关键要看中介变量怎么控制。人们认为压力和倦怠之间有下面几个变量,一个是社会支持系统,高社会支持的人体会到的倦怠就低。大家看最近闹得沸沸扬扬的富士康员工连续跳楼事件,有许多人就简单地归结为富士康员工压力大。是不是压力过大就必然导致跳楼呢?那不一定,压力过大导致跳楼与中介变量有关。富士康员工压力大也大不过国务院总理,你听说过总理跳楼没有?各个国家的总理都说自己压力很大,为什么都不跳楼?压力和最后的负性后果之间有一个重要的缓冲力量,就是社会支持系统。我们可以看到,富士康跳楼的员工都是因为社会支持系统严重匮乏。富士康的工厂很多地方都有,为什么深圳就这么明显呢?第一,那些小孩子都是从内地去的,去了以后在那里没有家庭支持,都是刚刚高职毕业的学生,年龄都比较小,没有结婚,远离家庭支持。第二,他们没有组织支持,他们的管理者和员工之间是一种严重的敌对关系,有些流水线上的工人,就是弯个腰去捡个东西都被监工斥骂。所以他们在组织当中,产生了一种组织疏离感,他们缺少组织支持。第三,深圳是一个移民城市,很多外地人感受不到归属感,没有社会支持。一个人有压力不怕,最怕的是有压力的时候没有社会支持系统,这个人就很容易崩溃。用跳楼打比方,从九楼跳下来压力就很大了,但是不是一定会死呢?这取决于下面有没有防护垫,而社会支持系统就是防护垫。

第二个中介变量就是个人的认知。面对压力,每个人自身对压力的认知不一样。积极组织行为学谈到一个新的概念叫做心理资本。很多朋友跟我谈,现在的小孩素质都很高。其实这句话可以分两个方面来理解。一方面是现在所有的身体素质都很好,特别是 90 后,90 后的身体素质比 80 后好,80 后的比 60 后好。另一个方面是智力素质也好,每隔几年,我们平均智力水平都会提高几分。但是唯一的缺点就是我们的心理素质差,我们的耐挫性是不是比我们的父母都好呢?可能这个是否定的,因为现在很多孩子一受到挫折和压力就容易崩溃。很多国内名牌高校学生出国,获取了博士学位之后回国，回国之后找工作，一旦找得不顺很容易自闭，他把自己关起来，不见人，这种人很多。无论是否出过国的，一些学生特别是名校的学生，这种倾向很明显。名校的学生过去都是在夸奖、赞扬、一帆风顺的环境中长大的，一旦遇到重大的压力或者挫折他就受不了，难以适应，很容易崩溃，这就是我们说的心理素质差。下面我们看一下关于“心理资本”的开发。什么是“心理资本”呢？过去我们接触比较多的概念是“人力资本”、“社会资本”，2007 年以后，美国著名心理学家鲁森斯提出了“心理资本”。过去我们说 21 世纪是人才的竞争，那什么是人才呢？就是我们所说的“人力资本”，就是你身上有没有知识，有没有能力，有没有技能，有没有思想，有没有经验。

但后来我们发现，当你拥有“人力资本”时，在一个企业中往往只能做到中层管理者，再往上突破就很难。正如一个金字塔，越往上人才越集中，竞争越大。在政府部门也是的，在湖北省你再好的人才，能当个厅级干部就了不得了。再往上走需要什么呢？需要“人脉”，就是我们说的“社会资本”。

我们都知道老红军的后代有很多，有人脉关系、有能力的也有很多，为什么最后脱颖而出的只有极个别的几个，大多数都中途出局了呢？心理学家研究发现，中途出局的人不取决于外在因素，而取决于内在的“心理资本”。他能不能持之以恒，能不能抗压，在瓶颈的地方是不是扛住了，这就取决于认知因素，也就是“心理资本”。“心理资本”是指个体的积极心理发展状态，它超越了过去所说的“人力资本”和“社会资本”，并能通过有针对性的投资开发，使个体或组织获得竞争优势。鲁森斯通过进一步的研究指出，“心理资本”包含四个方面，第一个方面叫“自我效能”，社会中有两个概念叫自信、自尊，而搞心理学的会说成“自我效能”。自信就是特殊“自我效能”，比如说“你有没有当大学老师的自信”，大学老师的核心竞争力是科研能力，不是教学能力。如果你经常在国际上一些杂志上发文章，发得越多你的“自我效能”就越高，这就是自信——特殊自我效能。陈景润在数学领域的特殊自我效能就很高，但他的生活自理能力和人际处理能力很差，他的社交很差，家庭生活也一团糟，唯一就是在自己专业领域做得好，这就是特殊自我效能。而自尊就是你对生活总体状况的自我评估，就是一般自我效能。一个人在工作上也做得好，在家庭处理上也做得好，在社会交往上也做得好，他才会形成自尊。自我效能涉及这两个概念，所以一般自我效能和特殊自我效能都高的人就既有自信又有自尊。

那么怎样提升自我效能呢？我们要克服这种压力其实就是提升自我效能。心理学家总结了四种提升自我效能的方法。

第一个，在生活当中它与我们的生活经验有关，我们做事为什么要循序渐进、由易到难呢？你经常做一些简单的事情，积累了更多的经验，容易增加你的特殊自我效能，他跟我们生活经验中的成功有关。有的人老是挑最难的事情做，老失败打击了他的自信，所以我们在生活中一定要循序渐进，不断提升自我效能。

第二个，自我效能与榜样示范有关。我们的眼光应多看看那些与我们能力相似，

并在某些领域取得成功的人。我们找工作的时候就会关注你的年龄和性别，你的能力在哪一行业最易获得成功，去哪个行业容易形成自我效能，这就是“榜样示范”。就像女同学本来不相信自己能学会开车，结果发现一个比她还孱弱的小女生三天就学会了开车，她自己能开车的信心就会大增。

第三个提升自我效能的因素来自于“人际说服”。我们所说的人际说服就是鼓励，老师要鼓励学生，家长要鼓励子女，自己要自我鼓励。当我生活中看见了成功，就会积极强化，看见失败行为就忽视，这样会强化他的阳性行为。

第四个就是我们说的要生理和心理唤醒。那些能提高你生理和心理效能的感受往往是愉悦的感受，我们一定要学会尊重自己的感受。人往往关注的是外在的评价，忽略了机体智慧的感受，我们要多跟着感觉走，心理学家说我们心里存在一种机体智慧，导致负性情绪往往会降低你的自我效能；而能愉悦你的情绪的则能增加你的自我效能，所以要做好生理和心理唤醒。

第二个方面是乐观主义。同一个世界，你的态度，你的眼光决定了你未来的发展方向。乐观主义的人将成功作内在的、稳定的、普遍的归因，而悲观的人将成功作外在的、具体的、特殊的归因。

大家都知道古希腊著名哲学家苏格拉底一生穷困潦倒，但是什么导致他流芳千古呢？就是他的乐观主义倾向。再悲惨的生活他都能看到积极的一面，穷困潦倒的时候，其父母为他找了个远近闻名的泼妇，除了做学问还被老婆骂，回家被老婆揪着耳朵还要做家务。后来他所在的城镇的市长觉得他的言论蛊惑青年人，很危险。就用毒酒把他毒死了，苏格拉底的生活非常坎坷但是他却活得特别积极乐观。苏格拉底辩论非常厉害，他的学生经常辩不赢他。有一天他的学生拿他的老婆开涮，他问苏格拉底：老师啊，我们未来娶妻子是娶贤妻良母幸福，还是娶泼妇幸福？这是挑衅，要苏格拉底陷入二元悖论。说贤妻良母幸福就暗示苏格拉底这一生是悲惨的，说娶泼妇幸福显然和常理相违背。肯定辩不赢。你看苏格拉底怎么说呢？“未来你娶了个贤妻良母，恭喜你，你有幸福的人生。如果你娶了个泼妇，恭喜你你会被泼妇历练成我这样伟大的哲学家。”我们悲观的人看到的都是问题，乐观的人看到的都是办法。这就是心理资本，苏格拉底就拥有心理资本。

心理资本的第三个方面就是希望品质。希望品质就是要有目标。人活着要有盼头，就要有实现目标的途径和方法。当你拥有这两个后，你就有了心理资本中的希望品质。新中国成立的时候，物质贫乏，为什么当时人们还可以活得那么朝气蓬勃、阳光。现在物质条件好了，企业员工工作却那么倦怠、烦躁，那么容易感受压力呢？现在很多人活着没有了盼头。新中国成立的时候，人们有普遍的社会信念：将来我们会生活在共产主义之下。什么是共产主义呢？就是楼上楼下、电灯电话。目标很具体，生活有盼头。大家一起干革命，搞公社，大炼钢铁就能实现，我们拥有达到盼头的途径和手段。

构成我们心理资本的第四个因素就是心理韧性，即耐挫，遇到苦难时能坚持下来采取迂回的途径取得成功。研究心理学的人认为成功只有一个要素就是持之以恒。我招研究生不喜欢招太聪明的，招太聪明的蛮麻烦。他心里有个潜概念：我聪明，这也能干那也能干。他每天像个猴子一样坐不住，做事不能持之以恒。我也不喜欢招“笨”的学生，把握不住重点。我喜欢招智商中等的，然后有一个重要的品质：心理韧性（持之以恒、耐挫）。压力与结果之间就是我们的心理资本在起连接作用。为什么同样的压力在不同的人面前有不同的反应，有的人将压力变为动力，有的人被压力压垮了呀？因为他们的心理资本不一样。

怎样超越倦怠实现幸福呢？这是大家普遍关注的一个问题。那什么是幸福呢？表达幸福的词有 happiness，还有 well-being，这个词国内学者翻译得不太好。well 是“好的”，being 是“存在状态”，well-being 也就是好的存在状态呀？关于幸福，从哲学传统上看，有关幸福的理念可以概括为两种：最早是亚里士多德的快乐论，亚里士多德认为幸福是快乐，这强调积极情绪体验，以及心理学家马斯洛强调的实现论。幸福不仅是快乐，也是一种积极的情绪体验。它说的是人的潜能的实现。基于不同的哲学观，研究幸福有两种取向：一个是主观幸福感，一个是心理幸福感。主观幸福感从快乐论出发，认为人的幸福是由人的积极情感表达出来的。构成主观幸福感，一是对生活有满意感，对学习、生活、社交普遍感到满足，这叫生活满意度高；二是有较多的积极情感，会有惊奇、兴奋、快乐、更多的爱和喜欢。如果你的生活有较多的正性情感，有较少的负性情感，我们就说你是一个主观幸福感高的人。

心理幸福感是从实现论演化而来的，它认为幸福不仅是一种情绪上的体验，更关注人的潜能的实现。心理幸福的指标主要涉及以下几点。第一是自我接纳。心理幸福的前提是自我接纳。自卑和自负的人都不是自我接纳的人。自卑的人眼睛里面看到的都是自己的缺点，妄自菲薄，自负的人眼睛里面看到的都是自己的优点，盲目乐观。而自我接纳是既能看到自己的缺点，又能发现自己的缺点，但总体上对自己充满希望，这就叫自我接纳。第二是自我成长。就是在你的生活中能不能成长，能不能进步。现在很多大学生找工作时不仅仅看工资，还看他在这个单位工作能不能得到成长。第三是有生活目标。幸福的人是有生活目标的人，不断实现近期目标，接近长期目标。第四是有良好的关系。在家里有良好的夫妻关系，亲子关系，在企业有良好的同事关系，在社会上有良好的友谊。第五是能独立自主。虽然我喜欢群体活动，但我需要自己的空间。第六是有生命活力。这些都构成心理幸福的重要指标。

《幸福的真谛》这本书说幸福包含了三个成分：第一，能体验到愉快的生活，正性的情感体验是幸福的基础；第二，要有充实的生活，做某件事情时一定要全身心的投入，这种状态让你感到充实，学就学得踏实，玩就玩得痛快；第三，要有意义地生活。为什么现在很多人容易倦怠？一个解释是伴随着现在社会的发展，人被制度化了。人们不像过去的人能从简单的生活中找到意义。以前的赤脚医生比现在的医生辛苦，但是他觉得自己的工作就是救死扶伤。现在的人不能从细小的生活中体验到意义，所以容易倦怠。

有意义的生活能让我们体验到幸福。比尔·盖茨做 windows 系统，他觉得自己老做这个没有意义，觉得自己就类似一个“木匠”。他为什么要做慈善，因为他要从他的工作跳出来。做慈善又不能赚钱，但他能找到被需要的感觉，找到生活的意义。生活找不到方向时，就是没有意义和价值时，也就意味着他没有生存的空间。所以要幸福，就要从生活中找到意义和价值。

要增加我们的幸福就要从下面几个角度出发。第一，要有亲密和支持性的关系。要增加我们的幸福，就要增加我们的亲密关系。在家里有很好的伴侣，女同学有很好的闺蜜，男同学有哥们儿，在单位有很好的能不断引导你的领导，有支持你工作的下属。第二，有信仰。第三，有全身心投入的运动或活动。大家知道为什么很难治网络成瘾吗？因为网络成瘾的人在这种活动中能达到巅峰体验，能提升幸福感。他们在社交之类的活动中往往找不到这种感觉。我们如果在一些好的活动中全身心投入，就能增加我们的巅峰体验，从而提升幸福感。人要有自己的人生哲学。一个人有了自己的人生哲学，就有了目标。第四，增加你的积极特质。就是经常说的自尊、自信。

最后，我把所讲的内容做一个简单的小结。我国心理学家张厚璨教授（张之洞的孙子），曾经高瞻远瞩地指出，人文关怀是 21 世纪的主题，从某种程度上看，心理学的繁荣和发展是实现人文关怀的必由之路。所以不管从事什么行业，我们都要有使命感。美国的幸福心理学家蒂娜豪情满怀地宣称，社会必须和重视经济一样重视幸福感。所以现在衡量组织绩效的时候，也会衡量这个组织的员工幸不幸福，满不满意，具不具有创造性。以前谈到的是经济绩效，现在谈到的是幸福绩效。所以现在衡量市长干的怎么样，除了衡量这个城市的 GDP，还要衡量市民的幸福感，满意度指数。古人有一句话叫做“达则兼济天下，穷则独善其身”，我们有能力就多为这个社会做一些工作，我们没有能力就把自己的工作做好，同样是为整个社会，为人类作出了应有的贡献。很高兴与在座的学子一起分享这个主题。谢谢大家。

提问环节

问：我有三个问题。第一个问题，在生活中如何避免工作倦怠，工作倦怠了应该如何解决。第二个是内向性格与抑郁的关系。第三个是如何看待马斯洛的五个心理需要层次。

答：现在积极心理学有一个研究，克服心理倦怠有一个方法叫做学业投入。学业投入是相对学业倦怠的三个要素而言的。学业倦怠有三个要素，第一个叫情绪耗竭，第二个叫犬儒主义，第三个是低成就感。投入有三个要素。第一个叫全神贯注，就是你做什么事情的时候都是全神贯注。大家可以发现那些越是做事情不投入的人，这里搞一下，那里搞一下，越是容易倦怠。反而一头扎到一件事情中，反而不容易倦怠。做事情哪怕开始不感兴趣，不要紧，全身心地投入去做，你会喜欢上的。因为你在这个领域获得了一些成就，形成了更高的一种兴趣状态。第二个叫能量，我们在学业上可以通过锻炼身体，通过积极培养幽默乐观的品质来增加我们正性的能量。第三个是树立一个目标，这样有助于帮助我们克服倦怠。

第二个问题，抑郁和内向的关系。抑郁作为一种神经症往往是以相应的人格作为基础的。比如内向、敏感的人是抑郁的易感人群，所以内向、敏感的同学就要学会多参与一些集体活动，转移自己的注意力，或者说找到一种方法克服自己抑郁的状态。

第三个问题，马斯洛的需求理论。

马斯洛讲的五个层次，即生理的需要、安全的需要、爱和归属的需要、尊重的需要、自我实现的需要，讲的是一个上进的途径。如果自我实现的需要得不到满足那怎么办呢，现在有一个新的趋势就是不能满足有一个退化的途径。

现在心理学家阿德福提出了生存、关系、成长理论，他说生存就像马斯洛提出的生理的需要、关系归属的需要，成长是自我实现的需要。他不仅解释了满足上进的流程，他说：当我们生存的需要得到满足，我们就会开始追求关系的需要，我们生活得很好，我们希望有朋友、有恋人，希望爱和被爱；当我们关系的需要得到满足，我们就追求成长，追求成功、成就。他还解释了不满足退化的理论，这是马斯洛理论中不存在的。他说当我们成长的需要得不到满足的时候，我们就开始追求关系。学校里面搞行政的人，他成长的需要得不到满足，就退而求其次，开始特别注重办公室人员关系的处理，大学老师不是很注重人员的关系，但是办公室的人员特别在乎，因为他这种需求得不到满足，他退而求其次，开始追求关系了，所以办公室的人经常串门，搞行政的人特别喜欢出去旅游，搞这种活动，但老师却不积极。

问：老师您好，我想请教您：一个相对内向的人，如何构建自己的社会存在？或者说他的圈子很小，但是他有感受到了圈子扩大的重要性和人脉的重要性，这个时候他应该怎么办？

答：如何构建一个内向的人的社会存在问题。其实我们经常研究性格无好坏，任何一个事物取决于它的态度，心理学有句话叫做行为决定习惯，习惯决定态度，态度决定命运。任何一种事物都有它的两面性，内向的人其实有很多优良的品质，外向的人结交朋友，构建人脉关系，但外向的人往往有几个不利的方面。第一，他构建的这种人脉关系程度比较广，涉猎的面比较丰富，但它往往程度不够深，而内向的人给人的感觉是比较可靠、比较稳重，内向的人往往比较容易构建深厚的友谊。所以从这个方面来讲，内向的人构建的人脉关系未必是一种劣势，有时你发挥得好会成为一种优势，因为生活中决定你命运的，给你帮助的就是那么一两个人。

其实，我们在企业里面决定你命运的就是你和你主管的关系，哪怕还有再多的领导，往往你和主管的关系好，他就会在别人面前夸奖你、称赞你、不断地去鼓励你，你就会得到一种良性的循环；你和你主管的关系不好，主管就会在别人面前贬低你的价值，即使你和别人的关系构建得再好，别人可能会觉得永远没有他的主管了解他，这样你就会在别人的心目中打上折扣。从这个层面上来讲，其实内向的人有他自己构建人脉的优势。

睡眠改善与催眠

武汉大学 丁成标

睡眠是我们大家生活当中的一部分,人的一生中有三分之一的时间用于睡眠,好像我们每个人都懂睡眠,实则不然。从精神上讲,催眠是与觉醒相对应的一种周期性的大脑活动,是一种状态。大家知道,在工作的时候我们处于兴奋状态,这时人的脑电波呈现相应的变化,出现不同种类的波与频率。具体来说,人的睡眠起什么作用呢?第一种是保存、保管遗传;第二种称作休息,或者恢复体能。这两种功能是睡眠的自然功能。

现在有研究表明,睡眠主要解决左脑的休息问题。睡眠真实是左脑的睡眠,而右脑始终在工作。只是说,工作的频率或程度不一样。所以为什么现在强调说从胎儿开始要强调开发右脑呢?因为右脑的记忆能力是左脑的一百万倍。所以,右脑发达的人很聪明。从胎教开始,就要开发右脑,最好的办法就是轻音乐开发。

睡眠还有一种社会功能,就是恢复精力、缓解压力。这个精力是指心理的、精神方面的。我们来看睡眠的两种状态:一种是眼快的睡眠状态,另一种是非眼快动睡眠状态。在眼快动睡眠状态下,人在做梦。非眼快动睡眠状态下,人一般没有做梦。在眼快动状态下的人你把他叫醒,有84%的人说自己在做梦。做梦主要是起社会功能作用,主要解决情感问题。

那么这两种状态,分别占多长时间呢?大概是20%与80%。也就是说,在晚上,从睡觉开始,大约有半个小时的睡眠准备期。进入非眼快动睡眠期后,要经历80~120分钟,然后再进入眼快动睡眠期。眼快动睡眠期大概20~30分钟。这是一个睡眠周期。这样再进入下一个睡眠周期,循环4~6次,根据人的心境不一样,几次循环,一个晚上就过去了。

在起床之前还有半个小时的睡眠,叫做反睡眠期,是为了新一天的工作、学习做准备。如果起床的时候感觉很疲倦,就是这个反睡眠期的准备工作没做好,同时也可能是睡眠质量不高。

有人说:我没做梦。我在心理咨询过程中经常遇到这样的问题。有很多人说,我昨天晚上没睡好,一夜都在做梦。根据原理,一夜都在做梦的可能性是不大的。有的人做梦的时间长,有的人做梦的时间短。做梦是睡眠中的一种状态,它是不会少的。

所以不要怕，根本没必要去管它。恰恰相反，如果一个人处于眼快动睡眠状态下时把他叫醒，他会加倍地休息以偿还回来。

有的人说，我一晚都没有做梦，这是每个人的梦感不一样。每个人的心理结构，甚至一个人一段时间的心理状况是不一样的，所以梦境也是不一样的。但是有一种情况要引起注意，那就是经常做噩梦，一般由两种情况导致的。一个是你的生理功能可能有点问题，我建议你去做检查。如果什么都没有问题，那就可能是受到什么挫折了，或者说负担很重，压力很大的情况下可以寻求心理咨询。

下面讲第二个问题，失眠及原因分析。我可以肯定地说，我们在座的每一个人曾经都有过这样的经历，比如说高考前的焦虑。每一个人都失眠过，但是你不要笼统地谈失眠，失眠有三种层次，三种表现：入睡困难，这是一层；第二层为睡眠表浅，睡眠之后总觉得没有睡好，早上起来昏昏沉沉、没有精神；第三层为复睡困难，比如有的人经常起夜，后半夜就睡不着了。

这三种状态都是失眠，我把它概括为失眠、失眠症、神经衰弱三个等级。失眠，它是偶尔失眠，我们在座的各位都曾经历过，这里有两个概念，一个是100%，就是100%的人都经历过失眠。

失眠症持续的时间更长一些。比如说，我是讲师，要提副教授了，假如我没有评上，那就可能会有一段时间失眠，一直到最后把这个事情想通了，找咨询老师可能想得快一点，不找的话那就久一点。人的心里都有一个治愈机制，有时候突然一下想通了，和我们的生理一样的，每个人都有。如果还失眠，这叫失眠症。这都是有指向、有原因的。

另一个就是神经衰弱。神经衰弱就不一样了，神经衰弱是有体征的。比如说心悸，最后导致记忆力减退、焦虑抑郁、食欲下降，甚至体重减轻，这就是神经衰弱。神经衰弱是对睡眠的恐惧，很多神经衰弱患者睡眠质量很差，还没睡觉之前就会产生“完了，今天够呛了”的感受。这是什么原因呢？美国心理学家提出过逆效应定律，每个人都有这样一种现象。什么叫逆效应定律呢？所谓逆效应定律就是在干任何事情之前，如果头脑有定势思维，那么它一般都会失败。所谓逆强刺激就是希望越大、失望越多。神经衰弱患者的问题就在这里。

北京体育大学研究运动心理的教授李淑贤经常给北体的运动队搞心理辅导，她说，我们国家的运动员失败，或者说跟奖杯失之交臂的原因，很多并不是技术问题，而是心理问题。就是因为他们想赢，怕失败，往往太紧张，就会失手。这是什么原因？紧张和注意力不集中是正相关的，轻松和注意力集中是负相关的。太紧张，注意力就不太集中，平时学习的东西驾驭不过来。因为记忆是分记和忆两个方面，记是指实际和组成，忆是指重现或者再现。同学们一定要注意，人的记忆力是建立在注意力的基础上的，所以你紧张，注意力跟不上了，就无法调出所记忆的内容。

那么现在讲原因分析。失眠是有原因的，每个人有不同的原因。笼统地说，可以把它叫做压力或者刺激，刺激就会产生焦虑情绪。并不是所有的焦虑都不行，也不是所有的刺激都不必要，恰恰相反，人需要一定的刺激和压力。压力也有一个压力值，用来调整自己的心理承受能力和应对方式。但每个人的压力是不一样的，不一样就在你的抗压能力，你的心理弹性。

我们要找的压力值包括三个条件，第一个是外部压力，第二个是心理抗压能力，第三个是应对方式，都不一样。失眠主要是压力引起的情绪，跟一个人解决心理问题实际上是解决情绪问题。

我们的压力有哪些呢？或者说我们失眠的原因有哪些呢？我认为有这么三个方面的原因。一个是生理物化原因。比如说中医理论，《黄帝内经》内讲：怒伤肝，喜伤心，思伤脾，忧伤肺，恐伤肾，怒伤肝。看似是个情绪问题，中医认为，肝阴虚就可能会肝阳抗，肝是藏血的，就像一个水库，心脏则像一个水泵，是泵血的，血管相当于渠道，是送血的。中医认为肝阴虚血就回不到肝里去，就容易失眠，需要调整阴阳，使阴阳平衡。男女的阴阳是不一样的，因为男和女的生命周期不一样，女人生命周期是七年，而男人是八年。56岁的时候是一个节点，之前男士是阳盛阴衰，女士是阴盛阳衰。56岁之后就反过来了，女人阳盛阴衰，男人阴盛阳衰。所以，阴阳不平衡会导致失眠。

下面来说一下物化原因。有的人晚上喜欢喝咖啡，这样也会导致失眠。你们要喝的话就上午喝，因为这样会比较兴奋，白天的工作、学习需要兴奋。大脑的交感神经是调节兴奋的，负交感神经是抑制兴奋的，工作的时候你需要兴奋，晚上就不能太兴奋。这是物化原因。

第二是环境与生活方式。环境对睡眠不好，比如说有的寝室比较嘈杂，有的人喜欢打鼾，有的人喜欢安静。再说生活方式，现在有很多人都是网虫，两三点才睡，你还能睡得很好吗？所以不良生活方式也可能导致失眠。

下面讲第三个原因——心理原因。心理原因主要是压力，我把压力归结为学习压力、经济压力、人际压力、就业压力、竞争压力。下面我讲解一下缓解压力的方法，我教大家一种方法叫隐性基因疗法。它的原理比较深奥，我简单说一下，美国心理学家艾里斯提出了一种理论：人的情绪困扰不是来自于事件，而是我们对事情的看法，用下面的图来表示。

```
A————B————C
     |
     D————E
```

A：activating events，指发生或遇到的事件，所处的情境。

B：beliefs，指人们对事物所持的观念或信念。

C：emotional and behavioral consequences，指观念或信念所引起的情绪及行为后果。

D：disputing irrational beliefs，指劝导、干预、辩论。

E：effect，指治疗或咨询效果。

我们面对外界发生的负性事件时,为什么会产生消极的、不愉快的情绪体验?人们常常认为罪魁祸首是外界的负性事件(A)。但是艾里斯认为,事件(A)本身并非是引起情绪反应或行为后果(C)的原因,而人们对事物所持的不合理信念(B)才是真正原因所在,是这些不合理信念导致人们对特定的事件或情境做出了不合理的解释和评价,从而导致了不良情绪和不适应行为的发生。因此要改善人们的不良情绪及行为,就要劝导和干预非理性观念的发生与存在(D),而代之以理性的观念。等到劝导和干预产生了效果(E),人们就会产生积极的情绪及行为,心里的困扰也就能消除或减弱,人也就会有愉悦、充实的感觉了。

人天生就有非理性面,负性暗示容易导致负性情绪的发生,负性情绪就会激活人体的一种负性因子,就是癌,所以才产生了抗癌协会,癌症可以通过心理疗法来治愈,不完全靠药物。国家心理抗癌协会的会长当时才23岁就被诊断为肝癌晚期,等于是判了死刑,结果她说我就不信这个邪,她就到处去旅游。结果过一段时间后,她去检查,病情有了很大的好转。现代心理学的研究表明人的心理有一种能量,心理和生理是可以相互转换的。心理能量是很大的,所谓心理能量就是指人的潜能。

我们遇到事情或者问题的时候,一定要调整自己的心态和认识,调整自己对某件事情的价值观念,你的不良情绪就会得到缓解甚至消失。改善睡眠的第二个方法叫做生理疗法,这对改善失眠也是很有帮助的。脑供穴,中指对手心按着,每晚一分钟。涌泉穴,在脚心,右手按左脚,左手按右脚。按穴位可以双向调节,既可以安神,又可以缓解失眠。第三是天眼穴。我总喜欢拿香蕉打比方,吃香蕉可以止泻,同时便秘也可以吃香蕉。第四是百会穴,在头顶。第五是风迷穴,在项后。再还有是肩下穴,这些都是可以帮助睡眠的穴位。这叫生理疗法,或者中医疗法。

第三就是心理疗法,和之前的认知疗法类似。再一个就是自我催眠法,由于时间关系,我教两种。自我催眠的最大功能就是放松,情绪紧张的人就不容易入睡,睡眠前集中注意力就容易入睡。比方说,睡觉的时候关注鼻息,听自己呼吸的声音,起到集中注意力的作用。睡眠不好,往往是注意力不集中,想法涣散,可能是以一个事情为中心,游离于很多思绪。如果关注鼻息做不到,那么就关注一件事情,千万不要从这件事情引发开来。第二个方法是声爆法,这个方法对缓解压力是非常有作用的。把气吸到丹田,肚脐眼下面三指的地方是丹田。顶多就是30秒,然后爆发。

刚才讲的是最简单的方法,下面介绍一个自我催眠的方法,它可以帮助睡觉。它跟我的催眠不一样,我的催眠是起心理治疗作用,自我催眠法只适用于睡觉。第一步,双目微闭,仰卧入静(五至十分钟)。第二步,意念:天人合一,自然、和谐、放松。第三步,呼吸气:吸气如闻花香,呼气送至远方——高山、大海、天气。第四步,通体灌气:浑身都在吸收大自然有益的气体,同时排出脏气。第五步,数数:从一到二十七,以至无穷。第六步:收工,起床后干搓手、干洗面各十五次。

认知过程、情感过程、意志过程是三大心理过程。情感过程是主体跟物的关系认识,认识过程包括对事物本身的认识。一个人有了关系就有了功利性,所以导致人产

生了痛苦，所以多做事、少做人就轻松多了。所谓少做人就是少做人际纷争及不良的人际关系。天人合一是缩小自我，把自己放在整个宇宙空间里面，那么人都是微乎其微的。

催眠是一个专业技术。目前为止国内专门做催眠的人还不多。催眠这个问题在我们大多数人心中还是很神秘的。在讲这个问题之前，我先要回答四个问题：催眠是不是巫术？催眠是不是睡眠？催眠能不能看到前世？动物能不能被催眠？

首先我简单介绍一下，催眠不是睡眠。催眠是由暗示引起的被催眠者的不随意状态。这是我给催眠的定义。催眠是一种弥散性抑制。按照巴普洛夫的观点，也就是抑制与兴奋是对立统一的两种人脑的功能。它是一种弥散性抑制，或者说是广泛性抑制。他同时也认为，做梦是部分的意志在活动，我们就把它叫做潜意识活动。催眠是选择性抑制。就是说我选择这个点，然后把你这个点抑制了。这从心理学角度讲，叫做负诱导。什么意思呢？巴普洛夫通过研究认为，人的兴奋或抑制有这样一种现象——在兴奋加强的时候会启动抑制功能，在抑制被加强的时候，它也可能启动兴奋功能。在人的某一个兴奋中枢被抑制的时候，它可以引起周边大面积的兴奋，这叫正诱导；反之则为负诱导。就是说我使某一个中枢兴奋，它可以引起大脑皮层的大面积抑制。

人的意识分为意识部分和无意识部分，露在海平面上面的是意识部分，藏在下面的是无意识部分，在两者之间的就是前意识，就是可以召回的意识。我经常在和学生讲的时候纠正一个错误。就是很多人、很多书在讲弗洛伊德是潜意识的开创者或是鼻祖。但在弗洛伊德以前，即早在两千年以前，包括亚里士多德、柏拉图他们就有很好的研究了，包括后来笛卡尔，都对无意识有很深的研究。

弗洛伊德是集大成者。你不得不承认，弗洛伊德对于无意识的研究是很有贡献的，而且他把它分得很清晰。还有一个错误——潜意识和无意识的区别。潜意识它从严格意义上来说，包括无意识和前意识。这是什么意思呢？这个就像海里面的潮汐，随着人的意识活动不同而跳跃，潮涨时，我们就能意识到，低潮时，就进入无意识。所以，前意识是意识与无意识中间的过渡地带。

那么无意识呢？为什么刚才说人在睡觉时也没有休息呢？它这一块也是没有完全休息。人睡觉时，左半脑在严格意义上说还在休息，而右半脑是有相当一部分在活动的，包括做梦，它是形象思维。一般的咨询治疗通过你的意识层面进到你的大脑，在意识层面进行调整。比如说刚才讲的，怎么改变意识，怎么退一步海阔天空，怎么改变不了社会、改变不了他人而改变自己，等等，这就是在意识层面进行调整。

可以通过催眠这种技术进入无意识状态，因为人的很多东西，尤其是童年的痛苦经历，并没有离开我们，这就是弗洛伊德理论。弗洛伊德认为所有精神疾病都会从童年的痛苦经历那里找到答案。我认为可以把它延伸到胎教，就是怀孕期间受到的伤害，通过对话是不可能解决的，只有通过无意识的操作才能够找到答案。催眠可以唤起人的无意识记忆，人的无意识记忆从胎儿八个月时就开始了，在母体中，不到两个月就有了思维活动，有了记忆，人的听觉在五觉(听觉、视觉、味觉、嗅觉等)中是唯一一个在母体中完成的，其他都是在后天完成的。那么这个时候进行胎教，就可以让他听一些轻音乐。

动物不能被催眠，催眠即是暗示，暗示的前提是意念，意念的前提是想象。人和动物最大的区别不是思维，而是想象，想象是人的最高级的活动。所以我认为动物不可能被催眠，因为它不可能有想象，它也不可能有意识。

下面讲一讲催眠能干什么，我认为催眠有以下五个主要的功能。

第一是认知功能，催眠可以起到教育的作用，我最近接受了两名有多动症的中小学生，在治疗他们的同时也起到了教育功能。

第二是保健功能，有些老人睡不着觉，影响身体健康，我就用催眠帮他们治疗了失眠的问题，而且这对心理也有保健作用。

第三是竞技功能。现在高考、中考或者期末考有很多考前辅导，这些都不如催眠效果好。有些孩子考前很焦虑、睡不着，家长就把孩子带过来给我治疗，第二天就精神放松地去考试，心理负担也没有那么重了，有助于考试发挥。

第四就是司法功能，通过对犯罪人员进行催眠让他把犯罪动机等都交代出来，我们国家目前还没有使用这种方法来破案，因为没有司法依据所以没有实行。国外现在很普遍，通过对犯罪进行催眠寻找破案线索。

第五就是治疗功能，焦虑症、抑郁症、恐惧症、强迫症等都可以通过催眠治疗。焦虑症和恐惧症等都比较好治疗，最难治疗的是抑郁症和强迫症。

下面来演示一下催眠的进行过程。想象你躺在家里的床上，双目微闭，自然呼吸，把手放膝盖上。现在把你的注意力收回来，集中在我的眼睛上，然后按照我的指令去放松、去想象：眼皮放松，请再放松眼皮肌肉；请放松面部肌肉，想象一下面部肌肉在放松；请放松头皮肌肉；请放松颈部肌肉，颈部放松；请放松两肩肌肉，请放松两臂肌肉，请放松两手肌肉，两手放松、再放松，现在你的手指有微微发热的感觉；请放松胸部肌肉，随着胸部的放松，你的胸腔反弹，呼吸豁然开朗；请放松背部肌肉；请放松腹部肌肉，肚皮放松；请放松臀部肌肉，请放松腿部肌肉；请放松脚部肌肉，现在你的意念集中到了脚部，随着脚部的放松，你的脚趾尖有一种微微发热的感觉，很舒服。

现在你的全身已经放松，请感受一下放松的感觉，会感觉到轻松愉快，甚至觉得自己忽隐忽现，好像感觉不到自己的存在，但是你始终听从我的指令，并按照我的指令运动。下面，我将让你再放松一次，我从一数到十，每数一次，你就从头到脚放松一次。当我数到十的时候，你就会进入深度睡眠状态，你的意识会随之消失，躯体感也会随着意识的消失而消失。

爱情真的很简单

武汉大学　张荣华

今天我们讨论的恋爱主题叫做“爱情真的很简单”，要讲的内容分为以下几个方面：第一个方面是爱情是什么，第二个方面谈谈同学们在恋爱之前的准备，第三个讲讲恋爱自由，第四个就是恋爱和婚姻当中的相辅之道，第五个谈一下恋爱的挫折。

首先我来给大家介绍心理学上关于爱情的理论，它们会让你了解爱情的本质，并且听完这二十分钟到三十分钟的介绍，你就能成为半个爱情专家，能够分清全世界所有类型的爱情。而且你能够知道：我身边的爱情，它们将来会在哪些方面出问题，怎么有针对性地解决它。

心理学家斯腾伯格提出了爱情三角理论，他认为，爱情有三个要素，激情、感情和责任。什么是激情呢？就是心跳加速，呼吸急促，想跟对方进行性接触，这就是激情。什么是感情呢？这就类似于像友谊和朋友一样，我们俩很好，我们俩非常好，你很懂我，我也很懂你，这种好就是那种友谊式的。什么是责任呢？我跟你好了之后就不能跟别人好，你可以掏我口袋里的钱，我要给你干活，给你买早饭，坐公交送你回学校，这就是责任，当两个人关系确定的时候就会有责任。这三个要素就是告诉我们爱情的全部。有部分人说爱情是感性的，很多时候说的是爱情中激情的成分；有一部分人说爱情是理性的，说的是爱情中责任的部分。举个例子，我结婚了，可能还有喜欢的人，看不到她我就想她，这叫激情。但是，我会理性地告诉你，我结婚了，我不跟别人有任何其他的关系，这就叫责任，这是理性的。有人说爱情是短暂的，说的是爱情的激情，这种激情总会逐年消退，反映的是性生活的频率，甚至于夫妻生活的亲密度，逐年开始消退。有人说爱情是永恒的，往往指的是责任和感情，我们也听到友谊可以天长地久，友谊当中的情谊跟爱情当中的感情是一回事儿，所以我们说爱情可以是永恒的，说的是感情和责任。根据三个要素的高度，可以把全世界的爱情分为八种类型，在座各位，你可以分析一下你和你身边的朋友，以及你的父母各是什么类型。

第一种就是三个要素都包括，这种类型就是感情、激情、责任都存在，这种在普通人身上几乎不可见。为什么不可见？那是因为人身上的三种要素在不同时期是不一样的。我们刚喜欢一个人的时候呢，激情很多，责任和感情都少一些，尤其是责任，为什么呢？我们会想将来，另外呢，我们也不能随便花别人口袋里的钱，双方还是有各自独立的一面。但随着时间的推移,你会发现,激情开始消退,感情和责任开始上升。两个人相处的过程中,三个要素都包含很困难,所以在生活中,完美的爱情几乎是不可见的。

那么我们接着看第二种,没有感情、没有激情、只有责任,大家想想这是什么?对,包办婚姻!我不喜欢你,也不心跳,我爹让我跟你在一起,咱俩凑合着过。包办婚姻现在已不常见了。另外夫妻双方婚姻走到要破裂的边缘,我跟你之间没有感情,又没有激情了,但是为了我的孩子、我的家庭,咱俩凑合着过,只剩下责任,为了责任在一起,你可以想象一下这个婚姻的质量和满意度。

第三种——喜欢,在讲喜欢之前,我问大家一个问题,你们相信男女之间存在高质量的友谊吗?大多数人说存在,对,男女之间存在高质量的友谊,也叫"异性知己",它有,但是它又不太可能有,为什么呢?因为按照爱情的理论,有感情、没有责任、没有激情,这叫什么啊?只有两个人非常的好,你比我太太还懂我,我说句话你就知道我想干什么,我们的聊天非常愉快,我又不心跳,又不想干别的,我也不需要你负责任,"异性知己"还有你们刚说的"红颜知己"、"蓝颜知己",我告诉大家,这种异性之间高质量的友谊就是爱情的一种,为什么呢?大家知道柏拉图讲的精神的恋爱吗?其实就是这个意思,而且我告诉大家,像这种感情很好啊,在很寂寞的情况下,一不小心,他们两个就上床了。为什么呢?两个异性之间,精神上、心灵上无比地接纳对方,那他们身体上的排斥是为零的。所以我告诉大家,如果没有结婚的两个人这种就叫做"精神恋爱",如果两个人结了婚,这个就叫做"精神出轨"。"精神出轨"跟"身体出轨"大家都明白,明白了这一点,从今天开始,你跟你的爱人谈恋爱的时候就要提醒自己你不能再像过去一样跟你的异性朋友那么肆无忌惮地相处。另外呢,当你看到你的另一半跟她的异性朋友,比如小时候的同学,你觉得无所谓,我告诉大家,那就是"精神出轨"的前兆,现在城市里的白领特别喜欢玩暧昧,什么叫玩暧昧呢?就是两个人这种关系确定以后,就算是手拉手、拥抱,你也不觉得很特别。什么情况呢?就是两个人那层关系还没捅破的时候,不经意间的一个眼神、一个对望,或指间不小心的触碰,有谈过恋爱的同学应该都有这个感觉。这叫什么啊?玩暧昧!这种关系的尺度不好把握,大家尽量不要去尝试。

第四种叫迷恋,有激情、没有责任、没有感情,这是什么呢?有人说,这是"一夜情",一夜情就是一个寂寞的男人和一个寂寞的女人相遇了,他们发生了不应该发生的事。但是对于普通人,一夜情是不太可能会发生的。还有一种在我们身上比较常见,就是我们在年轻的时候狂热的追星,有女孩子说"李宇春,我爱你",她就是在追星,我不了解你,我对你也没什么责任,可我就是喜欢你,就是想看跟你相关的一切的事儿。

第五种是友谊之爱,有感情、有责任、没有激情,这是什么?大家想想看,对,亲情!亲情就像你爸爸跟你妈妈说的:"我们两个没什么爱情了,就剩亲情了。"老夫老妻的爱情就是这种。

第六种，浪漫之爱，有感情、有激情、没有责任。大家想想看，这个是什么。我们绝大部分年轻人谈恋爱都属于这种，有感情，两个人感情特别好，天天在一起过得很开心，还有激情，但是没有责任，年轻人的爱情属于这种。还有一种恋爱也属于这种类型，大家看过电视剧《蜗居》，郭海藻跟宋思明，小三的爱情，也属于这种。情人之间，有感情有激情，但为什么没有责任呢？不管这个男人说的话多么好听，将来我怎么怎么样了，我马上跟我老婆离婚，没用，他没做。说是没有用的，每到节假日的时候，他肯定陪他的太太，过年的时候他肯定在家里。

第七种，有激情有责任，但是没有感情。大家想想，这是什么呢？这就是谈恋爱时间特别短就结婚的人，叫闪婚。生活经验和研究数据告诉我们，你结婚的速度越快，离婚的概率就越大。恋爱中的人智商为零，那时候受激情的支配，情人眼里出西施，他所有的一切都是好的，就会做出一些不理智的决定，然后就结婚了。所以结婚以后，都老夫老妻了，大妈指着大爷说："老杨，早知道你是那副德行我肯定不嫁给你。"她知道他是那副德行，但是她已经冲动了，所以恋爱的时间稍微长一点，之后做出的决定就会理智一点。

最后一种，既没有激情也没有感情也没有责任，这是什么？刚才有同学说对了，这叫异地恋，两地分居，不管你跟你的爱人过去感情有多好，多具有激情，只要两个人是异地恋和两地分居的，他们逐渐就会变得疏远。感情是什么东西？就是两个人很好，可是我们对过去的温暖的回忆是由点点滴滴构成的。咱们讲一句话，朋友之间在于多走动，要经常接触、交往，这样感情就会好。举个例子，我们养了一条宠物狗，他什么都不会说，天天就围着你，有一天这狗死掉了，你会很难受，这个难受就是你跟狗有感情。我说的就是异地恋和两地分居，时间和空间都没有，也许你能通过电话和网络，但是你能谈多长时间？大家知道，时间和空间是爱情巨大的杀手，所以这方面的感情一般来说是越来越少。这点对于年轻人不太适用，但是对于异地恋、两地分居很适用。我们说小别胜新婚，说的就是短暂的分别之后，性生活频率会很高。但实际上"大别成路人"，这句话是我说的，为什么这么说呢？研究表明，长时间分居的夫妻，他们相见之后，跟我们设想的那个性生活频率会高的情况不一样，他们会低，比普通人要低，低到甚至于没有。为什么会这样呢？我们一会讲到两性关系的时候来谈一下这个问题。第三个，责任的要求也低，我不知道你们身边有没有那些结了婚两地分居的，妻子给丈夫打电话的时候，丈夫其实在外面辛苦地挣钱寄回家，妻子就说了："你挣这个钱有屁用啊，孩子的教育你管过吗？孩子生病的时候你在干嘛？父母亲生病的时候你在干嘛？"所以两地分居的时候，要负责任的一方，他无法通过行动来负这个责任。这跟情人之间用嘴巴说有什么不一样？它是没法通过行动来做的。军人的家庭以及在西部工作两地分居的家庭都属于这种类型。

根据三个要素的高低，可以把爱情分成八种类型，随便找一种恋爱出来，都可以放到这八种类型当中去。因此，我会简短地告诉大家爱情的本质——激情、感情、责任。男女在恋爱的时候，一般来说，女人更看重感情，就更受感情支配，而男人更受激情的支配，所以一见钟情只能发生在男人身上。某个男孩子在食堂吃一顿饭，发现另一个女孩子长得挺顺眼的，人家是谁你都不清楚就决定追她。一见钟情这样的事，一般只能发生在男孩子身上，这个时候受激情的支配。对女孩来说，她喜欢一个人的过程总是缓慢的。女孩子的感情具有唯一性和排他性，当一个女孩子爱上你的时候其他的男孩子在她眼里就没有多大的吸引力。但是男孩子的激情具有多样性，什么叫多样性呢？我得看到你心跳，我也得看到她心跳，这是生物进化过程中进化给雄性动物的任务。当男人说要分手的时候，说我不喜欢你了，我喜欢别人了，女孩子哭两下，男孩子就可能回心转意了，所以女人的眼泪管用。当女孩子说我不喜欢你了，我爱上别的男人了，那你十匹马都拉不回来。她是真的喜欢别人了，不可能说对你还有感觉，这件事具有唯一性。大家都是学理工科的，我今天讲的一些原理和原则，它不像理工科里的东西一样是百分之百一定是这样的，是不确定的。“身高越高的人，体重越重”，这是一般情况，我今天讲的原则跟这句话是一样的，也就是个子很高的人也有的很轻的，个子矮的也有很重的，它跟我们的自然科学很不一样，有很多例外。一般，学者在做研究的时候需要用概率统计的方法，只要你犯错误的概率不超过5%才能拿出来说。我今天说的内容就跟“身高越高的人体重越重”是一回事，肯定也有例外。

我们讲完了恋爱的本质和各种发展类型的爱情，现在进入我们今天最重要的一个部分，我要用一个多小时来讲这个问题——恋爱前的准备。首先讲四个原则。第一个原则：认识自己。我在谈恋爱之前要做哪些准备呢？首先就是认识自己。人后半生的烦恼，绝大部分来自青年时期没有解决如何认识自己这个问题。如果你年轻的时候没有解决这个问题，那么你后半生的白天、夜晚和节假日都会很烦恼。我们来看一下它是如何影响我们的。认识自己很简单，就是了解自己的特点，以及在人群中的位置。这个特点可以是优点或者缺点。同学们不要觉得你很了解自己。我对我这几十年的所作所为完全清楚，我还不了解自己？你不相信可以用“我”来造句，你能举出20个来就不错。你会想到自己大脑一片空白，无从谈起。我们来看一下“认识自己”是如何影响我们后半生的。首先，它会影响我们的性格、人际交往和做事情的判断。其次，它会影响我们后半生的工作。第三，它会影响我们的恋爱、婚姻和家庭。我们来看一下它是如何影响的。我觉得我很聪明，我是这里最聪明的，但是旁边的人都不觉得我是这里最聪明的。我在别人的眼里高估自己的能力，我就是一个自恋的人。这件事你觉得没有把握做好，但是周围的人都觉得你能很轻松地把这件事做好，你在别人的眼里低估自己的能力，你就是个自卑的人。性格上的自恋和自卑就在于你对自己的评价不准确。性格上的自恋和自卑，都会影响到人际交往。因为我们知道，人际交往中有一个重要的原则，即平等，或者说不卑不亢。另外，它会影响我们做事情的决策和判断。《孔子》当中有一句很有名的话叫做“骄兵必败”，当你错误地高估了自己和环境的时候，你会做出一些错误的决策和判断。有的同学说，老师我低调一点，我自卑不可以吗？当进步和机会来敲门的时候，你不敢去开门。为什么呢？你没有把握。这是第一条，它会影响我们的人际交往、做事情的决策和判断。第二个方

面，它会影响我们后半生的工作。男女都怕入错行，你选择什么职业，就决定了你后半生的生活方式。你如果是个中学教师，就会早晚和学生在一起；你如果是个医生，就没有节假日；你如果是个公务员，你就朝九晚五，每天开会。你选择什么职业基本就决定了你的生活方式，这是很重要的。在座的各位，你知道你适合干什么吗？你觉得你最佳的职业选择是什么？你不知道，我可以告诉你，职业生涯规划中最核心的理论就一句话：你的职业能力、兴趣和职业相匹配。就是我可以花更少的工夫比别人做得好，我还要做得很开心，缺一不可。你光有能力，每天却不开心；光有兴趣，但家里过得很辛苦，你没有成就。我举一个例子来告诉大家，大家知道李开复，20 世纪 80 年代他在美国哥伦比亚大学的王牌院系法律系读书。第一，发现他对法律的课程和书籍完全没有兴趣，第二，他的学习成绩中等，没有能力。既没有兴趣也没有能力。相反，他在上计算机课程的时候，发现自己对编程有着巨大的兴趣，同时他的成绩是全班第一。他要跑去转专业，当时身边所有的人都反对他，因为计算机当时不热门，而且计算机在哥伦比亚大学是个非常弱项的专业，从王牌专业转到弱项专业去风险很大，工作不好找。但是，李开复倾听了自己内心的声音，转了专业。他今天回想起当年转专业的事时，说过一句话："如果我当年没有转专业，那么我现在就在美国一个小镇上做一个极不成功也不快乐，没有兴趣也没有能力的小律师。"在座的各位，你在选择自己的专业、选择自己人生道路的时候有没有问过自己？高考考多少分，大概能进哪个学校，读哪个专业？高考考多少分很随机，你能进哪个学校读什么专业也比较随机，你不就把你的后半生随机地送到了一个位置上去吗？后半生快不快乐，将来有没有成就都没关系，这是不对的。我就问在座的各位同学，你了解自己吗？有的同学说，我了解啊，我篮球打得好，我游泳游得棒，我喜欢唱歌。那我问你，你是靠唱歌去谋生吗，是靠打篮球跟姚明一样谋生吗？不是！我问的不是你娱乐的兴趣和爱好，而是问你千千万万的行业，你做什么比别人做得好、有能力，你做什么会感兴趣、符合你的性格。你知道吗？你不知道。不知道也是有原因的，我从小到大也没接触过那些专业和那些行业，我怎么知道呢。你们不知道是正常的，所以你们上了大学以后就会听各种讲座，就会阅读不同的书籍，就会接触不同的人、不同的事，这是在做你的探索，探索我到底合适做什么。有的学生天天在宿舍里打游戏，为什么呢？没有找到学习的理由，所以他在宿舍打游戏，他说，我没有找到我人生的路，我浑身都是力量，不知道用在哪里，有没有这样的感觉？告诉大家，认识你自己，会影响我们的婚姻和恋爱。同学们，你们大多都在三十岁以内，所以大都没有解决认识自己的问题，普通老百姓的婚姻比我们上街买双鞋还要草率。有人说这个太夸张了。在谈恋爱的时候有两年的实习期，我妈妈我朋友还考察过他，怎么会比我上街买双鞋还要草率呢？大家看一下啊，咱们上街买鞋，买的时候你看到了一双非常漂亮的，很吸引你的鞋。你非常想拥有它，你会把它带回家去吗？不，你还要干一件事儿，什么事呢，我的脚多大呢不该试一下吗，比如我的脚是 39 码的，它是 35 码的。如果试都不会试，你说你 39 码的脚会去买 35 码的鞋吗？我们在座的各位没有谁会把它买回家去。你会觉得遗憾吗？不会遗憾，为什么呢？我穿不了呀，为什么遗憾呀！但是，我们谈恋爱的时候，看到一位你非常喜欢的异性，就像那双非常喜欢的鞋一样，非常想拥有她，你有没有问自己是什么德行就扑上去呢？你扑上去了，把她娶回家去了，这个鞋穿了五年，没穿上去，就像婚姻生活吵了五年，最后只能离婚。有人说爱情的力量是伟大的，可以磨合嘛！磨合？你能把35码的鞋撑成39码的？在座的各位肯定听过老夫老妻吵架，他们吵了一辈子的架，他们有改变什么吗？哪怕是一点不好的习惯和缺点？没有，很难。为什么呀？成年人的可塑性很差，第一，他不觉得自己有问题。第二，他知道自己有问题，想改都改不了。所以想想看，那些结了婚天天吵架很郁闷的人，为什么他们的生活过得很痛苦呢？就是他们结婚前没有认识自己！

其实，两个人在一起要知道自己要了解两个方面的内容。第一个是性格相符比性格不符要更好。第二，价值观尽可能地相似。我们说人与人之间的冲突很多都来源于价值观的冲突。这个是没有标准答案的，我觉得这个好吃，你就是觉得不好吃，就是不吃。价值观越相似，在遇到问题时候吵架的可能性就会越少。同学们可能还不知道什么叫价值观，价值观就是你对这个世界上所有问题的看法和观点，比如说，你怎么看待孝顺父母，怎么看待工作，怎么看待家庭，怎么看待教育孩子的问题，你怎么看待药家鑫的事件，你怎么看待本·拉登的灭亡，类似这样的所有事情的看法。

我们接着来论述一下，如果人不了解自己，爱情就会出问题。生活经验和研究数据告诉我们，男孩子喜欢娶比自己“弱”一点的女孩子，从教育、性格、能力等方面来说，这样才能让他们有“男子汉”的感觉。从性格的成熟度、年龄上，女孩子喜欢嫁比自己“强”一点的男人。你光了解自己还不够，还要了解你的需求在这个社会当中有没有，也就是你在人群当中的位置，我举个例子，清华大学有个女研究生，她要征婚，她在bbs写了个帖子，提出了五个征婚的条件。这五个条件比我们在座的很多年轻人的都要低，多低呢？相对于她的条件来说，她是个研究生，要找个研究生；她是北京人，要找个一线大城市；她长得不难看，希望他长得不要太着急，不要太坎坷，就是长得不能太丑；她很了解自己，很任性，被父母宠坏了，希望他性格宽容一点，能够容忍她发脾气；第五条，她身高168 cm，希望他有180 cm。这个身高要求高了一点，不过在北方还好，而且她自己的身材也还是不错的。咱们客观地说这个女孩子提的五个条件要求不高，咱们来分析一下，假如你是北京市的这位女同学，全北京十万男研究生任你选，一线大城市里的占十分之一，一万，一万个当中一米八以上的占十分之一，一千，一千个人当中性格好一点的十分之三，三百，三百个人当中除掉不能看的剩三分之二，就还有两百，两百个人你就可以选了吗，不行！前提是两百个男生他们没有谈恋爱，没谈恋爱的占十分之一，二十个，二十个站一排，你看中哪一个，问题就来了，你看中别人，别人就能看中你吗？如果二十个男生都能爱上你的话，你在食堂走一圈可能就能收到五封情书啦，是不是呢？

你的生活圈子有多大，你认识几个男生，你不就被剩下了吗？很多女同学认为爱情是不可以勉强的，更何况我的要求还很低很低。在座的各位，我们有很多的男同学、女同学说喜欢看偶像剧，要找个像偶像剧里主演那样的恋人，我告诉你，全球都没有一个，因为有一些矛盾的特质不可能在一个人身上同时出现，所以有些人说，老师我对爱情是充满着美好的憧憬和期望的，你这么一说就让我的期望破灭了。

告诉大家，如果你十八岁，对爱情充满期待和追求，那么这叫天真可爱，如果你二十八岁还这样，叫幼稚，如果你三十八岁还这样就叫人格障碍，这要去精神病院，所以，要理性地去看一下你身边有没有这样的人，没有的话，你还拿着框在框谁呀！所以告诉大家，在恋爱之前的第一个准备就是认识自己。

那么我再讲第二点，提高自己的魅力。男生穿更显自己魅力的衣服，女生穿更漂亮的衣服。怎么提高自己的魅力呀，就是让异性喜欢自己。如何迅速地提高自己的魅力呢？科学家是这样来回答问题的，如何迅速地提升男生魅力，应该直接去问女生，女孩子们在选择男朋友的时候最看重他的什么？家世、身高、长相，还是他的能力、学历、性格、责任心、修养。如果我们能知道大部分的女孩子是如何选择的，你去告诉男人，男人把所有的精力花在这一块，是不是效果更好？

三十年前，心理学家在三十七个国家，调查了两万多人，如果你选择人生的另一半，你最看重他什么？身材、相貌、能力、责任心、性格……最看重他什么呢？性格，还有呢？很多人回答不出来，那就说明你对爱情的看法没有观点，就是说你的爱情观没有形成，因为都是懵的，凭感觉遇到了就是遇到了。最后调查的结果是，男人最看重的是身材和相貌，女人最看重的是跟钱有关的东西，简单点就是，“男人好色，女人贪财”。有人要说，老师你把我们神圣的恋爱都说成什么了，咱们来分析一下，这个进化论的心理学家是如何来解释“男人好色，女人贪财”的。各位，进化论是解释生物物种繁衍延续的，人是属于生物的一种，人是可以解释的。男人为什么要好色，我们进入动物世界当中，雄性的物种最本能的是我要活下去，其次就是繁衍，而且是尽可能多地繁衍后代，回到人的世界，最能吸引男人的女人就是要富于良好的生育特征，第一个就是你一定要健康，一个人健康的话，她就会唇红齿白，没有暗疮，五官端正，有浓密乌黑的头发，皮肤有光泽，举止之间有活力，这些都是健康的指标。第二个，女孩子一定要年轻，为什么呢？绝大多数男孩子喜欢的都是性发育成熟的女孩子，在中学的男孩子可能暗恋性发育未成熟的女同学，但是他性幻想的对象一定是女老师之类的，当同学从中学到了大学之后，喜欢的也是性发育成熟的年轻的女孩子，再到四十岁、五十岁、六十岁，男人一般来说喜欢的都是性发育成熟的年轻的姑娘。为什么呢？因为具有良好的生育特征。

第三点，人类社会有个特殊性，你不仅要身体健康，还要心理健康。所以我们说，从容淡定的女人最迷人，自信的女人最有魅力。说的是什么意思呢？心态阳光和健康。所以，这给我们什么启示？对于在座的女孩子，你如果想对男孩子具有吸引力，第一，应尽可能地保持你的身体健康，这个身体健康包括你的相貌和身材的匀称。遗传只能决定一个范围，你可以管住你的嘴，管住你的生活方式，不熬夜、多运动，你可以在遗传的基础上尽可能让身材更匀称、更有活力，容光焕发。有一种女人，她长得很漂亮，但是她不符合这种良好的健康的生育特征的指标，大多数男人不会对这种女人有性冲动。第二，你还要心理健康，有的女孩子身材、长相都不错，但是她心理不健康，是个怨妇，没有人喜欢，就是刚才男生说的，谁呢，林黛玉。你问在座的男生有谁从小把林黛玉当性幻想的对象，没有。男人对林黛玉只有怜悯、只有怜爱、只有心疼，没有那种冲动。第三，年轻的时候是你这一生最有魅力的时候。第四，从今天开始永远不要相信男人所说的话，“老婆，这一生我只爱你一个”，为什么呢？生物的本能就是尽可能多地繁衍后代。

这是对女人的启示。下面来谈一下女人为什么贪财。

同样进入动物世界，雌性动物身上最重要的一个任务是活下去，第二个本能的任务是保护和抚养自己的后代，让子女安全顺利地成长。那雌性为什么不是尽可能多地繁衍后代呢？母体的生理机构决定了它一辈子不可能有很多个孩子，你只听说过一个爸爸有几十个孩子，你听过一个妈妈有几十个孩子的么？每个生物都有自己的分工，女性的任务是保障自己的后代安全顺利地成长，这个很重要。在弱肉强食的动物世界，什么样的雄性可以让雌性有安全感，可以保障其后代安全顺利地成长？最强壮的为王。所以在狮子群、羚羊群、猴子群中，那个最强壮的王霸占所有的雌性，别人都没有异议。它可以保证这个群落的生存能力最强。我们来看动物世界有多么残酷。在一个狮子群中，有一天，一只流浪的年轻的雄性狮子跟年迈的狮王决斗，争夺王位。其他母狮子在干嘛呢，“嗑瓜子”。虽然你是孩子他爹，我跟你跟了十几年了很有感情，如果你不能证明你是最强的，就给我滚蛋！你能说动物就没有感情么？注意，这是进化过程中一件很残酷的事情，但雌性要保证她的后代有最强的生存下去的能力，所以只跟着最强者。这是生物进化过程中的一种本能。

回到人类世界。在中国的古代，兵荒马乱的年代，什么样的男人有魅力呢？那就是高大的男人有安全感。如果我跟关羽一起走在路上遇到一个千金小姐，那她一定会觉得关羽好有魅力啊，为什么呢？关羽身高九尺，我身高七尺，他一下就把我拱飞了。九尺是有多高，那时候的一尺是 23cm，九尺就是 2.07m，中国古代的人普遍偏矮，他从小练武，单挑姚明和易建联没有问题。

人类社会在进步，纯粹的力量越来越不能保障后代能顺利、良好地成长，现如今，变成了跟钱和经济能力有关系的东西。所以，在座的各位，我们年轻人普遍喜欢看偶像剧，偶像剧里的男主角是我们迷恋的对象，你去问一下 25 岁以上的姑娘，你去问一下你的妈妈，她们觉得什么样的男人有魅力。绝对不是那些高大、英俊、帅气的，而是电视谈话节目里的 CEO。举个例子，有一次，我在食堂吃饭，旁边有两个女教师，三十多岁，看着电视，我低着头吃饭，那两个女教师说：“啊，那个男人好有魅力啊！”我一看是谁啊，阿里巴巴的马云。为什么呢？他浑身展现的是强大的经济能力。还有一件事，2006 年李嘉诚到北师大心理学院去参观，我们去接待。他进入典礼会场的时候，旁边有两个女孩子看见他就嘀咕。李嘉诚 80 岁，个子跟我差不多，走路的时候脚还有点瘸。这两个女孩子说：“哎呀，要是让我做他的五奶我都愿意。”请问在场的帅

哥，有哪个帅哥可以有年轻女孩子跟你说做你五奶她都愿意。他是干什么的呢，唯一强大的是他的经济能力。

这对我们男人有什么启示呢？第一条，从今天起，男人的外表不重要。你的穿着打扮、身高长相不可能比马云还说不过去吧？这是肯定的，所以外貌不重要，跟钱有关系的东西重要。如果你家有钱，OK；如果你家没钱但你很有能力，OK；如果你们家没钱你又没什么能力，但你非常上进，OK！后面可能还要再加一个“责任心”。什么叫责任心？为什么女孩子这么看重男人的责任心？她们得确保你将来挣的钱她能花得上，这个最能给女孩子安全感。

第二条，“老师，男人的外表不重要，那内涵重不重要呢？”很多人说重要。当然，是重要。但要是对女性来说，从理性的角度、不考虑女权主义来讲，也不重要。这一点能反映母性、女性的伟大和无奈。江苏电视台有个非常著名的电视节目《非诚勿扰》，里面的女嘉宾马诺说过一句非常著名的话：我宁愿坐在宝马里哭泣，也不要在自行车上笑。这句话令很多人说马诺是拜金主义，我们别骂她。在座的女生，如果让你选择，你是在宝马里哭呢，还是在自行车上笑呢？犹豫，看到没有。没有脱口说出“想在自行车上笑的”，就是想在宝马里哭。宝马和自行车就是安全感，有良好的教育、营养、居住环境，等等。这个宝马与自行车上的哭和笑，是幸福，我告诉大家，对于雌性动物来说，对于妈妈来说，对于女性来说，“安全感比我的幸福更重要”。她们可以抛弃我的幸福来赢得这种安全感。所以在动物世界和人类世界，你能经常看到雌性动物为了保护自己的幼崽，献出自己宝贵的生命。所以，女性会为了安全感而抛弃自己的幸福。现实生活中是不是这样呢？三十多岁的夫妻，男的在外面事业有成，开始花心了，对糟糠之妻开始不好了，女孩子还是跟着他。你当这个女人贱么？你虽然对我不好，但是为了这个家庭，为了孩子，我就痛苦地跟你过下去。这里头反映了女性的伟大和无奈。

当然，男人如果有内涵也挺好的，你就可以在宝马里笑了。女孩子问：“老师，为什么我不可以在宝马车里笑呢？”那你就去找吧。

所以，对于男孩子来说，你有事业就有一切，你没有事业就什么都没有。这是从人的生物性考虑的，人的生物性是人很重要的一个基础，有时候你这种生物性你都克制不住。

第二点，进化论的观点就是，“男的好色，女的贪财”。男孩子和女孩子相亲的时候，女孩子会问：“你们家有多少钱啊？开什么车啊？住什么房啊？”男人会说：“我们谈的是感情，你怎么这么现实啊？”其实这个女孩子身上闪现的是母性的光辉。为什么这么说呢？女孩子跟男朋友谈恋爱后回家问爸爸妈妈，爸爸妈妈最关心的是他们女儿的男朋友，工作如何，家庭有没有钱。那我问你了，你能说全天下女孩子的父母亲都是虚荣的、势利的么？怎么可能呢？

所以，对女孩子来说，提高你良好的生育能力，青春时期是你最有魅力的时候。然后保持身体健康，心理健康。当然，有人说，美容化妆管不管用啊？美容是通过外表的努力，如穿有品质的衣服、做有造型的头发、用漂亮的首饰、化妆品来“欺骗”男人，管用。美容是通过外在的手段来告诉男人：“我很性感。”

第三点，培养良好的性格。这点对我们华中科技大学的学生来说尤其重要，理工科院校女生很少，男生很多。我以前本科也是理工科院校，男人身上有明显的果断、冒险、直爽、激情、强硬的特点，女人身上有温柔、细腻、委婉、感性、体贴的特点，你要培养双性化的特点。从小到大，最能跟一堆女孩子玩到一块儿的男孩子有什么特点？娘娘腔。最能跟一堆男孩子玩到一块儿的女孩子有什么特点？假小子。为什么娘娘腔和假小子能跟异性交往得很好？因为我们人类跟人交往的时候是见什么样的人说什么样的话。男人和女人就是两种截然不同的生物。你用对待男人的方式来对待女人，女人会很难接受；你用对待女人的方式来对待男人，男人也会很不适应。理工科院校男女比例一般是6∶1，而且有的专业十几年都没有招到女生了，所以我大学四年过了四年雄性文化的生活。知道什么是雄性么？就是大口吃肉，大口喝酒，嘴里说脏话，男生觉得很哥们儿，很爽。出去吃饭的时候，拿着菜单：“你他妈的今天想吃什么啊？”研究生的时候读的是北师大心理学。北师大女生本来就多，心理学女生更多，我那个团队里二十几个女的就我一个男的。然后出去吃饭点菜的时候我就不能说“你他妈的想吃点什么？”我就把那个“他妈的”去掉，还把声音降低点，不要那么大声，我自己都不知道，这是无意识的。读了半年的研究生，大学同学聚会，一堆男的，还是我点菜，当时把同学们吓坏了。当时我没注意，就一手拿着菜单，一手拿着纸巾擦嘴，说：“哎呀，我们吃点什么呢？”旁边的九个男的(表情惊悚)，说：“张荣华，你他妈是出妖子了。”我说的这个意思就是，要培养双性化的性格。

从今天开始，尤其是理工科学生，要多创造机会跟异性交往。你跟异性交往越多，你跟异性交往的经验就越丰富，将来你的幸福出现的时候，你就能够创造轻松愉快的环境跟她交往。你看，你们怎么坐的，女孩子跟女孩子坐在一起，男孩子和男孩子坐在一起，所以这个就很不合适，所以平时就要多增加和异性交往的经验。这种经验越多，你的双性化的性格就越强。人的一生当中，中年时期的人际关系是比较好的。人到中年，男人和女人都会具备双性化的性格。你的爸爸身上有女人的温柔、委婉和体贴，你的妈妈有坚强、果断和强硬这样一些特点，这是由生活造成的。但是呢，我希望同学们，你们在大学阶段就尽可能地做到这一点。

风流的人为什么总能得到别人的喜爱呢？因为他有经验，他能够很融洽地跟异性交往。他说我能让你过得很愉快，这个过得愉快，说得开心是需要经验的。我举一个例子，有一次我在饭馆吃饭，看见一个男孩子请女孩子吃饭，想表现一下。这个男生估计跟我一样，受雄性文化熏陶出来的，他想让那个女孩子享受一顿美妙的午餐。点了很多的菜，结果全都是肉类。把喜欢的东西全部给别人，但是你喜欢，别人不一定喜欢啊，因为男女之间是有差异的。他们关注的问题，他们对事件的看法都是有差异的，这个就叫双性化的性格。

第四点，建立恋爱关系的原则。这个原则每个人都知道，但是所有的年轻人，特

别是男生都做得不好。恋爱关系是两个人一段非常亲密的关系，如胶似漆，可以拥抱，可以拉手，可以喝一杯水，可以穿一条裤子。我们从普通朋友，从路人甲、路人乙变成这种亲密的关系，这种关系的建立一定是循序渐进的，逐渐升温的。这个原则大家都知道，但是呢，很多的男生都忍不住就猴急，违背这个原则。我和女孩子 DATING 了几次，感觉到她对我感觉不错，我也感觉不错。男孩子就觉得差不多了，要去表白："哎呀，我对你挺有好感的，我们俩好吧。"这时表白，女孩子会很不舒服，她会拒绝，除非她也偷偷地在喜欢你。为什么，咱俩本来是这么一个正常的距离，你突然说，咱俩没有距离吧。这多难为情，咱俩没有到那一步，你非让女孩子做那样的事，所以一般都会拒绝，或者一般都会沉默。这个时候，这种拒绝并不是讨厌你，而是在于咱俩没到那一步，我的心里没有准备好，咱俩的心还没有那么靠近。你这样说了之后会造成什么结果呢？女孩子知道男生要追她，男生就很郁闷了，不停地打电话约她，女孩子就不出来了。为什么呢？因为我觉得我见到你很尴尬，我要刻意地回避你。一回避，男生就会很纠结，越纠结就越会养成一些消极的情绪。当人有消极情绪的时候，关系就会慢慢疏远。所以，除非你们两个人是暗自互相喜欢才会水到渠成，否则只要你们俩创造轻松愉快的环境，正常交往，高频率地交往，不一定要表白，你们的关系也会慢慢靠近，到时候就水到渠成了。

我举一个例子，有个大学生，去跟女孩子表白，被拒绝了。被拒绝了就很郁闷，女孩子也不见他了，刻意回避。后来，他就想到一个办法，在一个关键的时刻，某一天，比如天气转凉的一天，在这个女孩子晚上睡觉的时候，给她发一条关心的短信："天气凉了，多加件衣服，注意保暖。"这个女孩子既不烦恼也没有什么其他情绪，第二天接着发，这个男孩子就这样持续的发了两个月，女孩子从来没有回过一条短信。后来有一天，男孩子喝醉了酒，没有发，这女孩子睡不着觉了，心里想："咦，怎么回事，今天这个短信怎么还不来啊？"她睡不着，她就给他发了一条短信，"你在干嘛？"第二天早晨，这男生醒了，看到这条短信，他们俩就见面了。过了几天，他们就好了。

我们来分析一下，这里面使用了什么原则。这种关怀的短信对女孩子来说管用，但是对男人来说没有杀伤力。比如说，一男生在玩电脑，突然一个短信，一看"天凉了，多穿点衣服"，"什么啊，真是！"看都不看。我来告诉大家，对男人来说，管用的是什么。咱们现在分析这个例子，对女孩子来说，我拒绝你了，我知道你追求我，刻意保持咱们俩的距离，我们不要再那么亲密了。发那条短信来的时候，我反正没有回你，我没回你就没关系了，我又没做什么错事，她也不会觉得是骚扰。但是一个人在什么时候身心是最放松的，最愉悦的？就是洗完了澡，躺在床上还没有睡着的那一刻，那段时间身心是最舒适的。所以呢，第一点，你就默认了在你每天睡觉最放松的时候，他在你耳朵旁边跟你说一句话"天凉了，注意加一件衣服。"你自己都不知道，你的心跟他的心已经靠近了，你容忍他跟你靠得很近了，这叫心理距离。第二点，关心的短信管不管用？不管这个女孩子多么的坚强独立，总会有情绪低落的时候，总会有惆怅、孤独、郁闷的时候，这个时候尤其管用。她会发现，不管我怎么样，总有一个人，总是默默地支持着我，是不是呢？是的！所以那个时候就会有一些效果。另外，还有第三点，弗洛伊德讲梦讲潜意识，你每天带着一句甜蜜的话睡过去，在潜意识当中，你会没有来由地对他有好感。

好，下面来讲找谁恋爱最合适，跟谁恋爱将来会幸福。两个人匹配是一方面，还有另外一方面，就是科学家在比较幸福婚姻和不幸福婚姻的一些特点的时候，发现幸福婚姻和不幸福婚姻会有一些截然不同的特点。你将来去找朋友，拿这个框架去框就可以了。第一个，家庭背景。幸福的婚姻是门当户对，不幸的婚姻是门不当户不对。“门当户对”就意味着两个家庭之间的价值观、消费理念、卫生习惯、对世界的看法比较类似，他们的摩擦会少。你可以说“爱情可以磨合，两个人可以磨合”，但是你从来没有听过“两个家族可以磨合”。第二点，恋爱时间的长短。幸福的婚姻，恋爱时间是比较长的，至少是六个月以上。第三就是生孩子的时间，如果生孩子的时间是在结婚的两年或者两年以内，很可能就是不幸福的。这个不绝对，只是一个因素。如果是结婚两年以后的第三个年头开始生孩子，那么他们的婚姻就会更幸福。你会说，这孩子出生的早晚怎么会影响到婚姻的满意度，会影响到幸福啊？因为研究发现，一对夫妻的婚姻满意度是这么变化的，孩子出生的那一刻，夫妻的感情就开始走下坡路。你来上大学，你的爸爸妈妈的关系开始走上坡路。如果你生孩子生得太早了，那么会怎么样呢？那夫妻的感情会降到谷底。还有，大家庭的人际关系也会影响幸福度。你们谈恋爱以后要去对方家里做客，当你去对方家里做客的时候你感受一下他们家的亲戚朋友那种人与人之间关系的温暖程度。如果他们亲戚朋友之间的关系是不太温暖的，就可能是不幸福，那你将来跟他结婚就有可能会不幸福。如果对方的家庭是温暖的，那么你将来跟他结婚就会幸福。为什么呢？你就这么理解：你朋友的家族有不会处理家庭成员关系的血统。还有就是，经济和就业方面是稳定的。在遇到了冲突的时候，两个人解决冲突的情况。记住，判断两个人的关系有多么的好，不是看你们俩好的时候有多么的好，而是看你们俩坏的时候有多么的坏。有句话叫做患难见真情，如果你们坏的时候不太坏，那么你们就可以好。下面我总结一下。第一，门当户对；第二，生孩子晚一点；第三，去他们家做客，感受一下他们家成员之间文化的氛围。

婚姻满意度的关键因素的第一条就是责任。研究人员是怎么做的呢？他去找了一大堆幸福的婚姻让他来评价，结果幸福的婚姻各有各的幸福，幸福的婚姻当中有一个共性就是情侣的一方稳定地通过语言和行为来表达对另一方的责任感。也就是说，尤其是对男人来说，花言巧语管用。我发现一个很奇怪的事，所有的女人都知道男人的花言巧语是假的，但是每个女人听到都会很开心。这个既简单又不费劲，你不要等到她问你的时候才说，她问的时候你要回答，她没问的时候你也要经常说，一说这女孩子就甜蜜得心花怒放，就可以容忍你犯很多错误。这个是从一大堆的幸福婚姻中找到的结论。第二条，我们从小到大讲人际关系的时候要尊重人，谈恋爱也要尊重人。但是，每个家长老师朋友跟你讲尊重你也不知道怎么做，很多同学不知道怎么

样做到尊重。男女交往有一个重要的原则，人际交往的冲突的根源来源于我们看世界的角度不一样。我们看待世界有两套系统，一套叫做事实判断，还有一套叫做价值判断。事实判断主要是来解决“真、善、美”当中的“真”，就是回答是什么的问题。它有客观统一的答案，比如说“1＋1＝2”，类似于这样的，这些答案是确定的没有异议的，自然科学大部分都是来解决这个“真”的问题。我们看待世界的时候还有一个重要的判断，就是价值判断。价值判断主要解决“真、善、美”当中的“善”的问题。什么叫“善”呢？就是好或者不好，重要或者不重要。它没有客观统一的答案，每个人的答案是不一样的，虽然社会上有“八荣八耻”，但是在每个人心中位置是不一样的，这就是价值判断。人们冲突的根源就是来源于这种价值判断的不同，而且没有标准答案。所以同学们记住什么叫尊重，你不要把你觉得好，你觉得重要的东西强行加给他人。爱不等于尊重。举个例子，你放假回家了，妈妈很高兴，做了很多好吃的菜，你吃的时候妈妈一直给你夹菜，自己却没怎么吃，她觉得你吃得开心她也开心，你比她重要。可是当你吃饱的时候，她却还是一直给你夹菜，说你这么瘦要多吃点，可是你实在吃不下去了。这就是说你有时候老觉得爸爸妈妈很烦，老是跟他们对着干，是因为他们老逼你做你不愿意做的事情，他们没有尊重你，他们不懂得尊重，爱不等于尊重。如果一件事情不是全世界人都公认的，没有客观答案的，那它就是个仁者见仁，智者见智的问题。所以人际关系的冲突就是来源于价值判断的不同，所以要多从别人的角度考虑问题。其实在人的一生当中这种尊重对女孩子来说尤其重要。人这一生当中你最尊重或者你最想尊重的人是谁？是你的恋人。我再告诉大家，在人的一生当中你最不尊重的人是谁？同样是这个恋人。举个例子，一对恋人，女朋友走在前面，结果这饭店的玻璃是透明的，“嘭！”一下撞玻璃上了，这个男朋友心疼得不得了，就会说“宝贝怎么这么不小心啊！很疼吧！”恨不得自己替女朋友撞这一下。但是如果是老夫老妻的话，这个媳妇撞到了玻璃上，男的就会说“你眼睛瞎啦！”这句话就充分地反映了这位男性对她的愤怒和不满，终于找到机会来统治她了。第三条，注重细节。男女双方、恋人，还有将来的爱人在一起的时候最多的就是细节，生活都是由点点滴滴组成的，注重细节对于我们的人际交往、恋爱交往，以及我们的工作、学习同样重要。

当你讨厌一个人的时候，你告诉他：“同学，我很讨厌你。”别人真的不知道啊？知道。你看不起一个人的时候你又跟他说，别人真的不知道啊？知道。为什么知道，完全来源于细节。你讨厌一个人真的是因为他偷了你的东西，跟你有血海深仇你才讨厌他的，不是；当你喜欢一个人的时候他真的是给你巨大的恩惠，帮助过你，不是；全部都是细节。你们想想是不是。所以细节很重要，要注重细节。我再强调一下细节，细节决定命运，很多人都听过，同学们认不认同？很多人不认同。我告诉大家，你回想一下，你成为今天的你，不管你今天是二十岁、三十岁、五十岁，你成为今天的你有多少事情是因为关键事情所导致的，追根溯源全都是因为细节。细节很重要，所以我们称之为“蝴蝶效应”，初始值微小的改变将导致截然不同的变化。“失之毫厘，谬以千里”就是这个意思。所以有句名言：什么叫做不简单，每天把简单的事情做好就是不简单。普通人的细节不仅会影响我们自己的命运，还会决定我们亲人、朋友，还有我们身边人的命运，甚至整个人类文明的进程都会因为细节而改变。我们之所以不承认“细节决定命运”，是因为我们想把握命运，想把握住关键事件，关键事件是看得见摸得着的，很容易把握的，就那么几件事。比如你在高考之前你把高考做好就行了，现在就把工作找好就行了，这叫关键事件，是不是呢？那我们就来论述一下为什么细节还会决定整个人类文明的进程。大家看过《射雕英雄传》吗？一开场就是丘楚机跑到刘家村，一群金兵追到刘家村去了，这是一个细节。如果丘楚机不去刘家村，金兵就不会追到刘家村，郭靖和杨康的家人就不会家破人亡，郭靖他妈就不会跑到蒙古去生郭靖，江南七怪就不会跑到蒙古去找郭靖，铁木真被他兄弟算计的时候，江南七怪没有机会救铁木真，铁木真就被灭了，蒙古就不强大，没有强大就引发不了内战，蒙古内战就打不到欧洲，没有火药就抢占不了欧洲，欧洲就没有了，欧洲就处于黑暗的中世纪的骑士时代，就没有文艺复兴，没有工业革命。如果蒙古不强大，而南宋军事弱小，但是手工业、工商业非常发达，南宋就是资本主义的萌芽，也许中国现在就是最早最强大的资本主义国家，你说你丘楚机去闯刘家村干什么呢？有人会讲：老师，你说的这个是金庸先生虚构的。我再讲一件真实的事，有一个农夫在田里干活，听见一个小孩子呼救，就跑过去，看见一个小孩子在粪池里，把他救起来了。第二天有一辆名贵的马车在他们家门口停下来了，下来一个贵族，这个贵族就对农夫说你昨天救了我的儿子，我要感谢你。历史就因为农夫的一句话和后面发生的一件事而改变。农夫说：“我不需要报答，这是我的举手之劳，见义勇为。”这句话让贵族肃然起劲，随后发生一件事，一个小孩从外面跑到屋里头来，贵族就说：“这是你的孩子吗？”农夫就说：这是我的孩子。贵族说：“请允许我把他接到城市去接受良好的教育，将来他会成为一个令你骄傲的人。”农夫立刻就说：“好！”这个孩子后来就被接到城区里去接受教育，农夫的孩子就拿了医学的博士，发明了一种药，这种药就叫做青霉素。青霉素对于未来文明的改变咱们不谈，咱们就谈这两家子的事。这个贵族在无意之间的报答之举在若干年后又救了他儿子一命，他的儿子得了肺炎，就是靠农夫儿子发明的青霉素救好的。当时的肺炎是不治之症，关键是贵族的孩子他也姓丘，跟丘楚机一个姓，他叫丘吉尔，英国的首相丘吉尔。所以说细节会决定人类文明的进程，但是又会有同学说：老师，你说得太夸张了。你说的都是发生在伟人铁木真、丘吉尔旁边的事情。我是一个面朝黄土背朝天的农民，我这一辈子连乡长都没见过，我就在大学的小卖部里卖了一辈子的东西，什么见义勇为、大的事情我都没干过，平平淡淡地过了一辈子，我就说我们普通的一个，整个地球人类文明会因为我的存在而不同？所有人会说不会，但是我告诉你一定会。在座各位，整个人类文明都会因为你们单独一个人存不存在，做不做得好而截然不同。

我们再来讲一下性生活，性教育我不讲。同学们在中学的时候都上过心理卫生的课，你们那叫做性生理教育，不算性教育。性教育包括什么呢？性教育包括性生理教育、性心理教育、性的道德和法律教育四个方面，以及性的自我保护。什么叫做性

的心理教育呢？所有涉及性的行为和思想都会引起你心理的波动。比如说我性冲动怎么办？比如说我自己自慰了怎么办？不是说怎么办就会有这样的心理波动。所有跟性相关的行为、观念、想法都会引起心理的想法，这就叫做心理的教育。最后一个，性的自我保护。这个一般是对女人来讲的，因为强奸罪也是对女人来说的，在违背妇女意愿的情况下强行和她发生关系叫做强奸。我们知道有两个高危场所：一个是没有人的荒郊野外，在这个场所所有的女孩子都会提高警惕；还有一个就是你的家里或者你朋友的家里，叫做熟人强奸。这时女孩子完全没有防范之心，而且你想告别人也告不了，你怎么向法官证明你当时是不愿意的。那个男孩子对那个女孩子想入非非，故意找个借口待到晚上八九点钟，或者让她在我家待到八九点钟，然后就把她欺负了，打官司时，法官就说："你晚上待到八九点钟你想干什么？不就想干这事吗？"你怎么证明你是不愿意的，你这叫做有苦往肚里咽。还有，比如说某位领导住酒店，他故意找个借口叫你晚上十点钟送个文件来酒店，来了之后就把她欺负了。你说你晚上十点钟跑人家酒店去干什么呢？不就是想干这事的吗？你有什么证据证明你是不愿意的呢？这很难证明的，所以这时你就没有提高警惕，只要稍稍有点防范意识，你就可以说外面有个人等着或者楼下怎么样，这都是可以的。还有我们所说的性的自我保护，很多人做得并不好。根据我的咨询经验，很多成年人内心最阴暗的回忆，大概有百分之十是在童年猥亵别人或被别人猥亵。这里的猥亵并不是说这个人不纯洁或不好，而是出于人与人之间的好奇。因为中国不太注重小孩，认为小孩就很纯洁，所以这个三四岁的表妹和七八岁的表哥在一起玩是很正常的事，在一个房间里玩或在一张床上睡都是很正常的事。但问题在于表哥很好奇你怎么跟我不一样，或者说让我看一看，让我摸一摸，这小姑娘也不知道怎么回事。而且我告诉大家这些被猥亵的人大部分都不会告诉父母，为什么呢？我想是进化论过程中印刻在她身上的一种本能的禁忌，她知道这种事说出去不好，会有伤害，到底对谁有伤害她也不知道，她就在心里放着。等她长大懂事之后，她就会留下阴影。咱们讲的性的自我保护你知道西方的家长是怎么来做的吗？比如，小朋友，今天带你去游泳，不准任何人碰你泳衣覆盖的部分，谁要碰了，你立刻来告诉妈妈。假设我是一个小姑娘，邻居家大叔的魔爪伸过来了，"走开，我妈妈不准别人碰我这里！"也许他就不会得寸进尺。知道为什么这么多类似的案件发生吗？这个隔壁家的大叔在你身上摸来摸去的时候你都不知道你在干什么？你自己都搞不清楚在干什么怎么谈得上拒绝呢？另外呢，如果真的被成年人猥亵了，妈妈说了立刻告诉爸爸妈妈，成年人的介入可以避免她反复受伤害，同时可以把伤害减到最小，这很重要。我们成年女性有自我保护意识吗？没有。公司里面性骚扰那么多，被性骚扰的人有个特点，不是长得漂亮性感，而是缺乏自我保护。举个例子，公司里面有个很能干的年轻女孩子夏天穿着裙子，一个五六十岁年长的男性领导，跑过来说："小张啊，干得不错，加油啊！"拍拍肩膀就走了。这个女的还没反应过来，这到底是长辈对我的关怀还是性骚扰，还没等你反应过来人家都已经出去了，你完全没有这个意识。既然你第一次没有拒绝，那他第二次拍你也不好意思拒绝了，拍着拍着就不知道往哪拍了，明白吗？所以很多时候不要等事态变大了，再去找警察，要用最少的水扑灭最小的火，这个很重要。

咱们再讲一下性生活满意度，性生活满意度跟咱们的常识完全相反。科学研究发现，随着性伴侣数量的增多，性生活满意度急剧下降。这么说也是一样的，随着你的色情电影看得越多，你的性生活满意度急剧下降，为什么呢？说白了就是，性伴侣越多的人，性刺激越多的人，他对待性的“口味”就越来越重。我举个例子，本来我和我太太具有正常的性生活，她也挺吸引我，但是有一天我找到了好几部成人电影。成人电影很唯美，它会有导演，会有很漂亮的灯光，设置了各种身材的女演员、男演员，有很多唯美浪漫的情节和音乐。一看，哇，这么美好啊，连着看了一幕、两幕、三幕，只有那种场景才会让你心潮澎湃。回到家一看到自己的太太，“怎么长成这样？”很多性功能障碍的男人就是看了过多这样的电影，接受过多的性刺激。可以告诉大家，封建时期的皇帝和妓女的性生活满意度是最低的，所以千万不要学这个，“家里红旗不倒，外面彩旗飘飘”，这样的状态并不好。就像导游带我们去某个地方，虽然风景很优美，但一年去几次也会觉得烦，因为他对这个的敏感性会降低，要求也越来越高。

男女在交往的时候心理是有差异的。对女孩子来说，关心珍重很重要，但对于男人最有杀伤力的则是对男人能力的欣赏。问大家一个问题，你们知道什么地方的男人最多吗？官场。官场当中什么东西最有效？马屁。马屁对男人来说就是欣赏。所以女孩子喜欢男孩子，总是说“哇，你好厉害啊”，男人就会飘飘然。还有，男女在心情不好时的表现也不一样。女人喜欢不停地说，她希望有人来倾听她，男人在心情不好时喜欢抽烟。这就是矛盾所在。女人认为男人的沉默是对她的不满，你说你心情不好你怎么不说呢，你不说我怎么会知道，而男人认为女人不停唠叨是在逼着他解决问题，实际上女人不是在逼你，而是希望你带着耳朵倾听就可以了。在爱的关系当中有这样一句话，“一个成功的男人背后有一个伟大的女人”，这个女人之所以伟大，是男人在不成功的时候总是能给他支持、鼓励，让他往前走，但很多的女孩子，因为总是喜欢倾诉、喜欢唠叨，这个时候男人就会变得不出色，就会说“一个不成功的男人背后一定有个抱怨的女人”。很多女人都会说，正是男人不成功我才抱怨，但这种因果关系可能弄反了，正是因为你的抱怨，他才不成功的。

异地恋也就是两个人不在一块，两地分居中，男人因为生理需要他容易身体出轨，女人容易精神出轨，而且精神出轨了她自己都不知道，因为女孩子在独自面对生活时总是希望有个依靠，有个男人帮助，当出现这样一个异性的时候，女孩子愿意让这个异性帮忙，两个人关系靠近的时候，女孩子慢慢就习惯依赖他了，当发现自己已经不能离开他的时候，精神上就已经对他很有好感了。当然了，“出轨”这个词用得太敏感了。我给大家一个建议，如果你是异地恋或是两地分居的，每天至少打五次以上毫无内容的、不超过两分钟的电话。什么意思呢？就是表明你总是生活在他的身边，这个是很重要的。

下面再讲一下“网恋”。网恋为什么“见光死”的多，因为“网恋”中，你爱的是网上

的他，他爱的是网上的你，网上的你和现实的你是不一样的。一个很害羞的男生上网跟一个陌生的女孩子就会说"宝贝儿我爱你，我喜欢你"。在网上的表现与现实生活中的差异越大，这种成功的可能性就越小，所以要尽量把自己真实的一面展示给对方。

最后，我们讲讲如何正确对待恋爱和婚姻的挫折。首先，恋爱上的挫折给我们年轻人带来的伤害是巨大的。我们被领导、被老师批评无所谓，同学间关系不好没关系，但被心爱的人伤害了就会觉得很郁闷，这是为什么呢？第一点，年轻人把爱情看得太重，重到什么程度呢？"输了你，赢得世界又如何"，会特别在意得失，当他得到的时候会欣喜若狂，当他失去的时候就会觉得失去了一切。恋爱中的人只有在还没有陷到这个漩涡里去的时候就告诉自己，不要把爱情看得那么重，除了爱情还有亲情、友情，这是老生常谈。正是因为这次挫折才使你人生的另一半有机会在后面等着你。这是要在爱之前注意的，预防问题比解决问题更重要。第二点，所有的措施、方法你都用得很好，总有些人怎么都不喜欢你，也就是年轻人总是不相信爱情是不可以勉强的。我们都听过这样的话，只要我努力，什么事情都能做得好，我要在这句话后面加上半句话，"除了爱情"。第三点，年轻人看待恋爱的挫折太钻牛角尖。当我们面对爱情的挫折时会将矛头完全指向自己，这样最难受。举个我咨询过的例子，在北京的时候，有个男生去北京上学，刚入学就喜欢上了一个活蹦乱跳的小姑娘，这个小姑娘在楼道里崴了脚，男生看见了，觉得是个好机会。"同学你崴脚了？我背你下楼吧。"女生说，"不用"，这个"不用"有可能是因为"男女授受不亲"，也许是因为"我跟你不熟"，也许是因为崴的不严重，都可以，但悲剧的是，这时候路过一个特别招女孩子喜欢的帅哥，帅哥说，"我背你下楼吧。"这个女孩子当着第一个男生的面说，"好！"同学们，如果你们是第一个男孩子，真的太伤自尊了，我的背就比他的弱小吗？心爱的人当着别人的面侮辱你，你很受伤，这就是最大的挫折，这个男生将所有的消极因素都指向自己，想着"她为什么不让我背让他背？因为我没有那个男生高，我没有他帅，我不是北京人，我读了研究生也留不了北京，读书又有何用？"他就觉得一切都没有意义了，严重地影响了他的生活和学习，他在宿舍里呆了七八个月，辅导员看不下去了，就让他来做咨询，一做咨询这就是典型的你如何来看待这件事的问题。心理学不能解决你的实际问题。比如说，我欠人家十万你帮我还了吧，我媳妇不好你给我换一个吧，都是不可能做到的。心理学所能提供的帮助是如何来看待同样的事，你可以承认自己没那个男生优秀、没他高，但是你的运气也忒不好，怎么这个时候遇到那个男生，如果运气承担一部分原因的话，你承担的消极因素就会少一些。还有，你不仅运气不好，这个女孩也太不懂事了，怎么能当着你的面这样伤害你呢？女孩子不懂事也是有原因的，这样你就会好受得多。我告诉大家，我遇到过一个男生，这种事情他几天就恢复了，他不是没心没肺，他也不是不爱这个女生，他说："老师，我要遇到这样的情况会非常生气，我会指着那个女的说'贱人'！"他把这种因素归结到女生身上，不是我差，是你贱。所以他这种情况跟我用的方法差不多，你可以不满自己十年八年，但你对别人不满、生别人的气，你能生多长时间？一个月？很难。那么我不鼓励同学们这么看待问题，为什么呢？很多由爱生恨，拿刀捅别人的例子都是因为我太爱你了，这个挫折伤害我太深了，都是你的错，所以我要割你的喉咙。记住，我不鼓励大家这么看待问题，但是通过这个例子来告诉大家从不同的角度看问题，你的心情是截然不同的。所以，挫折是不可避免的，但是如果你能合理地看待，你的心情会好受一些。这就是心理学里很有名的归因理论。

婚姻的挫折往往是离婚，离婚这件事最受伤害的一般是女人。为什么对女人伤害最大呢？因为在社会分工上，女人总是要照顾孩子和家庭的，她没有什么精力在事业上，因此女性成就了男人，成就了家庭。一旦男人提出分手，第一个，女性错过了人生最美丽的时期，很难再嫁出去。第二个，独立生活的能力差，不一定能自己养活自己，她对自己后半生非常焦虑和惶恐。第三个，她把所有的情感都放在孩子和家庭上，你要她斩断，伤害有多大？所以，女孩子将来做太太，记住做到三个独立。第一个，经济独立，尽管你自己能挣钱，还是能控制你丈夫挣的钱，你将来越有钱对自己后半生越不担心，你的那种焦虑程度就越低。第二个，情感独立，虽然孩子和家是一个主要的情感连接，你要有自己的兴趣爱好和事业，一旦这个连接斩断的时候，其他的连接就是你疗伤的依靠，包括朋友圈。第三个，人格独立，我们生活遇到很多困难，你越是依赖别人，将来分开的时候你越是活不下去。你的人格越是独立，你将来面对独自的生活你越是有信心。这三个独立可将创伤和伤害变得少一些。

下面我们对今天的内容进行总结一下。

(1)爱情的本质就是激情、感情、责任三个要素，三个要素越多，三角形的面积就越大，爱情就越牢固。根据三个要素的高低，可将恋爱分为三个类型。

(2)恋爱前的准备：认识你自己，男的好色，女的贪财。培养双性化人格，创造轻松愉快的环境，总是让对方有积极的情绪体验，两个人会越来越亲密，这样便水到渠成。

(3)恋爱最好门当户对，晚一点生孩子，事先去对方家里做客。不要看两个人好的时候有多好，要看两个人差的时候有多差。

(4)婚姻的满意度关键因素：尊重和注重细节。性生活方面，性刺激越多，你的性生活满意度越低。男女的心理差异，对女人来说，关系的尊重很重要；对男人来说，对能力的欣赏、肯定很重要。异地恋，每天最好打五次以上没营养、短暂的电话，让他感觉到你对他(她)很重要，你时刻在他(她)身边。

(5)正确对待恋爱中的挫折。

精神疾病的识别与校园危机干预

武汉生物工程学院　吕慧英

各位老师和同学很少看到精神病人，精神病人是什么样的呢？我给大家举个例子：有一天，我在北京心理危机干预中心值夜班，半夜两点的时候接到一个电话，一个单身的女士说她住在某个大城市的闹市区，已经好几天都没法睡觉了，原因是前几天有人整夜站在窗户外头哭，吵得她睡不着，今天那人不哭改成唱歌了，那人唱着唱着还进了她的房间，而且还有两只鞋子飘在空中，还在慢慢变大，而她住在17楼。请问：这可能是个什么样的来电？对，很可能是个有幻听和幻视的精神病者的来电，用医学的术语讲叫视物变形。这样的来电非常多见，相当一部分来自高校。有医学专家认为大学生自杀跟精神疾病有相当大的关系，所以作为高校师生，具有一定的精神病常识，对于防止自杀非常重要。所以我们今天一起来讨论精神病的识别和自杀干预。

《黄帝内经》说“喜伤心，怒伤肝，思伤脾，忧伤肺，恐伤肾”，这说明情绪对机体有非常大的影响。大量医学研究表明，一个内心矛盾、情绪压抑、经常感到不愉快的人，他的免疫力一定是低下的。任何一种情绪过度都可能导致疾病或者死亡的发生。研究显示，抑郁症病人自杀的风险是正常人自杀风险的10～20倍。自杀常常发生在重度抑郁的早期阶段，尤其以年轻人为多见。40%～58%的精神分裂症患者有过自杀的念头，23%～55%的精神分裂症患者有过自杀的尝试。自杀发生在精神分裂的早期，出院之后有更高的危险。从危机干预的角度讲，危机干预主要就是对自杀的干预。所以我们就重点介绍容易导致自杀的三种心理因素——重性抑郁、双相障碍、精神分裂症的识别。

在我国，对精神病人和家属的歧视还是非常严重的，所以老百姓非常忌讳去看精神病。得了抑郁症去看医生的比例，美国和加拿大是40%～70%，而中国只有3%。我曾经处理过这样一个案例，一位女士因为婚外情暴露，出现了反应性精神病。什么是反应性精神病呢？它是指个体被极为强烈的、毫无预期的、突然的情绪刺激突破了个体的承受极限而瞬间崩溃。再看一例，一个男孩子带着女朋友出去玩，在过路口时被突然冲出的卡车拦腰撞上。那个女孩话说了一半儿就没声了，血和脑浆溅了男友一身，这个男孩子当时就崩溃了。

作为同学不应该歧视有精神疾病的同学，同时应有能力运用精神疾病的常识把病人识别出来，避免病人出现意外和恶性事件。北京心理危机干预中心曾经出过这么一件事，一个接线员听来访者说的明明是中国话，可就是听不懂在说什么。咨询者是位男性，他是这么说的："我是天生带着爱出生的，但是这个混浊的世界让爱缺失了。我总是从极端的事又走到了极端，忽然又可以，人又很坚强。反复陷入其中，我又去拍戏。突然什么都没有了，我觉得没有规则。你明白我的意思了吗？"如果排除醉酒的原因，这就是精神疾病的症状之一：思维散漫、言语凌乱。这种症状的表现是每句话的形式是可以成立的，但句与句之间缺乏内在的逻辑关系，常见于精神分裂症。

有了精神病学的常识，遇到这种情况，就可以避免有关的焦虑。比如说，你们班有一个同学，乱七八糟地跟你说话，你就明白他可能得了精神病，而不是你自己的理解能力变差了。

学会识别精神疾病，我们必须掌握一些专业知识。下面先来了解一下精神疾病常见的术语。

妄想是精神病人坚信的、不真实的一种信念，如夸大妄想。有这个症状的人可能会坚信自己是宇宙之王。再比如年轻女孩常见的钟情妄想。某女性患者单恋上电视电影里某个成熟、英俊的男演员，就每天给他写信、打电话、寄礼物，守在他家胡同口堵他。男演员直截了当地告诉她："我不认识你，我也不想认识你。我的家庭和睦，请你不要骚扰我。"而女病人的反应却是愉悦的："你看，他有多爱我呀，用这种方式来考验我。"然后继续对该演员穷追猛打。在精神病院，得这个病的年轻的女性患者比较多见，在大学里面也能见得到。有一个大二的女生，对一位才华横溢的中年已婚男老师产生了钟情妄想。她到处说她和这个男老师正处于热恋之中，而且都是对方不断主动约她。我就问她，"他今天约你了吗？"她说，"当然约了。"我说，"怎么约的？"她说，"今天在讲课的时候，他冲着我，端起杯子，喝了一口水。这就是'月上柳梢头，人约黄昏后'的意思，约我下午一点在河边见面。"事实上，这位男老师完全不知道有这么一个粉丝。

幻觉是一种不存在的知觉。比如，我曾经接过一个电话，是某公安局打过来的。警察说有一个农村青年，一天之内打了十几次 110 报警，说有人要害他，要警察来救他。警察到他家一看，他家一切正常。只有报案人，小脸发白，瑟瑟发抖，蹲在床底下怎么拽都拽不出来。他对警察说："你们没看见啊？从我家的房顶上射下两道绿色激光，正对着我睡觉的床来回扫射。"这就是幻视的症状，我们的建议是马上送精神病院接受治疗。

躁狂发作的时候，常常存在"三高"症状。一是情绪高涨，每天毫无理由地兴高采烈，二是思维奔逸，三是意志行为增强。我原来的导师是精神病学家，他就有点思维奔逸的毛病。有一天他在走廊里叫我，"Dr. Lv!"我说，"Yup?"他说，"星期六加班，统计学家来。你，参加。"我当初听了一愣，心想统计学家来关我什么事呀。结果周末

到了以后呢，他问，“他们呢？”我说，“谁？”他说，“作者呀。”我就懵了。我说，“你没说要我通知作者呀。”他说，“我肯定地告诉你，你和作者都参加。”我说，“OK，OK，我马上打电话通知。”这时候，旁边的小护士乐了，小声跟我说：“吕大夫，你待久点就知道了，咱们导师呐，有毛病，思维奔逸。”思维奔逸就是，思维时时刻刻都像马一样在奔跑，“嗒嗒嗒嗒嗒……”而他的舌头却跟不上思维的速度。在同一瞬间，他脑海里有四五个 idea 涌现出来，而他的嘴巴，只来得及说出一个。而他自己以为，这四五个主意全说了。

躁狂具体表现为，过分兴高采烈，热情奔放。如病人一见面就嚷：“吕大夫，我实在是太高兴了，我太高兴了啊……我破译这次中奖的密码了。这么着，平时你对我挺好的，我就告诉你一个人，你记住了。今天晚上开奖的号码是，1234567。”

恐怖是指对特定的物体或情境感到害怕，像社交恐怖、广场恐怖，等等。

在北京曾有一个公司老总，男性，50 多岁，有恐怖症。他非常害怕自己得心脏病突然死去。他每个月都去看专家门诊，强烈要求给自己安心脏起搏器。所有的检查都做了，医生告诉他：“你的心脏非常健康。你的心脏，比我的心脏都结实。”他不信，坚持认为自己有严重的心脏病，随时可能死去。他每过一两个月，就让员工送到医院一回，总觉得自己不行了。不仅他住院，他还把旁边的两个床包了，让他的员工住下，眼睛都不眨地看着他，以防他心脏突然停跳好赶紧去叫医生来抢救。这种状况持续了整整十年，我就问他十年前发生过什么事。他就说，他是独生子，十年前他的父亲去世。我问是不是死于心脏病。他非常惊奇地说：“你怎么知道？”我问当时发生过什么难忘的事。他说在他父亲弥留之际，医生忙不过来，把他叫进去帮忙抢救，在最后的时刻，他父亲突然口鼻大出血，因为是肺心病，大出血非常恐怖。然后医生就大叫，快，拿纱布堵住。他不是医生，不知道分寸，看见大出血，他也吓慌了，于是就按医生说的，抓起一大团纱布同时堵住了他父亲的嘴和鼻。就在堵住的同一瞬间，他父亲的心电图开始走直线。我说，你很自责？他点点头。我说你觉得是自己的错导致了父亲的死亡？他的眼泪“哗”的就流下来了。十年前的巨大创伤导致他受了十年的折磨。

偏执就是曲解实际发生的事，总觉得别人在迫害、贬低自己。比如有一个病人，诉说她丈夫、儿子对自己怎么不好。她曾多次找丈夫的领导哭诉，要领导给她做主。又跑到学校去告发，要求老师和学校处分自己的儿子。又说同事怎么排挤她，亲戚朋友怎么算计她，领导怎么迫害她。当时我就问她，在工作生活当中，有谁对你比较好。她非常认真地想了半天，没找出一个好人。有偏执型人格障碍的学生，比较没有安全感，喜欢把人往坏处想。比如说，同宿舍的同学打开水的时候帮他也打了一壶，那么一般同学的反应就是，他真好，学雷锋做好事，以后我也帮他打。而有偏执型人格障碍的学生的第一反应是，他肯定干了什么对不起我的事，要不然怎么给我打开水呢？

强迫，如强迫观念、强迫行为。先看一个强迫观念的例子。我接诊过一个女会计师，她一坐下来就哭，流着眼泪问我，医生，请你一定要告诉我，人的眉毛为什么一定要长在眼睛的上边而不长在眼睛的下边？她已经被这个念头折磨了十多年，实在受不了了，所以从内蒙古跑到北京来求医。这种情况在医学上我们称之为病理性的穷思竭虑。再说说强迫行为，这种病人比较多见，具体表现是，明知道有些行为不合理，但是停不下来。在我们日常生活中偶尔也能体会到，比如说，今天晚上有讲座，你一看快到点了，随手拽上门往这边走，结果走到宿舍楼下，不踏实了，“唉！我锁上门没有啊?”不放心，回头爬五楼，一推，“哦，锁上了。”接着往这走，结果走到教学楼门口了，心里又开始嘀咕，“不对呀，我们宿舍的门我到底锁上了没有？会不会是我推门的劲太小了呀？不行，还得再回去看看”。又回去，爬五楼，使劲一推，“哦，真的锁上了。”这才踏踏实实坐在这听我讲课，在座的各位有没有发生过这种情况？有的有，有的没有，正常人也会有，不严重没关系。常见的强迫行为，比如强迫洗手。我有一个患者，反复洗手，每次洗手都冲水、打肥皂、再冲水、再打肥皂，把手的表皮都洗掉了，一边洗一边流眼泪，停不下来，洗一次手用光一块肥皂。还有强迫性意识动作，比如说从我们这儿到教室门口，正常人“蹬蹬”半分钟不到就出去了，但是有强迫性意识动作的人就不行，他出门呢，往前走两步，往后退一步，从左边转个圈右脚先出门，如果这个圈转得不圆，退回来重新走，如果到了门口不是右脚而是左脚，退回来重新走，如果这个圈转偏了，没正对着这个门，退回来重新走，从这到门口没两个钟头出不去。碰到这种情况怎么办呢？那我们就安排班上一个同学学雷锋做好事，天天跟着他，一看见他要转圈就硬把他拽出去，这样行不行？也不是不行，你要是真拽，他也就跟你出去了，但出去之后他会产生强烈的焦虑不安，什么都干不下去，非得回来偷偷转个圈走一遍才踏实。我还见到过一个新郎官，也是强迫性意识动作，他每次一进卧室，就是这一套动作：一进门，推开门，向左转，走三步，“咵咵”弹两下上衣，脱上衣，“咵咵”弹两下裤子脱衣服。在中学的时候，因为这种情况没办法住校，结果到了大学，愈演愈烈，所以他只能考北京的大学，继续住在家里。但是他长大谈恋爱结婚的时候就有麻烦了。他也知道自己不正常，怕自己的这种行为吓到新娘子，于是结婚的第一天晚上，咬着牙没做这套动作，然后睁着眼躺在床上，等新娘子睡着之后抱着衣服到客厅里，重新穿戴整齐，然后推开门，向左转，走三步，“咵咵”脱上衣，“咵咵”脱衣服，否则一夜无眠。

现在我们来谈谈精神疾病最新的研究进展。目前用神经影像学技术可以测出大脑的功能，而且抑郁症的遗传基因也已经找到了。医院测评用的 scanner，全称是光电子发射计算机断层扫描仪，扫描的特征性结果可以作为临床诊断的精标准之一。这种扫描的原理是把某种试剂注入病人血管，试剂随着血液循环进入大脑部位然后附着在脑细胞上，脑细胞活动时需要消耗氧气，扫描的时候氧气就会显色，我们就能看到大脑的功能了。我们来看看 ppt 上的图，左边是一个母亲看到自己孩子心里充满爱的扫描图，如果你有爱的感觉产生，一定是大脑这个部位在活动。右侧是给一个非常怕蛇的人出示高仿真的蛇，他极度恐惧时的图像。可以看到，恐惧就是这个部位的活动。说到这我就有一个联想，我的咨询室经常有即将步入婚姻的小两口来咨询，

一般都是男生推着女生进来，说：吕教授，你快帮她看看，她肯定是有病了，越接近结婚的日子就越紧张，一天问我一百遍，你到底爱不爱我。我就有一个设想，假如将来我们国家经济更加发达了，我们咨询中心也配备一台这样的扫描仪，步入婚姻之前的恋人如果不放心就到我们咨询中心去做一个扫描，首先给他出示姑娘的照片，他这个爱的区域暗淡无光，然后再给他出示姑娘家大房子的照片，他这个爱的区域闪闪发光的时候，我们就给这个姑娘一些建议，你最好别嫁，太危险了，因为他爱的不是你本人，是你们家的大房子。

人类大脑掌管情绪和记忆的部位是海马回，有抑郁症的人的海马回更容易萎缩，所以得抑郁症的人记忆力明显衰退。有人调查童年受过虐待的幸存者，发现他们的海马回体积明显缩小。2005年，美国科学家做了一个非常著名的实验，反复用电刺激小白鼠的脚，结果发现实验组小白鼠的海马回萎缩，杀掉之后做切片，发现在海马回上有一条一条的痕迹，为什么呢，是因为电击的刺激引起实验动物的极度恐惧和心理创伤，导致海马回细胞大批死亡。我想起在电影里经常听到这样一句台词，说失恋让我的心伤痕累累。其实每一个创伤都深深地刻在海马回上，所以更科学、更准确的说法应该是，失恋让我的海马回伤痕累累。

常见的重性精神疾病有重度抑郁、双相Ⅰ型、双相Ⅱ型和精神分裂症。重度抑郁是最常见的精神障碍，是可以影响一个人生活方方面面的显著而持久的心境改变。我们都知道70%左右的自杀死亡者和40%的自杀未遂者在自杀前都患有严重的精神疾病。在中国导致自杀的八个危险因素当中，抑郁症是排在第一位的。香港艺人张国荣得抑郁症自杀，台湾女作家三毛得抑郁症自杀，诗人顾城也是得抑郁症自杀，央视著名主持人崔永元也曾得过抑郁症，险些自杀。前一段时间网上盛传娱乐节目主持人李咏也抑郁了，后来他出来辟谣，说他没有抑郁，就是失眠。他不知道，失眠其实是抑郁症的核心症状之一。如今在激烈的社会变革中，在重重压力下，抑郁症越来越常见了。目前抑郁症成了常见病，是引起自杀的主要原因之一，所以抑郁症被称为第一心理杀手。我在我们学校出诊时，遇到一个32岁的女性患重度抑郁，自杀意念相当之强，防不胜防，开始是用水果刀割腕，被家人把刀抢过来，藏起来。结果吃饭的时候一下没看住，她拿起那个瓷盘就摔到地上，摔碎了以后捡起碎瓷片就往脸上横七竖八地划了好几刀，就是不想活了。

由于抑郁症患病率急剧上升，21世纪被称为抑郁的时代，而自杀也取代突发疾病和交通意外成为大学生意外死亡的第一大原因。前几年，复旦大学有一位25岁的女研究生因为得抑郁症跳楼自杀了。她生长在单亲家庭，母亲是下岗女工，母女俩相依为命，这个才貌双全的女儿是母亲的全部希望。这个病如果在上海治完全有可能治好，但是母亲爱女心切，生怕别人知道自己女儿得了精神病，就跑到乡下找游医偷偷治疗，结果越治病情越重，最后跳楼自杀了。那一年我们在北京举办国际自杀概率研讨会，就把这个母亲请来现身说法，这个母亲非常自责，几乎哭得瘫倒在台上。下面我们看一组触目惊心的数据。全世界患抑郁症的有3.4亿，中国有2600万，终生患病率15%，女性是男性的两倍，全世界每年损失2%～5%的产值，全球处方量最多的十种药品当中，抗抑郁药占了三种。抑郁症患者中有10%～15%最终会死于自杀，现在它是世界上第四大致残原因，到2020年将成为第二大致残原因。抑郁症有“三低”症状，即情绪低落、暗自垂泪、思维迟缓，也就是觉得脑子变慢了，言语动作减少，天天累得不行，特点是昼重夜轻。重度抑郁有这样一个诊断标准，我希望大家都能掌握，即抑郁心境，愉快感减退，体重改变，睡眠障碍。注意抑郁症的特殊性失眠是躺下就能睡着，但是到凌晨两三点的时候出现早起性失眠，就是在凌晨两三点的时候很难再入睡。我们在高考的时候可能都经历过焦虑性失眠，躺着睡不着。另外还有疲劳、想自杀等，如果最少有五个症状同时存在，持续两周，就可以诊断为重度抑郁了。

我在医科大学讲精神病症状学的时候，都会从病房带几个病人到现场给同学们看，因为只要你看过一次精神病人，一辈子都不会忘记，下次你一眼就能识别出来。这里我来演示一个病例，请各位同学注意体会求助者的语气、声调、感受和症状，一边听一边看我的诊断依据，看看这个病人他可能得了什么病。“大夫，唉，我觉得活着太累了，太没意思了，这人变得特迟钝，木木呆呆的，都有小半年了，每天早晨两点就醒了，醒了就再也睡不着了，一想到这一天怎么熬就发愁。有时候想着想着眼泪就流出来了，还得拼命忍着，不能哭出声来，怕吵醒他们俩，我真是连哭都没地方哭啊！我老公看我瘦得都脱了相，就非拉着我们娘俩出去旅游，可到了地方，我哪儿都不想去，就想整天在床上躺着，看着他们爷俩孤孤单单的，我这心里头难受得不行，觉得特对不起他们，你说，我怎么这么没用啊！真想从楼上跳下去算了，免得拖累他们。你说，我老公找谁不比找我强啊。”现在，请诸位初步判断她可能得了什么病？抑郁症，没错，看一下她是否符合抑郁症的诊断标准。她有抑郁心境，愉快感减退，体重改变，睡眠有障碍，疲劳程度深，还有不适当内疚、想死的念头。所以这个案例诊断能成立。通过这个案例演示我们能发现典型的抑郁症患者声音有特点，非常低沉、非常缓慢，中间夹杂着叹气和哭泣，给人的印象是悲悲惨惨、凄凄切切。讲到这里，我就想起《红楼梦》里有一个人物和这个很贴切，谁呀？对，林黛玉。所以林黛玉当时不应该吃人参养颜丸，应该找我们精神科大夫会诊。碰到抑郁症的病人，我们该如何对待呢？抑郁症的治疗原则是早发现、早治疗，首选药物治疗。为什么抑郁症需要治疗？因为不治疗后果可能很严重，会有自杀的现象发生。在很多国家，一旦发现抑郁症则需要马上给患者服药。因为药物可以降低忧伤和焦虑，可以增强体力和兴趣，可以提高注意力和记忆力，可以去除绝望感和自杀念头，而且药物没有成瘾性。前不久，湖北省妇联给我送过一个女病人，刚刚分娩3个月，分娩后每天以泪洗面，委屈得不行，而且她有一个可怕的念头挥之不去，就是老想把她三个月的宝宝从她住的六楼扔下去。我一看，别咨询了，赶紧去精神病院，这是典型的产后抑郁症。这个病人用药之后很快就痊愈了。另外我们老师和同学要掌握的一个常识就是抗抑郁药起效比较缓慢，一般用药两到四周才能缓慢地发挥作用，所以你有一个亲戚得了抑郁症，今天开始吃药，刚过一个钟头就给你来电话说:“铁蛋啊,这药不会是假药吧,怎么吃了一个钟头啥作用都没有呢。”你要告诉他,抗抑郁药起效缓慢,不会吃了一二十分钟就见效。抑郁症是一种有复发倾向的慢性疾病,如果治疗不充分,容易复发,所以目前主张抑郁症患者应该遵医嘱长期服用抗抑郁药。

现在请老师和同学们拿出纸和笔,我们用抑郁自评量表为我们自己做一个抑郁测评。我们今天选用的量表SDS是一个信度和效度都很高的国际量表,在精神病院门诊被用做抑郁症的普查和筛查。现场的老师和同学很多是第一次做心理测查,希望各位从今天开始建立隐私观念,不要去看别人的测评结果,也不要把自己的结果给别人看。测评的时候请根据最近一个星期以内你的实际感受选择一个合理的选项。横标我们写A、B、C、D,A表示没有该项症状,B表示部分时间有该症状,C表示相当多的时间有该症状,D表示绝大部分时间或全部时间有该症状,左侧写题号1、2、3、4……你的选择要通过听了题目后的第一印象来选择,选择什么就在什么下面打钩就可以了。第一题,我觉得闷闷不乐,情绪低沉。第二题,我觉得一天之中早晨最好。第三题,我一阵一阵哭出来或者觉得想哭。第四题,我晚上睡眠不好。第五题,我吃的和平常一样多。第六题,我与异性密切接触时和以往一样感到愉快。第七题,我发觉我的体重在下降。第八题,我有便秘的苦恼。第九题,我心跳比平时快。第十题,我无缘无故感到疲乏。第十一题,我的头脑和平常一样清醒。第十二题,我觉得经常做的事情并没有困难。第十三题,我觉得不安并且平静不下来。第十四题,我对将来抱有希望。第十五题,我比平时容易生气、激动。第十六题,我觉得做出决定是容易的。第十七题,我觉得自己是一个有用的人,有人需要我。第十八题,我的生活过得很有意思。第十九题,我认为如果我死了,别人会生活得好些。第二十题,我平常感兴趣的事照样感兴趣。

题目做完了,下面开始记分。记分方法:请在下面题目的标题前画一个圈,第1、3、4、7、8、9、10、13、15、19题,请在这十道题前面正向记分,A等于1,B等于2,C等于3,D等于4。另外十道没有标记的题反向记分。比如第一道题你选择的是A,那么第一题的绝对值就是1,第二题选择A则是4。把所有的值相加就是你的抑郁指数,现在开始计算。

请抑郁指数在70分以上的同学向我点头示意,60分以上的,50分以上的……20分以上的。有的同学始终没点头,难道是得了零分吗?

现在进行结果分析。分数越高表明这方面的症状越严重,40多分以下表示正常,51分到60分为轻度抑郁,61分到70分为中度抑郁,71分以上的为重度抑郁。这是我们国家制定的判断标准,在国外只要过了40分全部要进行干预。我在临床上发现有些同学在40分左右就已经很难受了。假如在座的同学听了这节课觉得你们家一位亲戚特别抑郁,但是你手上又没有SDS表格,怎么办呢?我们有一个非常简便和非常有效的方法,这就是我们下面要做的练习。请在座的同学和老师再次拿起纸和笔,我们做一个信手涂鸦,就是把你现在的情绪用图或线条表达出来,想怎么画就怎么画，想画什么就画什么，我会到下面观察。抑郁情绪学生的信手涂鸦有三个特征：第一点，他的线条是纷乱的，是缠绕的，使你分不清楚线条在哪里；第二点，它是从中间开始蔓延的；第三点，其抑郁情绪越强涂得越黑。我在班上见到一个同学涂了一个大黑疙瘩，说明抑郁情绪非常强。

现在再来看看躁狂发作。我曾经看过一个男生特别老实，像女孩一样，尤其害怕他的父亲，见到他老爸就像老鼠见到猫一样。结果有一天他的父亲来学校看看他，爷俩在雨地里走着。突然这个男生没来由的眼冒凶光，腾地一下跳起来把这么粗的雨伞拧成麻花状，然后把他老爸摁在地上一顿猛揍，揍完之后揣着兜吹着口哨回宿舍睡觉去了，然后辅导员就带着这个一身泥、满脸泪的家长过来找我。我一听，什么都别说了，赶紧叫车将这个男生送到精神病院，他就是躁狂发作。躁狂、抑郁同时发作，但是以躁狂为主。如果你们班上有个很乖的学生，突然有天见猫打猫、见狗踢狗、无故发火，那就是躁狂症的表现。

双相Ⅰ型，指既有躁狂发作又有抑郁发作，以躁狂为主。我有一个病人，产后三周来就诊。分娩后总责备自己，认为自己没有资格做母亲，终日以泪洗面，出现产后抑郁。最近一两周一反常态，见人就夸自己的儿子，说自己的儿子将来比爱因斯坦还伟大。家人带她来看病的时候，激情四溢，眼睛闪闪发光，一上来就跟大夫热情握手说起来："大夫，我们是同龄人吧，同龄人就应该同情，我的遭遇特别让人同情。别看我穿得破，我是故意的，我丈夫一个月给我五千块，花都花不完。我就想捐给希望工程，让孩子们上学，孩子就得从小学习。我的孩子一看就是个学习的料。他的脑门是圆的，下巴是方的，天圆地方。大夫你姓方吧，我表哥也姓方。"这就是典型的躁抑症双相Ⅰ型，以躁狂为主。

双相Ⅱ型，重度抑郁为主，间或有轻躁狂发作。轻躁狂的表现是容易激动、坐立不安。比如说机关里有个人特别谨慎、特别节约、胆小怕事、见领导都绕着走过去。这两天轻躁狂了，见谁都打招呼，今天请人吃饭，明天请人喝酒。这就是轻躁狂，有些人会告诉你我的脑子一会儿特好使、情绪也好，一会儿则木呆呆的，情绪也特别低落。我看了一篇文献，国外调查显示双相Ⅱ型在轻躁狂阶段的创造力是正常人的30倍。心理学家认为某些艺术家的重大创作阶段很可能都处于轻躁狂阶段。

抑郁症和自杀有高度相关性，最严重的结果就是自杀死亡。下面我们看抑郁症和自杀。自杀是抑郁症最大的危害，每一个抑郁症患者都有或强或弱的死亡欲望，都有可能诉诸计划或实施。估计自杀者中抑郁症患者占60%～80%。抑郁症患者最常见的自杀时间是凌晨，因为抑郁症患者有一个情绪变化特点就是早上重，晚上轻。睡眠特点是早醒，清醒以后情绪低落，会觉得漫长的一天即将开始，不知道如何度过，所以自杀的想法特别强烈。报道中，四川地震中一个官员自杀了，从他的博客中来看弥漫着强烈的抑郁情绪，自杀时间就是凌晨。自杀行为多是在抑郁症的缓解期，因为他最严重的时候心有余而力不足，没有办法诉诸行动。在缓解过程中，有劲儿可以自杀。另外监护人也会产生很大的松懈，这给自杀创造了条件。抑郁的自杀率比一般

人群高 20 倍,抑郁的自杀占到所有自杀的二分之一到三分之二。如果一个学生得了抑郁症,当老师的第一反应就是应防范他自杀。他们绝对是高危人群,在确诊后必须马上送往医院治疗,进行药物干预,否则悲剧很可能再次发生。

那么怎么知道一个人有可能自杀呢?一个严重抑郁的学生如果遭受了重大打击,他可能比正常的学生承受力更差,更容易出现激烈的毁灭性反应。一个抑郁症患者一般会遭遇某种重大打击,比如失恋、重大考试失败、父母离异等,然后出现明显的行为改变。比如他把自己的饭卡给卖掉,在冬天把好一点的冬衣打包寄回家,这都是在有条理地安排后事。有个失恋的女生躺在床上哭了一个礼拜后突然不哭了,起床后梳洗打扮好还化了一个淡妆。然后把一条特漂亮的裙子送给别人说:"反正我以后也穿不着了,就送给你吧。睹物思人,以后看着这条裙子就像看着我本人一样。"这种情况下自杀可能马上就要发生了,应该马上报告相关领导,实行 24 小时贴身监护。异常反应是自杀的一个重要征兆。

某天下午中科院上海某研究所一位 26 岁的在读博士生从七楼纵身跳下,他在自杀之前没有任何征兆,自杀的当天早上还和同学下了一盘棋,还下赢了。他非常冷静地把电脑里的文件删除,写了遗书。他的室友看到他的遗书以后,马上报告老师,老师就紧急约见他,并共进午餐,用为国争光、报效国家之类的话鼓励了一番,然后让他回实验室了。他回到实验楼坐电梯到了七楼,电梯门一开,正对着楼道的一扇窗户,他几步助跑,一个鱼跃就结束了自己的生命。他在遗书里写到自杀的原因是厌世,想偷懒,抑郁。后来他的父母把这份遗书贴到网上,状告中科院渎职,说早上就发现了遗书,为什么不通知家长?为什么不找心理危机干预专家来治疗?老师你负得了责任吗?所以,一旦发现了自杀征兆,请马上通知专业人员。

自杀学属于精神病学的一个分支,自杀意念很强的病人是要送到精神病院治疗的。另外,失恋也是大学生常见的自杀诱因。我在北京处理了一个案子,一个大二的女生因为有抑郁情绪,男友又提出分手,从宿舍二楼跳下自杀。大家一想,二楼啊,肯定是威胁自杀。因为二楼楼层比较低,按理不应该出问题,但正因为楼层低在空中没有体位的转换,就直着戳了去,楼下的地面正好是水泥地,结果摔成腰椎压缩性骨折,全身瘫痪。我曾经亲眼目睹过一例殉情自杀,当时我刚当兵,也就是十五六岁,但是至今记忆犹新。当时我们第一军医大学和暨南大学共用一所校园,暨南大学有一个女生,是南洋富商的女儿,据说这个女生像有名的林黛玉,多愁善感,找了一个来自广东农村的男朋友。女孩子的父母坚决反对,以死相逼。这个女孩很为难,一边是亲情一边是爱情,都无法舍弃。于是两个人就上了楼顶平台,抱头大哭之后相拥着跳下,殉情自杀。因为楼层高,他们就有一个体位的转换,女孩子头朝下,正好磕在花坛的边缘,当场死亡;这个男孩通过转换,正好是臀部着地,摔在花坛中央。花坛中植物非常茂密,土也很松软,他摔下之后砸出了一个大坑,旁边的人看他还有气,就从旁边拿了一个筐,把他放在筐里,抬着他往门诊跑。跑到半路他醒过来了,还问:"我这是在哪呢?"

怎么监护有自杀危险的人呢？有强烈自杀倾向的人一定要有专人监护，使他24小时不离监护人的视线，把危险品如刀子、绳子、剪子等上锁保管。处方类药只能限制小剂量或由亲属保管，同时鼓励他宣泄情绪，必要的时候先住院治疗。据我所知，现在好多大学只要发现有自杀倾向的学生就让其马上回家，调整好以后再回来。值得注意的是，这个时候千万不能批评，千万不能说教，找专业人员帮助是最主要的方法。如果你认为他即刻自杀的危险性很高，要立即采取措施，不能让他独处，并移除能导致自杀的危险品。

如果你是辅导员，有一个学生自杀意念很强，你到他宿舍里劝他，和他面对面坐下来以后发现，你们之间的桌子上放着一把雪亮的菜刀，应该怎么办？你们能不能对着这把雪亮的菜刀促膝谈心呢？不能！怎么办？拿走！怎么拿？能不能惊慌失措地站起来举着刀到处找地方呢？不行！因为你的惊慌就是在强调、提醒对方：我正想死呢，这不是有工具吗。就去跟你抢，争夺之间很可能发生意外。所以，这个时候要巧妙地把刀转移到安全的地方。可以说，“隔壁小红刚买了西瓜问咱们借刀呢，你等会我给她送过去。”或者说，“这是谁啊，切完西瓜都不洗，我去水房洗洗。”洗完之后能不能再糊里糊涂地把那刀提回来呢？千万不能！把刀放在水房。有的学生就问：如果水房里也有个想自杀的呢？那你可以说：谁啊？把东西都堆在桌上，太乱了。然后把桌上的东西连同这把菜刀一起塞进抽屉，上锁，钥匙揣在自己兜里，然后再和他谈心。

再提一个情景，假如此刻，你正在听课，突然手机响了，是你患抑郁症的同学小红打来的，她说：“我现在正在教学楼九楼的天台上，在告别人间之前，想跟你说，小绿，你是我唯一的牵挂。”你能不能说：“小红，你坚持住，我等吕老师讲完课，给我画完勾就去找你？”现在应该怎么办？能不能跟她说“别讲了，正上课呢”，然后就把电话挂断？不可以！遇到这种情况千万不要挂断电话。一定要不停地说，什么好听说什么，说尽天下甜言蜜语。一边说一边往天台走，但是不能去当孤胆英雄，要迅速求助。我的学生说如果是找我呢，而我现在在讲课。如果现在有人跳楼，当然可以找我。如果现在站在这里的是一位八十多岁白发苍苍的老教授，心脏还不好。你如果叫他去救人，老教授有可能会手捂胸口晕倒在讲台上。

往外走之前写一个字条，马上叫你的同学给学工处打电话。字条上写上打电话同学的名字、在哪个系、在什么地方准备自杀，要学校的危机干预系统马上启动。等你到了楼顶，看见小红两条腿搭在墙外，你不能坐过去挨着她促膝长谈。人在那时候会有求生本能，万一她临时一抓，把你也拉了下去。无聊小报会说你们双双殉情甚至会嘲笑你的性取向，“师生同性恋双双赴黄泉”，你说你冤不冤呀？遇到这种情况，先哄她转过身来，如对她说“小红，这样说话多尴尬呀”“小红，外面风大，我这儿暖和”等，她到你身边又安全了一点。能不能一到你身边你就把她拦腰抱住说“可逮着你了”？这是绝对不行的。人家受了惊吓有可能一转身又去跳了。这时你应该轻轻地自然地挽住她，一边鼓励她诉说自己的委屈和痛苦，一边往安全的地方带。哪儿安全？楼下。到了一楼就暂时安全了。这时候辅导员一定要陪她去精神卫生机构寻求专业帮助。值得注意的是:危机干预时,我们的救援人员主要是鼓励她说,不要反驳、不要训斥,听她诉说自己的委屈。

现在说说精神分裂症,这是最严重的精神病,有家族遗传倾向。15～35岁发病,自杀率为10%～15%,这也是精神疾病最常见的病,占住院门诊的2/3,大多数是青少年发病,不及时治疗会终身不愈。在北京精神病医院有很多以医院为家、住了一辈子的长期病人,他们必须用药物长期治疗。精神分裂症的治愈率是50%～60%。治疗的效果也不太明显,而且药物的副作用比较大,因此很多病人不愿接受治疗。得病之后病人的大脑明显萎缩。精神分裂症患者在康复期考试是要单独命题的。题目要容易点才行,因为大脑萎缩对智力肯定有影响,让他和正常人一块考试显然是不公平的。在我们学校精神疾病康复期患者一旦考试就给各个系里打电话,让他容易通过点,不增加他的压力。

被害妄想。我看过一个男生整天提着木棍,在辅导员办公室门口晃荡,满脸杀气。一问才知道,他说辅导员在英语四级考试中说他作弊,准备开除他,他找辅导员拼命,他自己也不想活了。其实这个辅导员根本没参加过英语四级监考,这个大一新生也没有参加过四级考试,更没有开除一说。这种情况马上要送到精神病医院,否则会伤人。他被害妄想的辅导员也要做好自我保护,最好在那几天请假,防止受到攻击。

传播被动,就是他会觉得他的想法没说出来,但是老师和领导都知道他的想法,他已经没有隐私了。他觉得自己的想法中央领导和央视主持人都知道。而且学校广播都随着他的思想在起伏,因为播音员已经了解他的秘密。一个人如果出现思维被广播的情况,就更要警惕是精神分裂症。

还有一种是幻听。我有一个病人突然趁家人不在,把一瓶药都吃了,说他看见一女鬼命令他把一瓶药吃掉。而且那个女鬼自己也吃了一瓶,吃完后就两眼流血死掉了,所以他也必须吃。

如果一个人有被害妄想,又有幻听,那肯定更是精神分裂症。前三条只要有一条就是精神分裂症。

有个病人她说下班回来,发现她家里有人来过了,因为她做的暗号被人动过了,就连在路上走的时候也有人跟踪。近来她发现她吃的食物也被人下过毒,因为她闻到饭菜有一股怪味。所以她和她养的小狗都失去记忆了,身体也不是自己的,马上要变成猴子了。她是症状比较典型的精神分裂症,她既有被害妄想,也有幻听,还有幻味和幻嗅。

怎样对精神分裂的同学提供支持呢?首先应该尽快找专业的机构进行干预,症状发作期需要药物干预,症状严重的要休学治疗,避免出现自杀或伤人事件。北京有个调查,发现有精神疾病的重点院校多,理科多。可以用一些小技巧来帮助有幻觉的同学,避免幻觉加重。如果是幻视,则调弱灯光,如果是幻听,就放一些背景音乐,让他坐下来,保暖,让他抱着枕头,都能缓解情况。不过得注意,这些措施是通知专业人员之后在等待甄别之前的临时措施，并不是治疗。

怎样避免造成精神病人幻觉加重？首先应避免深入探讨幻觉内容。假如你刚听到夜半歌声，你千万不要好奇地说："你再仔细听听，歌词唱得怎样？"再就是千万不要取笑有精神疾病的同学。

当你发现一个同学反应异常，千万不要表现出震惊或者惊慌，发现状况后请及时找专业人员疏导。遇到反应异常的同学要带领他到心理咨询中心处理，不要遗漏疑似病人，因为他的控制能力在这种情况下会降低。

提问环节

问：在大学里面遇到最多的就是焦虑。那我们面对焦虑时应该采取哪些方法去应对？

答：确实在大学生当中有焦虑症的比较多见。为什么我没有讲焦虑呢，因为焦虑症和自杀的关系不是那么密切。焦虑症如果严重需要到医院去治疗，要药物治疗。如果是轻度的呢，可以到咨询中心，有一些放松的疗法，另外还有一些认知的调整。我相信会对当事人有帮助，谢谢。

问：吕教授您好，我有个问题想问一下，就是关于精神病患者在发作期平缓之后，他是否还需要继续用药？

答：你指的是精神分裂症吗？如果是的，那只能很遗憾地说，现在的医学局限性还是很强的。精神分裂症的治愈率大概是50%，很多的精神分裂症患者都需要终身服药。

问：如果他用药一段时间，比如说一年或者两年之后，他看起来和正常人都差不多，那么他还需不需要继续用药？是否还要终生用药？

答：这个要遵医嘱，医生说减药你才能减药，不能自己停药。如果自己停药的话，引起第二次复发恐怕就够呛了。所以呢要争取一次用药。精神病的用药原则是疗程够，药量足。医生说你吃两年，你就吃两年。医生说你吃五年，你就吃五年，所以要遵医嘱服药。如果你擅自停药的话，很有可能慢性迁延。那就可能会终生不愈，终生服药了。

问：吕老师，我家乡有个同学，她不幸患上了这种疾病，然后我就发现她不停地指责她的妈妈，她本来是精神分裂症，她妈妈现在好像也有抑郁症，长期照顾她，她妈妈一直觉得完全没有希望，情绪很低落，怎样来引导——就是不管怎么说，让她们两个都快乐一点呢？能不能让她不要把这种负面情绪传递到她的亲人身上？我想问一下您有没有这种方法？

答：这是一个特别重要也是特别普遍的问题，就是精神病人的亲属最后也导致精神不是很健康——因为对精神病人的护理实在是太难了。而且精神病人的治愈率那么低，实在太让亲属觉得绝望了。这也是我们精神病院需要攻克的一个课题。其实呢，她可以和她就医的精神病院联系，每个精神病院都会有亲属支持小组，然后建议她参加一些团体的活动，病友家属之间会相互支持，另外呢，医生、护士给予一些必要的支持。这一点很重要，就是一定要学会利用医疗资源。

问：还有就是，有人会说，吃这个药会使寿命减短，然后智力会下降，而且我觉得她吃了那个药之后并没有很好的转变，而是越来越笨了，就是比她病之前还要笨，说话完全没有逻辑。我不知道那个药到底有没有效果，好不好，或者只是单纯防止她自杀。

答：如果是精神分裂症呢，我刚才说了，她大脑的萎缩是非常快的。她本身病程的迁延就会使她像你说的一样变笨了，就是她的智力受影响。再一个呢，不一定是对寿命有影响，抗精神分裂的药物毒性是很强的，是会让人迟钝一些。你到精神病院一看，你看那些人，有一种迟钝面容，这是抗精神病药物的一个非常严重的副作用。

问：您觉得像她这样的女孩以后能够结婚吗？因为我觉得，她家里人也会担心她这方面。我知道这样子结婚的话对男方肯定会有些不负责任，但是作为女方来讲她也会想尽快治愈，然后让她能够过一个正常女孩的生活。她以后有没有结婚的可能呢？

答：这个我倒是建议，在她疾病症状基本控制之后再结婚。不要急着忙着用结婚来治疗她的这个病，这会让她更加焦虑。如果碰到不好的人，后果会更严重。

问：我想问一下，自杀会有连锁反应吗？学校里面接二连三发生自杀事件的时候，学校应该怎么办呢？

答：这是一个非常敏感的问题。现在研究自杀的学者已经发现，自杀有传染性。这些同学都有一些精神方面的异常，所以我们的老师和同学都要有这方面的识别能力，一旦发现有同学出现精神异常，就应该劝他去找心理医生并告诉辅导员，对他多加关注，对他更包容，不要给他太大的压力，这样的话可能就会使绝望的同学收住纵身一跳的脚步。希望大家可以把这些知识传给周围的同学，共同筑起一道"长城"防止这些悲剧的发生。

大学生常见精神卫生问题的识别与处置

武汉市精神卫生中心　熊卫

我们首先来看一下精神分裂症，精神分裂症是世界各国最重视的精神疾病，也是全球疾病负担率最高的精神疾病，在精神卫生机构中住院率最高，中国的患病率约为6.5‰。CCMD-3对于精神分裂症的定义为，这是一组病因未明的精神病，多起病于青壮年，常缓慢起病，具有思维、情感、行为等多方面障碍，及精神活动不协调。通常意识清晰，智能尚好，有的病人在疾病过程中可出现认知功能损害，自然病程多迁延，呈反复加重或恶化，但部分病人可保持痊愈或基本状态。

精神分裂症的流行病学资料表明：发病年龄一般在20～35岁，女性通常比男性晚3～4年发病，更年期前后是第二个发病高峰；在不同时期、不同文化、不同国家中，精神分裂症的发病率基本上是稳定的，基本没有文化的影响，不同国家的精神分裂症患者表现都是一样的；精神分裂症是一种间歇性的疾病，有时会有严重的发作，有时会比较稳定，时好时坏。一项持续15年的调查显示：精神分裂症病人中2/3的人至少发作一次，每次发作后，就有1/6的人无法康复，1/10的人最终死于自杀。

精神分裂症的成因比较复杂，生理原因占很大的比重，精神分裂症家系调查及双生子研究结果显示，精神分裂症是具有一定的遗传倾向的疾病。现在有研究结果显示，精神分裂症患者亲属的发病风险要显著高于普通人，特别是一级亲属。最近的研究表明精神分裂症可能与某些染色体有一定关联。从神经递质的角度来说，精神分裂症可能与多巴胺的不正常分泌有关。除了遗传学的因素，神经递质的紊乱，精神分裂症还与母亲怀孕时的状态有关，虽然精神分裂症在十七八岁就表现出来，但病根也许在于母亲怀孕的前三个月有病毒感染。虽然我们现在还未分离出这种病毒，但大量研究表明这确实是导致精神分裂症的原因之一。第二个就是母亲在怀孕和分娩时有危险因素，如难产、胎位不正、宫内窒息，等等。母亲怀孕时压力大也会对胎儿有不良影响。出生的季节也对精神分裂症有一定的影响，研究表明，二月、三月出生的胎儿更容易患精神分裂症。这些因素在儿童时期便能慢慢发现，如不爱说话、沟通不良、缺乏与同龄人的交往、在学校坐不住、经常违纪、在家很被动、成绩不理想。现在最前沿的治疗技术叫做前期干预，也就是在发病前进行各项神经方面的检查，但这项技术也面临伦理的挑战，但有些人检测出有疾病后却不愿意吃药、住院。

那么心理因素的影响与精神疾病的发生有没有关系呢？照我前面所讲应该是没有关系的，似乎都是些纯生物学的因素。但我们现在认为，心理学因素起到一个很重要的辅助作用，会影响到精神分裂症的发生与发展。精神疾病的发生具有三个阶段：第一阶段便是先天原有的缺陷；第二阶段，当生活的压力增大，多巴胺便会分泌兴奋，从而导致多巴胺分泌神经的衰弱，以致一些神经功能的缺损；第三阶段，当这些一起发生时，便会导致慢性的精神疾病，整个人都会处于一种极其不佳的状态。所以说生理因素是根源，环境因素是重要的触发源。在疾病的发展中，治疗显得非常重要。若不治疗，神经元会退化，导致大脑结构性的损坏。所以精神分裂症在全世界都是一个需要社会来帮助的疾病，而不单纯是医生和家庭的问题。在社会福利比较好的国家，精神病人都会得到较好的治疗、照顾与尊重，让他们有工作、有免费医疗，以及生活补助。大学正是环境压力最高的时候，人在二十岁和二十五岁，这正是建功立业的年龄，我们必须找到工作、谋求地位、找到配偶、建立家庭，这是物种延续最重要的一个过程。如果你没有能力完成这个过程，你将被淘汰。在这个精神压力最大的时候，几乎所有的精神疾病都是在这个时候发生。过了三十岁之后，这些疾病的发病率都慢慢降低了，就是说生活的压力会对我们的精神起到推动性的作用。

一个精神分裂症患者，从医学的角度会有这些症状：有幻觉、有妄想、有思维问题、有情绪问题、有行为问题、有意志问题。那么我们应该怎样来理解精神分裂症的这些症状呢？大家可能会问，精神分裂症的症状能看出来吗？病到95%、98%，严重的时候可以直接看出来，不用我们这些高智商的人，街上卖烧饼、卖冰棍的人都能看出来。但是在早期，病情不是很严重的时候不是一眼就能看出来的，因为它是思维的问题，思维是内在的，如果他不说，你是看不出来的。这个人不洗脸、不穿衣服，你能够看得出来，但是我听说过一个学生患者，他不洗脸、不讲卫生，整个人都臭烘烘的，但是他在寝室里住了两年，和他住在一个寝室的人到最后实在忍无可忍了，臭气熏得快要晕过去了，就去学校投诉，学校来找这个人，把他送到我这里来的时候，一个瘦高的小伙子，衣服就没有一个地方是原来的颜色，白色T恤都变成灰色的了，耳后的污垢夸张一点说，都可以长葱了。其实这个时候一眼就可以看出来，但是没有人去干预。

那么得了精神分裂症都是一样的症状吗？不是的。精神分裂症有这么几大类的症状：感知障碍、思维障碍、情感障碍、意志行为障碍。不同的人状态不一样。有些人说话东扯西拉，有些人说话却非常有条理，有些人表现为行为很怪，有些人则表现为情绪不稳定。那么是不是得了这个病之后就一直是这样呢？不是的。症状会随着时间而有变化，随着病情的延长，症状会越来越多，会弥漫到他生活的各个方面，所以症状是有变化的。当你刚得病的时候都是帅哥、美女，之后就不一样了，因为精神坍塌了，外表也会有变化。还有一个问题就是，他是不是有了症状之后程度都是一样的呢？也不是的。症状有的时候处在一个进行期，有的时候处在一个微弱期。如果得到有效的治疗，他的症状期可能会很少发生，甚至和正常人一样。精神病人得到药物治疗的话是可以和正常人一样的，就像得了其他病也要吃药一样。有三分之一的人是可以有这样的结果，有三分之一的人可能就残疾了，剩下三分之一就是时好时坏。

那么精神分裂症病人是不是会忽然拿个刀子来砍你一下呢？不会的，精神分裂症没有那么妖魔化。精神分裂症病人主要是思维障碍，思维障碍有哪些表现呢？第一种就是被害妄想，觉得“有人要害我、要欺负我”，所以说他们不到万不得已不会攻击人。第二种是觉得“周围人都在议论、评价我，都在说我不好”，说明精神分裂症病人的内心是非常脆弱的，脆弱到什么程度呢？脆弱到蜷缩在自己的内部世界里不敢与外部交往。所以通常情况下，他们不会主动去攻击人。那么他什么时候会来攻击人呢？就是他的妄想达到了极限，比如说他觉得，章老师马上要来打我了。我先下手为强，先把他打了。所以说，他不会主动地攻击人。而且，病人攻击他人的时候多半是有先兆的，他的神情、情绪、行为都会有所表现。大家要学会识别，当你发现一个人情绪很激动、很生气的时候，你不要去激怒他，把自己的眼神移开，身体退一步。这是动物一样的表现，表示“我让你”，不想和他对着干。

医生主要根据这几个方面的资料来诊断精神分裂症：第一是当事人说什么；第二是知情人提供的情况，如同学、老师、家长等周边的人。我们医生根据这些资料再加上自己的观察，以及和他交谈的结果，当然还有一些生物学上的检查，如血检、脑电图之类的检查，先排除其他的病因，因为很多其他的疾病也会导致类似精神分裂症的症状，比如脑子里面长了瘤子、得了脑炎、癫痫等；还有一些可能是精神活性物质导致的症状，常见的有吗啡、摇头丸等，这些因素都会导致和精神分裂症一样的症状。所以在进行诊断的时候，除了做精神方面的检查，还要做身体上的临床检查。诊断的标准实际上是由四个方面构成的。第一是你要有足够多的症状。第二，你的症状要有够多的时间，不是说我觉得出现了幻觉、觉得有人要害我就分裂了，人在紧张的时候也会有类似的感觉。第三是要有足够严重的程度，比如得了这个病之后不能正常地与人交流，不能正常地工作，我的行为都紊乱了，我的生活、社会功能受到了严重的损害。第四个是你是不是有脑炎类的器质性的毛病，如果没有的话就可以确诊。四个标准都达到才能说，他可能患有这类疾病，而不是他有幻觉，就是生病了。

精神分裂的病人要怎么治疗？第一是药物治疗。现在全世界的治疗精神分裂的药物都是基于多巴胺等分泌紊乱制造出来的，这些药物可以使 70%的人得到好转，还有 30%的人效果不好、改善不大。而这 70%的人在药物治疗的基础之上还需要进一步的治疗，因为这些精神分裂症患者的幻觉、妄想和情绪紊乱控制好之后的自身承受能力是很低的，通常正常人能耐受的事情他们忍受不了，所以有可能之后稍微有些刺激就会导致病情复发，比如一次考试失败、失恋或工作被拒，复发之后又要住院吃药。一般来说，第一次发病连续吃药 1 到 2 年，第二次发病连续吃药 3 到 5 年，第三次发病终生吃药，当然药物会对大脑有某种程度的损害。在药物的基础上还要做心理治疗，要对家长做治疗，使家长知道这是什么病，怎样在家里照顾他，怎么与病人进行有效沟通，帮助患者料理一些人际交往中的问题；给孩子做治疗，纠正他的一些偏执的信念，最好是以团体的形式，因为很多精神分裂症患者最后会遇到人际交往上的问题；我们还要加强管理治疗健康教育，使他知道这个病是怎么发作的，有什么副作用，还要有治疗康复的信念。这就是对病人治疗的完整过程。

大家可能听说过这样的说法——精神分裂症就是一个伤脑子的病，继而更沮丧、更悲观。很多人从武汉跑到北京，觉得武汉的专家不行，要找北京的专家。这种行为就是表示我不相信你的诊断，我认为你的诊断不对，我要去看个更高级的医生，如果出国方便的话家里有钱的肯定还会去美国、去欧洲。还有很多人希望这个病是诊断错了或者是不用药也能自己痊愈。其实每 100 个病人里，不用药只有 4.5％的病人会自己痊愈，是小概率事件。而且不吃药会有 85％的人出现衰退，所以精神分裂症的患者不能自行缓解，一定要进行治疗。

精神分裂症有三个三分之一：第一是可以在治疗的帮助下恢复到病前的水平，恢复正常的生活水平和学习工作能力，这是上三分之一；下三分之一是越来越衰退，最后变成精神残疾；中间的三分之一就是时好时坏。我们能做的就是使上三分之一的人尽量保持，中三分之一的人发作的次数和程度减少，缓解的时间长，下三分之一的人衰退的速度变慢一点，不会一下子变成残疾让社会来照料，至少生活能自理，能在家里打理一些家务。这样就可以使发病的人的数量减少，有一部分精神分裂症患者是可以在临床上治愈的，但不能完全彻底地痊愈，就是说不能治断根。科学界有没有可能有彻底的突破呢？在艾滋病大量爆发之前大部分科研是集中在大脑精神分裂的领域，艾滋病爆发之后西方大量的研究转移到艾滋病上了，使得精神疾病领域的研究推迟了 10 到 20 年。

吃中药好还是西药更好，中药、西药在治疗精神分裂症的方面有什么位置呢？现在医药学院的教授也都在研究。一般认为，西药负责治疗精神分裂症，中药负责调理西药带来的副作用，形成搭配，也就是说西药是一定要用的，中药也要辅助着来用。这些药物会不会损害太大以至于吃着吃着吃傻了？不会。那为什么会有这种现象发生呢？那我就要问你为什么要到我这儿来呢，如果是好端端的那还会是有病吗？你是在吃药，但是你的病情也在恶化，多巴胺的神经元一个个地在凋亡，而不是这些药的副作用。特别是 19 世纪以来的药品更不会有把人吃傻了的情况，而且我们现在的药物具有唤起产生多巴胺的功能，所以变傻了是因为多巴胺功能的退化，或者一些副作用使他看起来比较呆板但并不傻。心理治疗可以替代药物治疗吗？不可以。很多人来我这儿做心理治疗，想把迫害妄想症看好了，我如果能做到的话我就不是熊医生而是熊半仙了，因为一个人一旦产生了幻觉就已经有了一定的生物学改变的基础了。虽然心理治疗能够产生很大的作用，但我们不能夸大它的作用。心理治疗可以在精神分裂治疗后半期有很好的作用，我要告诉在学心理治疗的同事们，在给精神分裂患者做心理治疗的时候要很谨慎，因为如果你向那些病人解释得太多，会让病人的病状爆发。因为精神分裂症的发作就是无意识的大爆炸，如果你用精神分析的角度解释他的症状，会使后果变得严重。我们可以给他们做一些团体治疗、帮助他们掌握一些人际交往的技术和情绪管理，做一些像这样简单的自体性的治疗是可以的。

什么情况下精神病患者要住院呢？就是当病情已经严重干扰了他的生活，他的幻觉现象已经很明显，他又不愿意吃药，除非他可以自己吃药，可以自己管理好自己的生活，不影响别人，否则就一定要住院。精神病人的特点是病得越重越说自己没病，这是很伤脑筋的地方，这也是部分精神病人要强迫住院的原因。

武汉有些机构可以提供精神病专科服务。这是精神科协会给我们的指南，如果病人不维持治疗，60%～70%的人在一年内会复发，90%的人会在两年内复发，所以我们要巩固他们的治疗。病人在一两年之内药量比较大。如果病情稳定，中国精神科协会给我们的指南是：每半年减五分之一的量，不能快速地减量。药量减小了，病人学习功能就会渐渐恢复。大量的临床观察发现，病人在康复两年以后恢复的情况会上一个台阶，再坚持两年就会有较大的恢复。恢复的过程就是坚持吃药，再就是有一个好的恢复环境。

有些小的医院没有意识到连续吃药的重要性，知识更新不够。我们曾经有个很失败的案例，病人是一个老师，我们把他治疗到可以正常工作，就停药了，结果后来复发了。以后就每两年发三次，到现在已经衰退到什么都不能干了。从那以后我们都不建议病人完全停药。病人不吃药有各方面的原因，比如说经济方面的，或者没人监管。在大学里面最常见的问题就是没人监管。所以如果我们寝室里面有个人每天吃药，我们就要给他一个安静的吃药环境。因为一般人吃药的时候都会有一种羞耻感，因为要吃药说明他有问题，所以他们吃药的时候会偷偷摸摸的，对吃药这个问题就承受了很大的心理压力。有些是我们治疗的问题，比如说药有副作用，或者是效果不好。现在就有一些好的药和治疗方法。比如说有种药很简单，每天晚上吃一颗就好了。还有一种一个月打一针，两千多块钱，经济方面确实要求比较高。

学校要帮他们摸索一些方法，多照顾他们，如果我们的辅导员遇到这样的学生，最好给他调一下寝室，让他和性格比较好、生活规律好的同学住在一起。放松对他在学习上的要求，学习是一辈子的事情，没必要那么急。

再谈谈自杀的问题，精神分裂症患者的自杀率是9%～10%，当然不同的研究方法有不同的结果。精神分裂症患者的自杀率是正常人的50倍。什么情况下最容易自杀，第一个是急性期，就是幻觉妄想自己去死，在妄想的支配下去寻找各种了断的方法。第二个就是缓解期，而且是第一次缓解之后的一年之内。就是因为他缓解以后意识到这个病对他的伤害，所以他觉得压力很大。而且这个时候常会有一个抑郁期，因为他觉得自己完了，没有机会了。在这个时期，患者一般已经出院，看管也较放松，自杀的行为更容易成功，这是最危险的。

自杀率最高的是青少年，随着年龄的增长会逐步降低。对病人的支持关心也能降低自杀率。未婚的男性自杀率高，因为没有家庭的照顾。失业的人、有过自杀史的人、偏执型精神分裂症的人自杀率高。我们要怎样加强教育，减少自杀的风险呢？第一是对病人加强治疗，第二是帮助病人减少药物副作用。怎么样跟病人谈死亡，这是

一个需要技巧的事情，如果发现病人有了自杀倾向，要果断用药。医疗的第一前提是生命。

下面我们介绍一下心境障碍。心境障碍也是一种重性精神障碍，是精神疾病中疾病负担排名第二的疾病。心境障碍可分为躁狂症、抑郁症、双向情感障碍，还有一种称为心境恶劣，它有抑郁症的所有表现，但是严重程度没有那么高。有这样一个病例，大一"挂科"太多，后来休学，之后找我治疗了就恢复学业，毕业后考研，然后研究生阶段天天玩游戏，什么都没干。这样的人以抑郁为主，总是觉得自己很糟糕。躁狂症的发作就是心情高涨，与环境不相称，从一般的高兴到欣喜若狂，从轻度躁狂到重度躁狂，更轻的时候则有话多、兴奋，幸福之感溢于言表等症状。常因小事发大脾气，好挑剔、好斗，容易跟人发生矛盾。这样的人的状况是以社会矛盾的形式表现出来的，吃饭时别人态度不好一点，他就会大发脾气、拍桌子。容易跟人发生矛盾，起冲突，其实是轻躁狂发作的表现。这样的人归纳起来就是情绪不好，严重的有幻觉妄想。重症躁狂有幻觉妄想，跟精神分裂症一样。这样的人有四大症状，躁狂的症状为"三高"，即情绪高、思维快、活动快。抑郁症的人就是"三低"，即情绪低、思维慢、活动慢。严重者高到离谱，一眼就能看出来。有的人属于轻躁狂状态，没那么离谱。轻躁狂对他们的生活有一些影响，但他们自己感觉良好，完全不受干扰。躁狂的时候身体是有一些表现的，具体表现就是脸红、目光炯炯有神、瞳孔变大、出汗多、口臭、便秘，你站近他就会感到一股股热气。他不吃饭，精力旺盛，睡眠减少。他这个时候感觉阳光灿烂，每天心情很好。这时告诉他需要治疗，他往往会说"你侵犯了我的人权，我要去告你"。躁狂症的诊断在症状学上也有标准，在症状学的八项症状里面至少要具有三项症状。一个人是不是属于注意力不集中，随即感应——哪里有什么动静都感觉得到，话多、思维快、自我评价高、精力旺盛、行为鲁莽、行事后不负责任。他的社会功能有严重的损害，因为他没有了自制力，看不到自己行为的不适当性，同时会给别人造成不良影响，这种不良影响不一定是攻击他人，他可能瞎花钱、签协议，有侵犯的性行为。比如一个人得了轻躁狂，买一辆小轿车送给他爸爸。但他爸爸是个农民，顶多要个拖拉机，而且他还是借钱来买这个车的。躁狂症患者不是伤害别人，而是给自己造成经济上的损失。从病程标准来看，躁狂症要持续一个星期，精神分裂症则至少要一个月。排除早期精神障碍和毒品的影响，因为吸毒也会引起精神障碍，吸毒导致的精神障碍和原生的精神障碍的结构不一样，治疗方向也不一样。躁狂者需要很好的药物治疗，好了之后你给他一些药物防止复发。有些躁狂症病人一辈子只复发一次。躁狂症好了之后可以继续工作学习，尤其是轻躁狂的人病情治愈后对他基本没有什么影响。

躁狂症的危害主要针对当事人自己，因为他会冲动、鲁莽，会做一些对自己不利的事情，会签一些不恰当的协议，然后给自己带来一些难以解决的麻烦，比如让女孩子怀孕、贷款买了些东西。有人去香港"扫货"，扫了三四万块钱的货拿回来卖。有个专门从事这种工作的店主，买件高档女士坎肩，一件一万五，买了十件。这种不顾损失的行为就是躁狂，他觉得来自己小店的都是富人，结果小店经营出了问题。精神分裂症的损害不一样，除了生活懒散、肮脏，不吃药、不治疗还会攻击、伤害别人。轻躁狂对周围的人也有干扰，他会制造噪音，把音响声音调得很大，一天到晚忙忙碌碌的，有些人眼睛都睁不开了还要吃泡面、聊天，等等，有些人早上一起来，就挨个地叫病人起床等。

精神分裂的病人内心非常脆弱，他把自己密闭在一个不与外界交往的世界里，所以他们通常情况下不会主动攻击他人，他在攻击人的时候往往是他的妄想到达了极限。

有一个越南籍的挪威人，他喜欢刘亦菲，因为刘亦菲是武汉人，他就到武汉来找刘亦菲，在五月花大酒店里住下来。他的护照在我们华科丢了，钱包被一个清洁工捡到了，送到派出所。警察就通过涉外酒店找到这个人，送到我们这边来，通过中国大使馆跟他在挪威的家人和医生联系上了，挪威那边要派人接他回去。大家知不知道派了几个人？派了两个医生一个护士，还有一个警官。因为按照挪威的法律，如果你要在公共场合把一个人铐起来，只有警察才有这个权利，处理这件事是有法律风险的。如果发现学生有问题，不管也不行，管也不行，所以是非常尴尬的。交接的时候，如果不小心让他骨折了，就麻烦了。所以一定要劝说，想办法在不伤害他身体的情况下保证他的安全。我们医院也是一样的，我们现在不能让病人不接电话，不探视。如果学校送来的人，若家长不同意住院，我们是不能收治的。上次有个本科生，他爸爸是另一个城市的外科医生，他爸爸就不同意，说要他过来看了之后才同意。我跟他沟通了很久，最后他发了个短信，承诺同意学校把病人送过来，第二天他就赶最早的飞机来了，来了之后他爸爸说要把他带回去。我说没有问题，但是需要你签字才行。因为普通老百姓只认为胡说八道、打人、不穿衣服满街跑，才是精神病，但如果一个人太高兴了、乱花钱、睡不着觉，觉得那不是病，而是他的自由。所以这个时候的重点在于，不住院也可以，那就劝说家人把他接回去，但是你要确保他在离开学校以前是安全的。所以你一定要把病人稳住，告知他的父母一切，签字后再把学生带走。你不要违法，但是还是要设身处地帮助他，解决问题不能推卸责任。

抑郁症的特点是“三低”，基本就是不动啊，不吃啊，不喝啊。如果一个人有这样的典型症状，病情就很清楚，但是抑郁症不好判断的地方就在于它是一种全身的多系统的抑制。它不表现在身体的其他方面，这样就很有蒙骗性。你不知道这就是抑郁，而误以为是别的病，或者不觉得这是病。抑郁症是一个系统的全身的疾病，它有情绪的症状，我们会感觉到他抑郁，没有愉悦感、绝望、自我评价过低和焦虑，这是一些情绪的症状。但是有些人不是这样，而表现为头痛、疲劳、睡眠不好、头晕、身体莫名其妙的不舒服、胃肠道不好，然后还有性功能紊乱。性功能紊乱主要就是性冷淡，女性很明显，症状就是月经紊乱、闭经、身体消瘦、怕冷、皮肤很干燥。实际上这些都是抑郁症的表现。大家想一想，如果一个人不是情绪的症状，只说躯体的症状，谁会想到他是抑郁症啊？如果他是学生，这种人在疲劳、睡眠也不好，头昏脑涨的状况下，他还学习吗？他就只会逃课，睡在寝室里，或者到学校的保健科去看一些莫名其妙的病。假如一个人老跟你说这些问题，你问一问，这些症状就会都出来了。

整体来看的话，抑郁症有一些外在的表现，语言、表情、姿势、行为方面都可能有表现，要学会去发现。它的特征性症状，也就是典型症状，就是情绪低落。例如，早上起床后情绪低落，灰溜溜的，到了下午三四点钟以后情绪就好一些，存在昼夜节奏的变化，往往是重度抑郁的表现，这样的人很容易自杀，而且经常伴有体重减轻、早醒。早醒就是早于通常起床时间两个小时之上醒来并且再也不去睡觉了。

除了这些以外，抑郁症还有躯体的症状，诸如全身肌肉酸痛、发僵、疼痛、食欲不好、没有饥饿感、消化不良、口渴、便秘，等等。然后还会有一些心血管疾病、背疼、心跳加速、胸前区疼、胸闷气短、喜欢叹气、喉咙像有什么东西哽着一样，老是清嗓子，接着会有内分泌的变化，如怕冷、体重减轻或是肥胖、皮肤干燥、脱发等。

抑郁症自杀的几个特点。第一，抑郁症在最严重的时候不会自杀。最有可能自杀的时间是抑郁症好转的时候，这时，他们手脚灵活，有时间去实施方案。在他好转的时候，由于放松了警惕，所以此时患者容易自杀成功。如果一个病人毫无征兆地出现病情好转，你反而应该不要太高兴，因为药物治疗最快也要十天才能起效，四个星期方才达到稳定。病人病情的好转应该有一个过程，需要稳定八个星期后再治疗四到六个月，这才是抑郁症正规的治疗疗程。

第二，自杀的方式多种多样。我们平常所知道的跳水、跳楼、上吊、服药是比较常见的。抑郁症患者的自杀让你防不胜防，特别是在医院里，东西特别多。有患者为避免护士巡房时发现，就平躺起把衣服、毛巾顺成一条线，用枕头自杀。还有的拿出小刀来割腕。有些患者的自杀不是致命的，但也很严重。他会吞食东西，如硬币、吊坠、牙刷、勺子、筷子……这些想得出来的东西都会吞。

抑郁症患者的自杀是有计划、有预谋的。它与边缘型人格的人自杀不同。边缘型人格的人自杀往往搞得声音很大，动静很小。抑郁症患者自杀则是闷不做声的，所以如果患者突然好转则一定要警惕。

还有的患者是扩大化自杀和各种离奇化自杀。扩大化自杀是什么呢？他最亲近的人（如自己的孩子），担心自己死了之后孩子没人照料，便先把自己的孩子弄死，自己随后再自杀。这样的事情往往到最后是孩子死了，大人自杀未遂，被判以谋杀罪。所以大家一定要了解抑郁症自杀。

自杀有一个危害就是"死在你的身上，伤在我的心上"。自杀是种被动的东西，某些患者用毁灭自己的方式来使亲人和朋友难受，这就是自杀带来的威胁。在学校里自杀，我们周围的同学、辅导员会难受，会一直背着沉重的负担。学生自杀后家人会有很严重的反应，家人觉得这种罪过无法摆脱，这就是为什么家里有一个人自杀后，其他人会有连带的心理问题的原因。抑郁症的人自杀非常有危害性，不仅危害自己，自己身边相关的人也会受影响。

抑郁症是5-羟色胺与去甲肾上腺素这两种神经递质下降导致的。我们通过药物可以使病人获得很好的改善，现在的药物比原来的要好很多，治疗也很简单，副作用很小，你吃了药和没吃药看样子没什么两样，但慢慢就会有治疗作用。所以药物治疗是大家的朋友，不是大家的敌人。大家一定要知道这些药物是经过国家检测正式上市的药，不是毒药，所以不要把时间花在做心理治疗上。应事先用药物把情况缓解之后再做心理治疗。心理治疗也非常重要，药物治疗加心理治疗胜过单纯的药物治疗。我们目前还是认为抑郁症是一个跟神经递质紊乱有关的疾病，所以就要调节神经递质。如果我们认为抑郁是因为我们自己的性格不好、伤感，我们就会有一种耻辱感，所以在西方国家大家很愿意接受抑郁症是一种生物学的疾病。那么，有的人因为失恋、考研失败等原因心情不好而导致抑郁，这也算是病吗？是的。有的人又会问，我的心情抑郁了，你可以用药使我心情好起来吗？可以。所有的精神活动都是有物质基础的，心情好是因为肾上腺素分泌得比较多。我们现在就是要通过调节物质基础来改变心情。那么心理因素会让我的物质基础发生紊乱吗？时间长了是肯定会的。生物学的研究证明，当一个人受到严重刺激，有很严重的 PDSD 症状，思维有很大异常，这个时候会发现大脑内的物质有明显的异常，当心理的创伤被治愈之后，会发现大脑中存在异常的症状也消失了。我们认为神经细胞之间有一定的空间，两个细胞之间通过化学物质连接，这样的结构我们叫做突触间隙。在突触前膜中有一种含有神经递质的特殊蛋白质，电冲动刺激到这种特殊的蛋白质，就会释放出神经递质，突触后膜上就会有东西捕捉神经递质。人抑郁的时候，电刺激减少，释放的递质减少，传递就少了。人类是一种很精确的动物，如果释放的东西没有被捕捉就会把它收回来，不会浪费。所以，现在的药物有几种机制，第一种就是促进这个地方的神经冲动发生，让它释放更多的递质；还有一种就是我们让递质在突触间隙里面多停留，让后面有更多的机会把它捕捉到。这样一想，用药物改善我们的抑郁就有道理了。

有一种精神病人，我们经常只是认为他性格不好，但实际上这是一个边缘人格的体现，边缘人格有比较轻的，也有比较重的，简称“轻边”或者“重边”。重边患者害怕所有的医生，在学校其实存在这样的同学，有些人甚至在工作和学习上表现得很出众，因为这种人一般具有两个特性，自恋和聪明，这就导致了他的功能缺省不是那么的严重，他可以保持在一个中等偏上的状态，但是他最大的问题便是不稳定，经常表现在情感上。所以边缘人格最大的问题便出现在情感与人际交往上，引起自我形象的不稳定，这些现象常常伴随着冲动性的行为。这样的情况会给他自己的生活，身边人的生活以及治疗造成很大的困难。现在趋势是越来越多的人患有边缘人格，可能有以下两个方面的原因，一是现在这方面的医生变多了，关注的多；二是现代学生在成长过程中受到冲击，遇到的问题变多。在美国，边缘人格障碍的比例约为 1%，在中国，这个数字为 6‰。人格边缘障碍表现为他的行为方式偏离了正常人的轨道，这种行为无关智商、无关逻辑，但是遇到这种事情他会没有办法判断，将与人的关系扭曲，产生强烈冲动。这种症状在短期内无法得到改变，常常在青春期发现，有些甚至在儿童期就有显现，表现为人际关系不稳定，并且有很多的生理病一起出现。这种人

格有可能延续终身。

有一部分轻度抑郁症患者是有自制能力的，可以承担相应的民事责任，但是你不能强迫他接受治疗，否则他会控告你，所以只能采取劝说的方式，在不得已的情况下，你必须承担巨大的法律风险去救助他，因为这是必须的。湖北工业大学有个孩子，学校让两个学生干部守护他，但是在换班时，这个同学就跳楼了，他的父亲来，只有流着泪把孩子扛回去，什么都没说。所以在监护时，最好不要用学生，最好能叫监护人，或者送去医院观察，若不得不用学生，一定要事前接受培训，因为这是一个人的生命。所以涉及人的生病，一定要亲力亲为，不能有一点马虎。

为什么会有这么多的自杀行为呢？一来，可能是因为他们希望借助这种行为来缓解内心的压力、抑郁、痛苦等；二来，可能并没有任何事件引发这种行为，只是内心的抑郁慢慢累积，直到有一天爆发；还有一种原因就是在人际关系里，他们利用这种行为来控制对方，以达到自己的要求或目的，这些情况大部分发生在亲密关系里，如跟配偶、父母。

我们现在发现，年纪较轻的边缘人格患者的自杀倾向要高于年纪较大的边缘人格患者，可能是由于年纪较大者在经过这么多年以后，情况有所缓和。然而无论是哪种情况，反复性的自杀和自伤行为研究起来都是十分困难的。自伤行为很多都是冲动性的，事后他们都会后悔，比如当他们利用自杀来要挟父母后，都会向父母道歉，但是下次仍然会这么做。这种冲动性的自杀和自伤行为除了喝药、割腕、跳楼等，现在还有一种行为就是飙车。有些边缘人格患者聪明、有知识、家境好，一旦他们心情不好，就开着自己的宝马、跑车到高速公路上横冲直撞，以此来操纵他们的家人或治疗师。除此之外，混乱的性行为也是一种自伤行为，其主要表现为滥交。

第四个不稳定是自我身份的不稳定，这也是最核心的一个问题。我们所说的情绪的问题、人际关系的问题、冲动性行为的问题，都是外在的，在心理学中，这种身份的紊乱才是核心，也是一切不稳定行为的基础。这种不稳定的行为主要表现在他们不知道自己是谁，不能对自己有一个稳定的认同，他们可以自恋到云端，也可以自我贬低到认为自己是最卑贱、最肮脏的人；他们有时候觉得自己很聪明，可以和你讨论尼采的书、讨论哲学，有时候又会觉得自己很笨，笨到连手机上发来的短信都看不懂。总的来说，就是自我身份的统一感有问题，常常定义不了自己是谁。追溯这些行为的原因，可以发现有边缘人格的人，第一是有早年母婴缺陷的人。如果一个人早年没有养育好，那么就不会有人告诉他一些关于自我认识的问题，比如说，我是谁？我从哪里来？我到哪里去？相应的这个人就不会有一个清晰而统一的自我认识。第二就是有创伤的人，尤其是性创伤，或者是躯体上被虐待的创伤。这些创伤会直接毁灭掉他对自我身份认识的统一性。

这是比较核心的问题，但也是比较隐蔽、比较深入的问题，你要有丰富的心理学知识，然后对这个人有比较深的了解，才会发现这些问题的存在。

再就是表现在对抛弃的敏感，这里所谓的抛弃有真正的抛弃，也有想象的抛弃。

由于他们对自我认识的不稳定，导致他们会误解别人的行为，认为这个人疏忽他、不介意他。就像在一个没被养育好的婴儿看来，妈妈的不好好养育的行为就是一种抛弃。所以当他们和别人相处时，哪怕仅仅是对方一个不屑的眼神，如果被他们捕捉到的话，这个人在他们心目中的形象就没有了。也就是说，边缘人格的人，对别人的态度非常敏感，尤其是对于那些否定的、抛弃的态度。这种敏感会把其他所有的东西都淹没，在这种情况下，他们就会哭泣、行为不稳定、冲动，这里的冲动就包括自杀、吵架等，他们会把一点小事弄大。他们对人与人之间的关系要求非常高、非常苛刻，稍不满足就会爆发。所以他们的这种被抛弃的恐惧也是核心问题之一。

边缘人格的人除了这种人际关系的不稳定行为、自我印象的不稳定、冲动性的自杀行为以外，当遇到应急事件时，他们会出现精神病的症状，会产生非常丰富的幻觉、妄想，情绪严重紊乱，所以在这个时候，医生会认为他就是精神病患者，有些人的这种精神病症状是很短暂的，而有些人的发作是很持久的。对于这些人，他们长时间地处于精神病发作的阶段，而只有较短时间里表现为情绪不稳定，因此，对于他们，单纯的心理治疗是没有效果的。我们一般进行这样的治疗：第一，中等甚至大剂量的抗精神病药；第二，心率稳定剂；第三，抗焦虑的药；第四，抗抑郁的药。当然，这是对严重的患者，有些症状比较轻的患者也有可以不用药物。

现在我想给大家讲一下边缘人格的共病问题。可能医学上主要的诊断是边缘人格，但还有躁狂症、精神分裂症、抑郁症、癔症或者强迫症，主要是人格和智力发育的方面，人格障碍是一个轴二的诊断，我们把同时具有轴一诊断和其他病症的情况叫做共病。边缘性人格是一种严重的人格障碍，在临床上的共病现象也最多，他们最容易共病的是心境障碍。所以如果一个人被精神科医生诊断为抑郁症或躁狂症但治疗一直没什么见效，那我们就一定要考虑他的轴二有没有问题。他还可能会有创伤性应激障碍，尤其是女性会有性创伤或躯体的虐待，男孩子会有在小时候和人打打杀杀的经历。第三个轴是物质滥用，我们医院里的吸毒患者绝大多数有人格障碍，多数是反社会性人格、冲动性人格、分裂性人格，除了吸毒他们还会喝酒，所以他们很喜欢泡吧，还有吸食烟草。他们干什么事情都会容易上瘾，他们的身体对什么物质都会有亲和力，吃药也是这样。安眠药一般是一天一颗或半颗，他是十颗并且一天吃三次。我们经常帮人戒毒，其实就是戒安眠药，但戒了之后还是发现这个人还是在无止量的用，最后发现他的人格有边缘性的特质。有些年轻的女孩子会有摄食障碍，暴食暴饮或者神经性厌食，有些人是有强迫症的。

边缘性人格不仅与轴一有共病的问题，他还有多重人格的问题。人格障碍的特异性越高，它的共病概率就越低，患病率越高，共病率就越高。在这里给大家提供两个概念：第一，边缘人格是持续不稳定的，第二就是严重的弥漫的混乱。

对于这样的人我们作为学校的教育工作者该怎么办？首先我们要知道人格障碍是不是一种病？人格是我们每个人待人处事的一种风格和方法，如果你的人格明显地偏离了常态，那就是人格障碍。人格障碍是全世界精神诊断中的一个类别，所以一旦确定是人格障碍它就是一种病。如果他干扰了日常生活和身边的人，那就一定要治疗。第二就是他们不仅自己痛苦，他们身边的人也痛苦，特别是他的亲人更加苦不堪言，而精神分裂症的患者是自己不痛苦而别人痛苦，所以对于边缘人格的患者，人们要么远离他，要么和他的关系存在冲突。边缘人格病人没有朋友就是因此，所以他是孤独的没人理睬，这又加剧了他的空虚和抑郁的感觉。那么我们要怎么劝说这些人接受治疗呢？你要帮助他呈现他的问题。边缘人格病人自己愿意接受治疗的概率比较大，因为他们感到了自己这样不好。他们的治疗难度在家属，家属不认为这是种病，而且这种病需要花费大量的金钱，再加上这样的人要么是有创伤，要么是有早年的缺陷，如果一个妈妈在早年养育一个孩子都没养育好，她会对这个孩子有很好的爱心吗？边缘人格患者的妈妈可能是过于理智或者自己就有焦虑的病症，所以她在养这个孩子的时候，孩子变成受害者，因此，孩子青春期有问题以后，她也不想管他，总是批评他。我们假设这个妈妈有人格问题，那她在这个社会上是走不远的，这样她就不能谋求一个很好的社会地位，因此就没有钱成为穷人，穷人就没办法接受治疗。

那么，我们应该怎么应对病人的自杀呢，50%～70%的人自杀其实是一种情绪表达，并不是致命性的，致命性的只有10%。但是，这些人的自杀行为很危险，不能说“让他死”这之类的话，更不能进一步刺激他。第二点是，你不能够显得特别紧张，不然他会觉得吸引了你的“眼球”，他下次可能会做出更大的举动，所以你要内紧外松，千万别把惊慌流露出来，要很冷静、严肃地去处理这个事情，要限制他这个自杀行为。一旦自杀行为发生了以后，事后一定要跟进，减少这样的行为，要严厉地提出来，他这样的行为很不好，会伤害他自己，伤害周围的人，这种情况就要跟他们说清楚。

边缘人格患者他们可不可以上学呢？他们肯定是要上学的，要不他们的家长也不会同意，只能说边治疗边上学。那么我们学校怎样在学生中识别这种神经萎缩的同学呢？第一，这个学生他自己向同学诉说，到中心来咨询，这就是一个重要信息来源。第二，同学、班干部、心理委员或者是社团的同学来了解他的情况，然后由老师和家长沟通。作为辅导员，你要是接到了这种信息，就要去观察解决。因为精神分裂的前兆，就是变得不讲卫生，不修边幅，性格越来越孤僻内向，经常逃课、发呆、自言自语。另外一个是学业的变化，有的同学以前成绩很好，但是现在得分很低，甚至是“挂科”。第三个指标就是人际交往。蛮活泼的孩子变得内向，蛮内向的孩子突然变得外向，所以我们要看交往模式是否有变化。

另外，你要想办法地去观察他，有目的地接触他。这个时候你要跟当事人去沟通，你是有目的地跟他谈话，你要澄清你以前了解他的一些情况，比如，你最近怎么老是不去上课啊，是这个课程你不喜欢还是其他原因？逐渐地，你就把话题扩宽，就是想知道他到底有没有精神问题。但是你们不能太直白，一开始就切入主题。我们要当事人给出合情合理的解释，如果是对的，那么就没有心理问题，如果他说的和你的判断不同，你可能就要好好思考了。心理咨询师内心要有一个标准，来评判这个人到底是不是合逻辑。要评估当事人有没有问题，问题严不严重，你评估了以后，你就要找我们咨询中心的专业人士来做评估。如果这个当事人真的有问题，我们要形成一个干预的方案，然后跟学生和家长，以及相关的学校人员，一起做好干预工作。

那我们怎么跟当事人沟通呢？首先，你要保持一个理解、接纳、关心、友善的态度和他去谈，但是有时候某些学生会让人心生厌恶，这个时候你要像念经一样，想着我一定要友善，再跟他去谈。因为你心情不好，这样会影响当事人，你要发现问题、评估问题，所以你要特别客观，不要先入为主，但是也别回避问题。在这个原则上，你再去观察他的衣着、神态、注意力、对外界的反应是否恰当。第二个就是交谈，先是一个随意的交谈，然后是进一步的交谈。可以有一个比较良好的开头，你不能单刀直入，这样会引起他的反感，因为他们对这个比较敏感。找一个不是特别严重的问题展开，然后一步一步再来了解，这个时候心理访谈的技巧可以用上去，要在一个专业的环境里，不要在教室操场等随意的环境里交谈，像办公室那样的工作场景，安静、安全、不受打扰。安静是指环境不能吵，安全就是不要有人可以听到，这一点很重要，一定要注意安全，不要让他的信息被泄露。还有就是不要在非专业的环境里谈，像咖啡厅、餐厅、宾馆、别人家的卧室，这些环境都是容易让你无意识的会有其他幻想的地方，你要在你工作的地方和他谈，让他有一个印象。其实这是人的一个认知的行为，让他意识到你跟他的谈话是正式的。还有一个就是时间要充沛，如果你时间不够，就约定其他的充沛的时间，一定要找一个时间充沛的时候跟他谈。另外你第一次的谈话至关重要，决定了这件事情的成败，如果你一开始就跟打游击战一样，太随便，别人就会觉得你不正规，就会为下一次做事留下后患，所以要慎重一点，这样就为你后面要做的事做好了准备。

职业生涯规划

华中科技大学 杨一平

今天想跟同学们谈谈大学生涯规划和大学发展这样一个问题。关于这个话题，我想分为四个部分。首先是为什么进行大学生涯规划，其次是什么时候进行生涯规划，再次是怎样进行生涯规划，最后是对生涯规划进行管理。

首先，谈谈为什么要进行生涯规划。很多同学认为这个问题对我们并不是很重要。上学期我和电子系大三的一个同学谈这个问题的时候，一个男同学非常坦率，他举手提问说到，胡锦涛总书记上学时并没有进行过规划，他毕业留校后就当上了辅导员，后来把他安排到某个水电站工作时就举家迁到工作地方，后来不断努力当上了国家主席。我是这么回答他的。在他生活的那个年代，规划起不到很好的作用，因为上级已经安排好了。但现在学生所处环境和胡主席那时不一样，所处的时代有很大的变化。变化主要体现在，胡主席所处的是传统的职业生涯，我们现在的社会是一个现代的社会，将来要展开的是一个现代的职业生涯。传统的职业生涯和现代的职业生涯的主要区别在于，传统的职业生涯工作是十分稳定的，以胡锦涛为例，他被调动到很多地方，当过很多地方的省委书记，都是组织安排，工作十分稳定，不可能没有工作，总有工作可以做。但是你们就不一样。你们出去之后，会不断地变换工作，这是一个很大的差别。第二个差别是原来自己的职业发展道路由组织安排，比如说我，我22岁毕业留校，可当时我不太愿意留校，但是当时领导安排我留校我就必须留校，现在是你们想留校就留校，不想留校就不留校，这在当时来说是不允许的。组织安排我在团委我就必须呆在团委，想做业务的话领导是不允许的，但是现在的你们不一样了。尽管现在用人单位也问你们的职业发展规划是什么，他们也得听你们的意见，所以每个人的职业发展由自己来管理。打个比方，我像你们这么大的时候，在传统的职业生涯规划里面，我的职业发展就像坐上了一个公交车，就像集体坐同一个车到达同一个目的地，目的很明确。坐这个车你自己是不用认路的，公交车司机认得路就够了，他会把你带到目的地去。但是现在你们找工作就像是自驾游一样，首先得确定到哪里去，目的地得确定，是看山还是看海，还是去大草原，目的地确定之后还得知道怎么走，得有地图，得有GPS定位，它告诉你下一步怎么走，经过哪些站。从对比中大家可以看到，在这样一种情况下，规划是必须要做的。如果不做的话就很有可能会迷路。规划对我们现代人来说是非常重要的。那么做规划的真正的目的是什么呢？就是选择自己想要的人生。从哪里开始选择呢？人生要选择什么呢？人生的规划对大学生来说就是从选择职业开始的。选择职业就必须知道什么是职业。职业的英文单词来源于拉丁文，拉丁文里面的意思是“生命的呼唤”，英国人把“生命的呼唤”定义为职业，在英汉词典里面“职业”的解释为“天子、使命”，职业与天子、使命有什么关系呢？这种使命与每个人的生活有什么联系呢？你们还没有工作过，还不知道工作对你们来说意味着什么。但是我要说如果想搞好规划的话就必须了解那些已经工作的人对工作的感受。比如说，我们学校有计算机专业，许多人会从事与计算机有关的工作。同样是从事与计算机有关的工作，不同的人感觉是不一样的。我教过的一个学计算机的学生，她毕业之后做了计算机程序员，做了几年之后感觉非常痛苦，然后到北师大做研究生。读研究生的时候学的是一个与信息管理有关的专业，她觉得特别难受，后来给我发了一封邮件，提出想转一个专业方向，于是就跟我商量。说从上大学开始自己就过得非常混乱，找不到自己的方向，经常处于一种很混沌的痛苦当中，以至于她工作之后很不愿意回忆大学四年的时光。毕业之后到了一家企业做程序员，她觉得在那工作很累，很吃力，到后来就糊里糊涂地考研了。读研一时她又后悔了，她发现自己在北师大读了半年之后并不快乐，经常烦恼。她常在想她为什么会烦恼，觉得自己没有把自己定位好。回过头来看，她认为计算机这一行并不适合她。她看计算机方面的书籍时觉得烦恼不堪，毫无乐趣，而且学起来很吃力。她提到她上大学选择这一专业的原因很简单，因为别人告诉她计算机是热门专业，找工作容易而且薪水很高。但是做了两年程序员后回过头来看，就像卡耐基所说的，“当你花了一生的时间爬上梯子，在爬上顶端往下看时，梯子下的不是你想象的那堵墙”。但我上学期还接待了一个土木工程系的同学，那位同学和她的感觉就完全不一样，他喜欢计算机，于是就加入了 IBM 俱乐部，毕业之后去了千橡互动，做的软件点击率很高，却对业绩还不够满意，认为还需要更加努力，做计算机对他来说是一件非常快乐的事情。他做了一个与自己专业联系不大的工作。由此，同学们应该可以看出，工作带给我们的感受是不一样的。

曾在美国通用汽车制造公司担任过 20 年总裁的杰克·韦尔奇。当了这么多年 CEO，他对自己的工作是这样评价的：“当 CEO 有利有弊，对他来说利大于弊，无论你做什么，工作都不会离开你，你考虑的问题会很有序，当 CEO 会有很多枯燥的外界的烦扰，但内心其实一点也不枯燥”，这是他对工作的感受。

闾邱露薇是凤凰卫视的一名记者，做过伊拉克的战地记者，复旦大学哲学专业毕业之后去了一家会计师事务所，工作了一段时间之后去电视台做了国际频道编辑，而后去了凤凰卫视。兜了一圈之后她觉得记者这一职业让她最快乐。因为她认为如果她不做记者就绝对不会去发生战争的地方。她以前是一个连战争电影都不看的人。她说她要感谢记者这职业，因为这让她看到了战争，看到了战争带来的伤痛，让她更加地珍惜生命。我是想告诉同学们，一份工作不仅意味着一份养家糊口的职业、挣钱，它还意味着其他的东西。

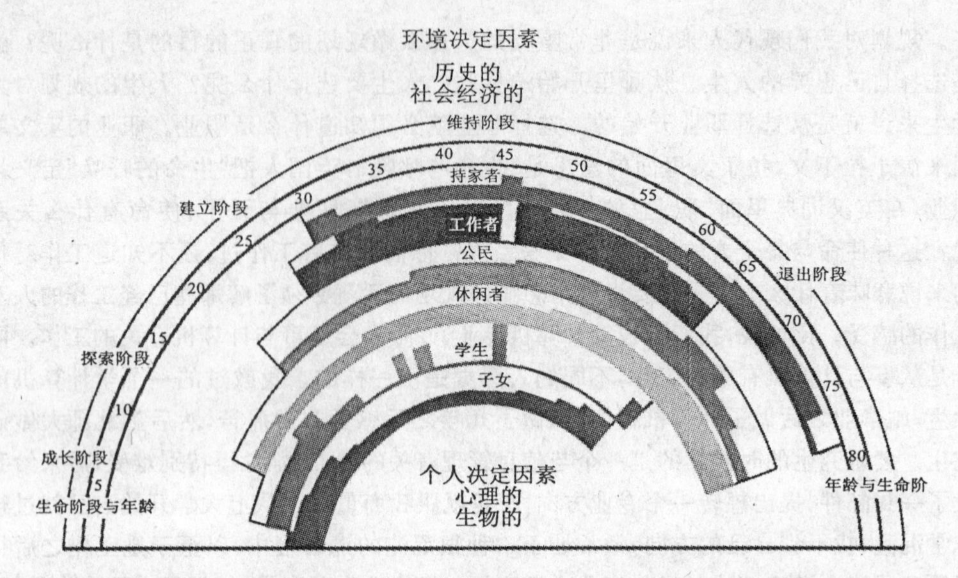

上图是美国的一个职业心理学家做的一个职业生涯彩虹。通过彩虹把人的一生需要做的事情浓缩在一起了。大家可以看到，彩虹当中不同的颜色代表着我们人生扮演的不同的角色，不同颜色的宽度代表着那个时代我们扮演那个角色应该投入精力的多少。同学们可以从职业生涯彩虹看，那个大红色的是一个工作者的角色。我们可以直观地看到从 25 岁到 60 岁这样一个生命力最旺盛的时期，我们大部分时间都得用于工作。如果我们在这几十年内得到的都不是快乐，那么可以想象会拥有一个怎样的人生。如果在工作当中得到的都不是快乐，那么倒霉的还有你的家人。回到家你的脸拉得很长，想象自己的家人过的是怎样的日子。所以，从这个意义上来看，选择职业也是在选择你自己的生活方式，它对我们的意义已经从传统社会的“安身”上升到现代社会的“立命”，安身可以让我们活下来，而立命可以让我们活出自己。一位著名教授说过，当一个人能够以自身原本的面目生存时，生命自身的完成就是自身的乐趣。看看露薇、看看韦尔奇，自身的乐趣会跟随他们一辈子。

那么应该什么时候开始做规划呢？首先请同学们看一组数字。我国大学毕业生的人数，2006 年是 400 多万，到 2009 年就增到 600 多万。按照教育部公布的就业率，2008 年毕业的学生，包括出国的、找工作的、考研的，等等，一次就业率是百分之七十左右。就以 2008 年为例，560 万毕业生，还有一两百万的毕业生必须和 2009 年的毕业生一起找工作。在座的同学们以后可能也会在这样的环境中找工作。到那个时候将怎样应对呢？到了找工作的时候毕业班的同学将会是怎样一个状况呢？

这是一个大三的同学在我做讲座时提出的一个问题：“上大学时没有什么明确的目标，以至于到了大三下学期是那么模棱两可。想考研，但英语和数学不行。想找工作吧，成绩单乱七八糟，实际经验少得可怜。想找工作又不知道想找什么样的工作”。这个同学看起来性格不太开朗，不太会与人打交道。做技术吧又对科研没兴趣，没有特别的能力和爱好。但不是每个学生毕业之后都像他们这样狼狈的。在职业生涯辅导课上，有个计算机系的学生，现在在北大读研究生。他换专业考人大的研究生，但没考上，后来就去找工作。先找了日本的一个企业培训学校。那个培训学校到大学招聘毕业生免费进行培训，但培训的对象得由他们自己来挑。他们是靠着对培训学生的了解向大企业推荐人才。这位学生叫李浩。当时去面试，别人却提出让他来担当讲师。然后他去应聘华为的人力资源管理，招聘者很看好他，但本科生的名额已满。最后他决定考研究生。这个学生为什么没有学人力资源管理，但别人为什么能看中他呢？原来他上大学时，参与过学校里的职业发展互动营，做了大学的人文访谈，采访了华科很优秀的学生，做了一本小册子，大三时去了父亲所在的航天集团，做人力资源管理方面的实习，是职业发展互动营的负责人。那么同学们看他这些所有的经历，都是跟职业规划有关的，所以被招去做人力资源。

有些同学认为做生涯规划是一件很累人的事情，认为到大学来是享受生活的。享受生活这个想法没错，但关键是享受什么样的生活呢？化学系的一个叫王峰的学生，他当时参加"我为什么要上大学"的大讨论时，投了一篇稿件，这篇稿件的名称是《未来有一千多种可能》，在文章末尾，他对心目中的大学是这样评价的：当你身处大学中时，其实是一种氛围，它无时无刻不滋养着你，但是身处其中的我们也无时无刻不在营造着这种氛围。当你离开它时，它其实是一种保证，保证你有自信去接受困难，保证你有一种力量去战胜困难。当你与它交往时它是一种层面，决定你站在一种怎样的层面上与什么样的人交往。当你回忆它时，它是一本备忘录，记录你青春最美丽的画面。王峰做到了让大学记录他最美丽的画面，但有些同学却做不到。发起"我为什么要上大学"大讨论的是一个大三的学生，他给学校校长写了一封信，信中提到他刚参加完一个和高中生搞的活动，去为高三的学生鼓劲，他回来后非常有感慨，仿佛看到了高三时候的自己，虽然非常疲惫，但精神状态非常好，非常向上。考上大学后梦想成真，但是开始失落，不知道上大学是为了什么，虽然曾经豪情万丈，希望在大学学有所成，成为有所作为的人，但是两年多来总是重复着课前预习，课后看笔记，做习题，考前做习题，考后所学的东西烟消云散的过程，这样上大学有时也会觉得很恐慌，上大学到底是为了什么，是用父母的血汗钱和自己的青春来换一纸文凭，还是为了在乡里人面前炫耀或是为完成父母为实现的夙愿，将来用于给自己找一份用于谋生的工作？在这里，我向同学们展现了两种不同的大学生活，你想要哪一种呢？这个答案有待于你们自己去寻找。

有些同学很关心到底未来的职业需要什么知识，以便及早准备，我记得有一年《东方时空》栏目做大学生就业的节目，请了一些企业的老总来座谈，当时主持人问了老总一个非常有意思的问题，现在大学生就业有困难，有的大学生采取了这样的方式，我自愿先到一个企业工作一段时间，不要钱，问老总们怎么看。结果老总的反应几乎是一致的，他们对这种不要钱的学生不感兴趣，他们感兴趣的是你能为企业做什么，而不是关注你要不要钱，要多少钱，如果你真的可以为企业做很大贡献，给你钱又怎么不可以呢？所以如果你没有本事，不要钱我都不要你。从中可以看出规划的重

要性。还有一个问题，计划赶不上变化，那我岂不是白规划了，我们怎么看待这个事情？有个同学是电信系提高班的，她来上生涯辅导课是因为不喜欢电信专业，而她所在的提高班是本硕连读的，她想我不喜欢电信这个专业，难道还读电信的研究生么。她就很郁闷，通过课上的探索，她发现自己特别想做网页设计师，我就鼓励她去实现这个想法。这个学生特别有灵气，做事情非常投入，她找了很多东西来学习，之后在网页设计方面非常牛，牛到成了华中大在线的首席网页设计师，到大三后她想去实习，通过师兄的引荐去了北京的一个公司，她准备实习回来后开始做本专业的毕业设计，因为她已经把保研的指标让出来，毕业后打算去工作。结果开学后她来找我说不想做网页设计师了，她说在公司实习后发现网页设计师并不是自己想象的那样，许多设想是无法实现的，被客户限制得很死，所以不想做了。我问她现在怎么办，她说，我看了很多生涯规划的书，书上说找工作时先选定自己最熟悉的两个领域，对于我来说就是网页设计和生涯规划。她当初上了我的课后，就和其他同学创建了职业发展互动营的相关工作室和网站。为了做这一切，她看了很多生涯规划的书，一天到晚帮同学做生涯规划，这些知识可以帮助她到企业做人力资源管理。后来她找工作的经历很有戏剧性，当时职业发展互动营帮助招聘企业借教室，拉横幅，在这个过程中一家IT企业的经理觉得她很能干，和她说你不用投简历了，就到我们公司上班吧，于是她就去这个公司上班了。这个学姐的故事告诉我们什么呢？计划是会变动的，但是有计划和没有计划是不一样的，有计划即使有变化也是主动的，你知道为什么要变，往哪里变，而没有计划就只能随波逐流。所以学会做规划比你得出一个具体的结论更重要。

所以大学时代最好从大二或大一下学期就开始做规划，那么我们来谈下怎么做规划，做规划是为了确定自己的发展目标，在座的一些同学我相信已经有了自己的目标了，但是有了目标就可以不做规划了么？我现在无法回答。首先，你的目标是一个什么样的目标，有的同学说我将来的目标就是要找一份发展空间大、薪水多的工作。这也算一个目标，但是大家想想看，这是不是一个所有人都想要的目标？所以这个目标是我们的，不是我的。我们学校有一年搞了一个职业规划大赛，我们几个老师去做评委。决赛的时候有几个工科的学生谈到自己的职业规划的时候都是一样的，毕业之后先做技术，再做管理。我们评委后来开始和他们互动，问他们为什么你们都是先做技术，后做管理呢？他们说别人都那样说，说做技术很累，做到后面就不想做技术，想做管理了。我说管理的岗位比技术的少很多，你们都想做怎么办呢？如果你是一个工科的学生，也是这样的目标，那这还是我们的目标，不是我的。那么我们的目标和我的目标有什么区别呢？一个控制系的同学，他研究生毕业时有五个offer，而他很多同学一个都没拿到。我就让他给我写些经验看他是怎么拿到的。他给我写了封很长的邮件，其中他提到在每一次面试的时候，他都能够恰当地展现自己的优势，合理地避开自己的劣势。那么什么叫做恰当，我们每个人都有很多优点，恰当是说不是把你所有优势都展现出来，而是展现一些，哪一些呢？什么又叫合理避开自己的劣势，有个同学是有教训的，当时他去应聘宝洁，最后的面试把他刷下来了。这是一个素质非常好的学生，被刷之后就去问原因。原来他在面试时表现的创业意识太强。他很希望将来能够创业，他进入宝洁是为了积累工作经验，而宝洁招的是团队合作精神强的学生，所以把他拒绝了。他就是没有合理地避开自己的劣势，本来是优势但在宝洁这儿是个劣势。而合理展示自己的优势，避开劣势就是为了表明他比别人更适合这个职位。为什么他要向用人单位展示他是最适合的人选呢？这就涉及我们的理念问题，再讲个案例。加拿大的某个地方有很多部落，最后剩下来的只有一个部落。人类学家进行研究时发现一个奇怪的现象，灭亡的部落在狩猎前都会开个会分析上回狩猎的问题，并决定在哪狩猎，这个在我们称为科学决策。但凡是科学决策的部落都灭亡了，存活下来的是打猎前占卜祭祀的部落。为什么科学决策的部落活不下来？这和企业面临的问题一样，如果是科学决策，他们遵循的原则都是一样的，他们选择的地方都是一样的。猎物不够吃，他们就饿死了，而那些祭祀的反而活下来。企业的战略如果趋同，那么就是恶性竞争，所以企业必须出奇制胜。这和人们就业不也是一样的吗？他有的你也有，那你有什么优势呢？求异才能够取胜。

这个控制系的同学是如何凸显自己的优势呢？他在面试之前写下了十件在大学时代最得意的事情，然后再写出十件在大学最开心的事情，把这两个十件事情都写出来了，他在网上去看十个自己很感兴趣的单位的招聘广告。他看这些单位提供职位的用人条件，然后从中找出共同点，最后决定到哪去。这个学生的做法已经告诉我们职业规划要做什么了。

下面我们来看一下都包括了什么。首先他写了十件最得意和最开心的事情，这是要看清楚自己，我们知道做职业规划要知道自己是什么样的人，然后查看招聘广告了解社会需求。最后再做决策，适合做什么样的工作。职业规划也有这三点，知己、知彼、做决策。知己从三个方面来看，首先是兴趣，李开复在大二做了一个非常重要的决定，就是放弃他在哥伦比亚大学法律系已修的学分。特别有意思的是哥伦比亚大学法律系在美国排前三，而计算机系排不上名。他是这样想的，人生只有一次，不应该把时间和精力浪费在没有快乐、没有成就感的专业里面。他的朋友对他说改变你的专业会付出沉重的代价，他对他的朋友说从事一项没有激情的工作会付出更大的代价。他对自己承诺大学里的每门功课都要拿到A，因为要学到自己喜欢的东西。直到今天，他依旧非常感激那天做出的决定，他说，“若不是那天的决定，我就不会拥有今天在计算机领域取得的成就。”

兴趣对我们那么重要，那怎么知道我们对什么感兴趣呢？你想想从小到大做什么事都特别有活力、乐此不疲，或者是做什么事的愿望特别强烈，老师、爸爸、妈妈都不让你做，但你偏要去做，从事什么活动的时候会达到一个忘我的境界。99级一个电气学院的学生找我谈心，他当时要到英国学金融管理。我问他为什么读了电气和计算机的课却要学管理？他只回答了我三个字：我喜欢。他说，杨老师，我们电气学院是一个大院，主持很多校级活动，主持这些活动我有时可以几天几夜不睡觉。但我

在计算机面前编写两个小时的程序就累得要命。还有同学讲小时候拆家里的电器，装不回去，被爸爸妈妈打，打完之后又继续拆了装。这样的孩子打都打不怕，就是真喜欢。

我们了解自己喜欢什么还不够，你还得拿出更有说服力的东西出来，你能够胜任这份工作。那么我们就要了解我们另外一个方面——能力，即你擅长做什么。衡量自己擅长做什么有三个标准，首先是无师自通，没有人教你可以做得像模像样；第二个标准，比较容易地掌握一门学科，你可能不是无师自通，但是你学得比别人快，比如有的人学英语付出并不是很多但学得很好，这个就是凭语感；第三个标准是，可能没有无师自通，但是我觉得那个事情对我很重要，所以我很投入地去做，因为我的投入比别人都多，最后我做到了比别人都好。

在了解你擅长什么之后就可以锁定你的工作目标了。不同的能力可以运用在不同的领域，比如跟人打交道的能力，这个能力对应的职业有很多，如律师、新闻记者、公务员、推销人员。你怎么知道适合做哪份工作呢？这些工作之间的差别是非常大的，这就需要我们了解第三个方面——价值观。价值观就是你觉得对你最重要的东西。衡量起来有三个标准，在你成长过程中，你被什么东西真正地打动过。比如说汶川地震，很多人看着电视流眼泪，我的一个从医的学生就因为这个事情选定了专业。他是这样说的，“地震之后所有人都往外跑，只有穿两种颜色衣服的人要往里面跑。一种是绿色，一种是白色，绿颜色的是军人，白颜色的是医生，我想做那样的人。”汶川地震同样打动了我们，但他选定医生作为职业。

前面我说了这么多，是为了什么？是为了形成我们对职业的期待。我知道我喜欢做什么，我擅长做什么，我希望从事什么职业，既是我喜欢的又是我擅长的，还要是能实现我价值观的。但这只是一厢情愿，这世界上有没有这样的职业呢？那我们要做第二件事情，叫做知彼。

刚才说的是知己，对不对？知彼即是我可以做什么，这就是认识职业。这个社会上到底有些什么职业？有没有我想做的，如果有，它是什么？一个职业是由两部分构成的：一个是领域，另一个是职位。你在哪个领域里面从事什么职位的工作。具体来讲，就是把你们学的专业和你们向往的职业画两个圈，求交集，便可以找到你想做的事情。比如说，学经济的同学，可能你对理论研究感兴趣，可能你对政策制定感兴趣，可能你对实际运作感兴趣，而这三个兴趣对应的工作是不一样的。比如说理论研究，那么你就应该到那些经济研究所去工作，做一个研究人员；如果你对政策制定感兴趣，那么将来你就应该去当政府的公务员，可以制定一些政策，改变这个社会的一些经济运行；如果你对实际运作感兴趣，那么就可以去做金融，到银行去帮别人理财。对不对？

我要提醒同学们，一定要全面地了解。职业的信息包括两块：一块叫做客观资讯；另一块叫做人格资讯。客观资讯是职业外在的东西，是我们一眼就能看到的东西；人格资讯是内在的东西，一眼看不到的。就目前而言，同学们对职业的了解，更多地停留在哪个方面？想想看？如果哪位学长跟你说工作签了，你的第一个问题会问什么？月薪几千，对不对？几千是什么？是客观资讯。但是决定你能否得到几千的是什么？是人格资讯，所以我们想要得到什么样的职业，首先要了解它的人格资讯，知道我要做哪些准备。所以有人把职业生涯分为内职业生涯和外职业生涯，以职业树为例，上面的树冠是外职业生涯，你是一个工程师，是一个软件工程师；下面呢，是内职业生涯，你是工程师，是因为有下面的营养来供养你，这些营养就是你的知识、你的技能、你的人格特质、你的经验储备，下面的根长得越远，对你的职业也越好，树上的果子也越大。

得到职业信息的途径，大概有以下两个。第一个是你到那个单位去参观、去实习，去身临其境，跟他们一起去做事，去体验；第二个是互动，其方式是跟业内人士去交流，这一点非常重要。因为你只有跟业内人士去交流之后，才会对这个职业的人格资讯有很好的理解。比如说有人给我说他想当一个大学老师，我说很好，我说你首先要知道大学老师是什么样的工作？华中大有这么多老师，你去问问他们大学老师是什么样的职业呢？你去找他们谈。谈完了他就来跟我说，杨老师，大学老师怎么都说他们压力很大啊！我说你看他们压力不大对不对？很多同学在去谈之前，他们看到什么？大学老师有两个带薪假期，放假还有钱，结果和他们聊了之后才知道，他们有这么大的压力。谈完之后如果你还想要从事这个工作，那就对了，说明你很可能适合这个工作。有人说杨老师，我想做程序员，听说程序员可以赚很多钱。我说你知道程序员过的是什么日子吗？没日没夜地在机房里面，有时吃面包，有时吃方便面，他说那我不干了。那样我还当什么程序员？我说不那样你怎么当程序员呢？现在的老板又不是慈善家，对不对？所以干之前你要了解清楚，如果你觉得编程序是那样的有趣，吃面包也好，吃方便面也好，都挺有意思的，那你就去做吧。

业内人士应该上哪儿去找啊？可以到网络论坛上去认识别人，比如说在专业的网站，在网站上认识一些技术牛人是完全有可能的，或者咨询专家，他会给你很多信息。你通过熟人的熟人去寻找业内人士，比如说，你想当程序员，你可以找到一个当过程序员的人，去问他一些信息。家庭成员，你的父母是干什么的，你的叔叔伯伯阿姨他们是干什么的，通过他们了解，都可以，对不对？

如果你知道了自己是什么样的人，想要什么样的工作，然后又找到了与自己相匹配的工作，那就恭喜你，这时你可以做决策了。怎么实现目标，就是将来你去求职，你的竞争力是怎么表现的。任何求职，核心竞争力的表现，不外乎是这么两块，一块是一般胜任力。什么叫一般胜任力？就是说所有职业都需要的一些基本素质，比如说沟通能力、表达能力、合作能力、学习能力、分析解决问题的能力等，这是所有职业都需要的；还有一块叫特殊胜任力，比如做科学研究，它需要很强的抽象思维能力，做工程师，它需要很强的动手能力。那么我们可以把我们的职业目标分解为一般胜任力和特殊胜任力的培养。做一个目标树，由一个大目标，慢慢地，把它分为次目标，次目标再往下分，变成计划，计划再往下分，变成活动，变成可以操作的任务，从下往上做，

你的每个目标做完了，你的第二层目标也就完成了。然后再往上继续努力，直到所有的目标都完成了。这样，你所有的大目标也就实现了。

这个实现目标的过程就是一个培育你职业素质的过程。规划我就讲到这里，但是规划是一生的规划，首先我要提醒大家，很多找了工作的学长，回过头来都会提醒你，在求职的过程中，做人的重要性并不亚于你的专业能力，甚至它的重要性会超过你的专业能力。为什么呢？因为用人单位一直坚持这样的态度，你现在是什么样的人，你将来就会成为什么样的求职者。你现在以什么样的方式求职，将来你就会以什么样的方式工作。这是非常简单的道理。传统的职业生涯和现在的职业生涯有重要的差别，在传统的职业生涯里面，一个人只要知道他要做什么就可以了。比如说，我在工厂实习，工程师、车间主任、工人，他们只需要知道做什么就可以了。因为那是计划经济时代，他们就只用知道，这个月我们要完成多少台机床的任务。但是现在不行啊，现在的工作你首先要知道为什么做，知道为谁做，知道为什么做是什么意思呢？你要知道你服务的对象，他的要求是什么，用户的目的是什么，用户有什么目标；知道为谁做，你对你的客户有多少了解，你和他们有多少沟通？这都是非常重要的。

求职和做人，我简要归纳一下，其实就这么两句话：一个是肩上要承担责任，另一个是心中要有别人。什么是肩上要有责任呢？也就是说在大学时代你就要培养自己的责任意识，培养自己的责任感。要是你把你的工作当做你的作品来做，那么地去热爱工作，那么地去投入心血，你的工作会做得非常棒。一方面你的工作做得很棒，一方面你的责任感也培养起来了，那么你去求职的时候，你的简历也会写得很棒，你面试的时候也会表现得很好啊。我本来写的是目中有人，后来我想最好还是心中要有人比较好，目中有人还不能说明问题。心中有人是什么意思？其实是学会尊重、理解别人。在这里我顺便说一下，我们是当心理委员，我们在这方面应该要比其他委员做得好，但是我遇到有些心理委员在这方面就做得不好。我有一次参加一个系的活动，心理委员请我去参加一个讲座，当时他们找了我，我不知道这个学生是不是很认真做这个事，我就跟他说你帮我征询一下你们系的同学，在这方面都有什么疑问和困惑。他还真做了，发给我十几个问题。我觉得这个同学挺认真，就去了。结果那天去了，在借的教室里，没人理我，我就自己去把U盘拷在电脑上面，跟他们讲完了之后，心理委员就来送我，他说杨老师，今天有没有什么地方做得不好，我说以后你们再请哪位老师来讲座，你们一定要迎上去，那个心理委员说，杨老师今天怠慢你了，我说不是怠慢我，这是最起码的礼貌，你请别人来讲座，别人来了你不迎上去，不去接洽，就丢掉了最起码的礼貌。这些看起来是小事，其实很重要。另外呢，我希望同学们在心中学会将心比心。比如说，你们出去拉赞助，很郁闷，说要看商家的白眼。那你要知道，别人赚那点钱有多辛苦，他凭什么就轻而易举地把他辛辛苦苦赚的钱给你。你有没有站在他的立场上去想问题？请老师来做个活动也类似，每个老师都有自己的事，有的老师身体不好，有的老师年纪很大，你有替他想过吗？所以这点非常明显，研究生请我做讲座，他们会说，杨老师我们来接你把，一般我不会要他们来接，我自己过来。

本科生基本上不会这样问，可能是因为你们小几岁。小了几岁你们不会想到还要去接，但是研究生大了几岁，他们就知道啊，这些事该怎么做。在座的各位心理委员，班上要搞活动，你请同学来参加，你有没有站在他们的立场上想，他们是来支持你的工作，你怎么给他们提供更多的帮助？怎么样尊重他们？怎么样让他们的价值得到重视？你有没有替他们想过？如果你替他们想了，我相信他们都会支持你的。

当然了，做人还有一点就是诚信。诚信非常重要，我记得原来冯校长在学生干部培训时说过三句话：不争功，不饰过，不委责。我想不饰过和不委责就是诚信，做错了事情，认账，是我错了，就是我错了，不要去掩饰它。现在你做工作诚信，将来做工作才会诚信。现在不诚信的学生，用人单位一个都不会要的。

性格解析

华中科技大学　谭亚莉

我们为什么说性格很重要呢？人们为什么会觉得血型、星座会对性格产生影响呢？这是因为有两个原因：第一，性格非常复杂；第二，性格在人类的生活中扮演着重要的角色。为什么说性格很复杂？大家可以看到，同样的一个人在两个不同的场合可能会表现出截然不同的两张面孔。人的性格远远不止双面夹克这么简单，它有很多个面。那为什么它很重要？是因为不同的人在面对相同的环境的时候会给出完全不同的行为反应方式。那么它到底是怎么产生影响的呢？同样的问题、同样的环境、同样的约束条件，为什么会有不同的行为反应方式。有人认为这是一个人的性格使然。因为他在处理类似事情的时候会表现出相当的一致性。所以说性格是相对稳定的，但在一定程度上又是可以改变的。我在做心理咨询的过程中，很多同学就会和我说："老师，我的性格能不能改变啊？因为我实在是不喜欢我现在的样子"，那么我会和他说，性格在一定程度上是可以改变的。但是，这些改变所要付出的心理成本是因人而异的。这种说法似乎还是很抽象。迄今为止，我想对于性格的描述仍然没有解决这个延续了几千年的问题，因为人要想认识自己是很困难的事情。我相信在座的一定有学医的，医学本身就是一门经验科学。所谓经验科学就是根据人们的经验不断修正对某一事物的认识。但是我要告诉你们，人对自己身体的认识程度远远超过对心理的认识程度。所以，人在心理的层面还远远没有达到认识自己的程度。但是可以肯定的是，有些学说已经淹没于历史的尘埃当中，但是，有些学说迄今为止仍然闪耀着智慧的光芒。中国有句古话"人上一百，形形色色"，因为这个世界上没有两片完全相同的树叶，当然也不可能有完全相同的两个人。这个人不仅仅指的是生物学意义上的人，也就是说不会有两个人的 DNA 是完全一样的。但是问题是什么呢？如果我们设想一下，现在我们已经突破了医学和伦理学的限制，我们可以克隆出某一个人。比如说，A 同学通过某种技术手段，克隆出一个和他一模一样的人。然后，我们把 A 同学从 0～20 岁的种种心理特征都记录下来，在他 20 岁的时候克隆出一个人，让他从 0 岁开始重新经历，你们认为他在经过 20 年后会和 A 完全一样吗？可以非常负责任地讲，是完全不可能一致的，或者说他的重叠度不会超过一半。为什么会这样？生物条件对一个人的影响还是比较有限的，当然我不能说完全否定这一点。

因为遗传是一种神奇的现象。那么人们就会思考一个问题，就是性格这么复杂，并且不完全由遗传决定，环境还会产生一定影响，那么性格可不可以进行分类呢？大家记住，分类是一个很重要的认识事物的手段。因为，当一个人还是小孩的时候，他首先能分辨的就是，这到底是我的还是别人的，接下来他能分辨的就是这是好的还是坏的、是好人还是坏人。分类是一个个体认识世界的最有效也最简洁的途径。

性格可以分类吗？我们大家都知道有些生物性质是可以分类的，比如说，血型。大家都知道血型可以分类，排除那些非常稀有的血型，基本上可以分为四大类。那么血型对人的性格会有什么样的预测作用？最早提出血型对人的性格有预测作用的是日本学者。日本人可能觉得那样会便于认识自己。一个心理学研究者找了些分属四种血型的小孩，给这些小孩创造了一个非常自然的环境，到这些小孩所在的幼儿园去进行实验。首先由小孩的老师和他们说，这个花瓶是校长送给我们的，是很重要的纪念品，大家不能打碎了，然后老师就离开了。此时，研究员就进去和小朋友一起做游戏，然后他装作不小心把花瓶打碎了。打碎之后，他就和小朋友说，"真糟糕！你们答应我，不要告诉别人！这是一个秘密喔。"结果A型的小朋友会主动揭发，他会说"你怎么把这么重要的东西打碎了"然后跑出去对自己的老师说，那个人把这花瓶打碎了。B型的人觉得这是一个很好玩的事情，实验员和我说这是我们的秘密，那我就给他保密吧！O型的人这个时候表现出了一贯的正义感，然后严厉地追究这个打碎花瓶的人的责任。AB型的人最有意思了，他们当着研究员的面答应得好好地，说"好，我帮你保密。"但是当老师进来问的时候，他们会说，"那是他打碎的"。所以说AB型的人是有双面性。但是这只是他们一家之言的研究。但是，在某一年的研究里，血型对于预测一个人性格的内向和外向确实具有非常显著的作用。在A型的人里面，内向的人所占的比例显著地高于B型的人中内向所占的比例。所以说，这不是完全没有道理的，但遗憾的是，内向和外向不能涵盖人的性格的所有东西。那么星座会不会对人的性格有影响或者是预测作用呢？大家都知道，星座是按照出生的时间来划分的，一共有12个星座。是不是性格就可以分为12种类型，当然还有人可以分得更细一些或更粗略一点，比如说分为水相、火相还有风相等。但是性格无论是从血型还是星座，它都是可以分析的。那么我们分析的依据是什么呢？首先性格有一个最重要的特征那就是区别性和差异性。一个人和别人是有不同的，但是这个不同不是人和人之间完全不同，或者说我们这个教室里有80个同学，不能说就有80种性格。如果是这样的话，分类学就没有任何意义。那么不同性格的特点是什么呢？它们本身有没有一些非常特殊的需求呢？因为某种原因，人们会带上一些性格的面具。因为人格这个词本身在英文中就有面具的含义在里面。那么带上这些性格面具的人，他们会有什么样的相同体验呢？和不同性格的人相处我们应该注意些什么问题呢？这个才是我们今天所要讲的主体部分的内容。

我们刚才说到，不同性格的人会有自己很独特的特点，但这个特点并不专属于他一个人，而是属于某一类人。那么性格的分类其实是很复杂的，会有专门的心理学分支——人格心理学来专门研究这个问题，我不可能在这么短的时间之内告诉大家这么多流派的分类方法。我要讲的是最经典的分类方法：气质。请大家注意，这个气质和我们讲的日常生活中的气质是不一样的。我们经常会在觉得一个女生不怎么漂亮时夸她有气质，这里的气质和这个气质是两码事。那么这个气质到底是什么意思呢？它是指一个人的神经反应类型。古希腊有一个医生，叫希波克拉底，他认为人体之内有四种很典型的体液，就是血液、黏液、黄胆汁和黑胆汁四种液体，当然他的这种说法是没有生理解剖上的依据的，但遗憾的是，虽然找不到生理解剖上的依据，但是他却在心理学中留下了这么久以来谁也打不破的规律，也就是说他的四种气质类型非常经典。这四种气质类型分别是什么呢？按照希波克拉底的观点，多血质，血液占优势；胆汁质，黄胆汁占优势；黏液质，黏液占优势；抑郁质，黑胆汁占优势。希波克拉底认为，这四种不同的气质类型是由人的体液决定的，很多后人已经无数次验证过他这种理论的正确性和适宜性，因为千奇百怪的人大致都能分成这四种类型。我们可以做这样一个小测试，如果你去超市排队买东西，队伍很长，大家也很不耐烦，这时有个人插到了你前面那人的前面，但是你前面那人没有吱声，那么，请注意，你的第一反应是什么？

A. 大声呵斥那个人

B. 询问前面那个人认不认识那个人

C. 默不作声、见怪不怪

D. 心中感叹世风日下，心情开始沮丧

大家选什么并不重要

A：大声呵斥那人的人，心里想着，怎么回事，怎么插队插到我这队来了，脾气马上就上来了，脑袋里的血就开始往上涌，肾上腺素的分泌增加，拳头也捏起来了，已经做好了吵架的准备，这样的人就对应着胆汁质。

B：询问你俩是不是认识的，这种人就比较好奇，或者他想通过这种方式委婉提醒对方有人插队，在他做出这个反应时，可能他自己还没意识到，他自己脑子已经转好多圈了，选B的人对应着多血质。

C：见怪不怪，非常麻木，没有什么感觉，这样的人往往对应着黏液质。

D：感叹世风日下，开始沮丧，我怎么这么倒霉啊，怎么别人偏偏插我这队，看来我这人干什么都不顺，这种人一般对应着抑郁质。

一个人气质的分类，前苏联的生理学家巴普洛夫从两个不同的维度把这四种气质类型进行了分类，一个维度是平衡或者不平衡，一个维度是强或者弱，多血质和黏液质，一个是灵活型，一个是安静型，都属于强而平衡的，这两种类型的人群中，获得成功的人数很多，尤其是商界和政界，艺术界、文学界不在其内，那么，强而不平衡的是胆汁质的，平衡而又很弱的是抑郁质。大家可以看到，这种分类其实很简单，就是按照一个人的神经反应的类型来进行分类。

多血质：热情，有能力，适应性强，喜欢交际，精神愉快，机智灵活，注意力易转移，情绪易改变，但是做事凭兴趣，富于幻想，不愿做细致的工作。

黏液质：平静，善于克制忍让，生活有规律，不为无关的事情分心，埋头苦干，有耐久性，不爱空谈，严肃认真，但是不够灵活，因循守旧。

胆汁质：信任程度很高，脾气暴躁，性情直率，精力旺盛，能够以很高的热情埋头干事业，兴奋的时候，有决心克服一切困难；精力耗尽时，情绪会一落千丈。

抑郁质：沉静，含蓄，易相处，人缘好，办事稳妥可靠，能够克服困难，但是比较敏感，容易受挫折，孤僻，寡断，疲劳不容易恢复，精力往往不如多血质和黏液质的人充沛，反应缓慢，不思进取。

大家可能会觉得，自己符合多血质其中的某些特征，但是又不符合另外一些特征。那么我告诉你，上帝是很公平的，“气质”这个词，在拉丁语中，表示拥有一定比例的混合物。按照希波克拉底的说法，人体内各种体液都有，没有任何一个人，他只有一种体液，人本身是一个复杂的混合体，因此人的性格很难被单维度地划分，所以我们这里谈论的划分都或基于大概率，或基于一个整体性的划分，但是气质与性格无关，气质是天生的，可以很肯定地说，就算是刚从妈妈肚子里生下来的小婴儿，几乎没有受到任何环境的影响，如果你去观察，他们也具有非常不同的气质类型差异。有的小孩天生好动，有的小孩天生好静，有的小孩打雷也吵不醒，有的小孩稍有一点响动就会哭，有的小孩对家里人的情绪反应特别敏感，有的人非常迟钝。所以，人天生就具有气质类型，这是很难改变的，但是性格和气质不一样，它是后天和先天的综合体。我们根据这四种气质类型，可以进行一个推断，当然，这是我们推理的基础，但要进行逻辑上的推论，这可能是行不通的，而只能进行经验上的推论。多血质中往往活泼型的人比较多；胆汁质，力量型性格的比较多；抑郁质，完美型性格的比较多；黏液质，和平型性格的人比较多。请大家注意，这只是经验的推断，那么，活泼型、力量型、完美型、和平型到底是什么类型呢？

它们表现为什么样的特征呢？我们一会再讲。我们先来看一下这样一个很简单的小测试。如果你们院要排练一场晚会，你会选择当哪一种人？是台前的演员，还是幕后的协调人员，或者说是当导演或者观众。如果要当演员，他应该是一个非常典型的活泼型的；如果想当幕后协调人员，他应该是一个完美型的人；如果当导演应该是力量型的；当观众呢，就是平和型的。这当然只是让大家对这四种人格的划分有一个简单的认识。那么它是怎么划分出来的呢？这里有两个维度，一个是感性，一个是理性；一个是内向，一个是外向。内向和外向是一个非常重要的划分，但不是唯一的。是谁把人的性格分为内向和外向的呢？其实是一个非常有名的心理学家荣格。这一分类方法迄今为止一直被引用，但却不是非常精准。如果我们给出另外一种维度就有四种类型。感性外向的是活泼型，理性外向的是力量型；感性内向的是平和型，那么理性内向的就是完美型。活泼型的人有什么样的特点呢？爱讲话，喜欢交流，喜欢沟通，喜欢有趣的事务，非常乐观，爱热闹。但是自律性很差，健忘，渴望得到别人的赏识。力量型的人实干，有控制能力，精力充沛，果断，目的性强，直言不讳，喜欢发号

施令,没有耐性,好指挥别人。和平型的人与世无争,随遇而安,冷静放松,有耐心,不易激怒,安静但是机智,不易激动,没有热情,犹豫不决。完美型的人是一个很称职的思考者,深沉而且目的性强,心思敏感,聪明而富有创造力,有条理,善于分析和自我反省,没有社会安全感,容易沮丧,往往对社会牢骚较多的就是这类人。这么讲好像还不是很直观,我们给出一个例子。我们用《西游记》里面的四个人来作为一个典型的代表。猪八戒就是属于活泼型的。你们可以设想一下,猪八戒和沙僧的境遇是非常相似的,都是从天上掉到地下。但是猪八戒就把他在地上这段为妖的日子过得有声有色,相比之下沙僧就差得太远了。同样都是去取经,可以想象那不是一个很愉快的任务。但是呢,这里面完美型的唐僧是最好惹的,这不仅仅是因为他的信仰还有他的性格。因为他是一个做事情计划性很强的人。一旦下定决心去做就一定会去做。那在这里面力量型的孙悟空最不好惹了。力量型的人是天生的领导,待会我会讲的。但是事实上呢,团队的领导是唐僧,所以他们之间的间隙也是最多的。唐僧有几次要把孙悟空赶走。我们也可以看一看这样一个小团队里面复杂的社会网络。这么一讲大家就明白了。这里面只有沙僧和三个人的关系都蛮好。如果是一个等边三角形的话,沙僧的位置是在中间。他和每个人的关系都是属于不远不近。但是力量型的孙悟空和完美型的唐僧的关系是非常微妙的。你别看活泼型的猪八戒和力量型的孙悟空打打闹闹,但是他们的关系应该是挺好的,或者说谁也离不开谁。这里面除了唐僧不可或缺之外,这两个人缺少任何一个《西游记》就不好看了。至于说沙僧这个角色,估计跟白龙马差不了多少。当然我们这是给大家做一个不同的比方,那么不同类型的人有什么样的优点呢?我们分别从情感、工作和友谊三个方面来对这几种不同类型性格的人给出一个优点的鉴定。活泼型的人在情感方面的优点就是活跃、幽默,在工作方面最大的优点就是总有新主意和新办法,那么活泼型的人的友谊是什么呢?友谊对于他们来说仅仅是一种乐趣。他们最喜欢被别人称赞,也最喜欢交朋友,所以活泼型的人在人群当中有第一眼的亲和力。请大家注意,有的人有第一眼的亲和力,有的人没有。就是我们和一个陌生人在一起相处的时候,我们会首先判定他好不好打交道,也就是这个人的亲和力。但是,这种第一眼亲和力是有欺骗性的。这个人好不好打交道完全不能看他给你整体的感觉是不是够亲和。他是不是喜欢说话啊,是不是经常微笑啊。我们讲人是会包装自己的。那么力量型的人在情感上最大的特点是意志坚定,在工作上最大的优点就是解决问题很迅速,友谊上最大的特点就是善于组织,会做领导。所以力量型的人在哪一天发现团队里除了他之外还有另外一个leader的时候,他就无法忍受了。我认为完美型的人是一个天生的哲学家,也是一个天生的好朋友。他在情感上最大的优点就是很严肃、认真,工作上最大的特点是注重细节,计划性很强,友谊上最大的特点就是喜欢关怀别人,真正站在别人的角度上考虑为什么。和平型的人感情上最大的特点就是平和、冷静、波澜不惊,工作上最大的特点是持之以恒,所以和平型的人最合适做没有什么变化和挑战,却需要耐心和毅力的工作,比如说挑担子之类的。你给他一个很有挑战性、经常变化、需要交流和沟通的工作，他第一反应是心理上拒斥，很恐惧，第二反应就是需要耗费非常大的心理能量。

和平型的人的优点是好相处，待人非常愉快。活泼型的人是第一眼有亲和力的人，和平型的人是真正有亲和力的人，他们对人不构成威胁，但是你也别指望他们对你敞开多大的心扉，或者说能多大程度地帮助你，他们绝对不会是一个捣乱者，仅此而已。他们最大的缺点是什么呢？活泼型最大的问题就是喜欢光说不干，你们想想猪八戒有没有这种问题，喜欢出点子光说不干，你真让他去做什么事情，他就会推三阻四的。力量型的人最大的问题在于很霸道，他们永远想当第一个，但遗憾的是当你站在舞台上不是所有的聚光灯都打在你一个人身上，非常遗憾。完美型的人最大的问题在于吹毛求疵，他自己很完美，注重细节，绝对不能忍受别人工作干得差，不能忍受别人三心二意。完美型的人的东西都是分门别类放置得特别好，一般来说，如果停电的话，完美型的人一定可以找到他的东西放在哪里，但是活泼型的人就办不到。和平型的人最大的问题就是对所有的事物缺乏热情，他永远只想当观众，或许他觉得当观众是最轻松的，但是这个社会留给观众的舞台太少了，演员大家都认识，而观众大家不一定认识，这种人就被评价为没有出息，所以许多和平型的人都不好意思承认自己是这样一种人，但当你扪心自问时，你觉得心里最舒服，压力最小还是做观众，这个是他们的特点。针对这些特点我们再来看看他们的需求，请大家注意这不仅仅是你要关心的问题，在你的室友、男女朋友、好朋友里面，你可以发现他们心里最大的需求是什么，投其所好。活泼型的人最渴望的是享受乐趣，力量型的人最希望的是领导别人，完美型的人最喜欢的是十全十美，和平型的人最需要的是没有麻烦，所以和平型的人是与人为善的人，不是他们道德修养有多好，而是他们确实不想找麻烦，能忍就忍、能让就让、能退就退。活泼型的人是为了享受乐趣，他干什么事情都是为了好玩，都是为了乐趣，无论是给别人介绍经验，还是给别人建议，或和别人相处，其实都是为了让自己的生活变得更丰富，他们最怕的就是一切都变得没有意思，一切都变得没有挑战，或者是自己一个人独处觉得没有意思，如果说他们有自己的人生目标的话就是拥有有乐趣的生活。力量型的人好斗，他们天生好斗，喜欢竞争，喜欢挑战，在自己平静的生活中也会为自己树立一个目标，比如说在一个团队，明明没有能和自己比的人，他们也会设一个假想，他们实在不能忍受这个团队里没有一个人和自己做对和自己匹敌，他们一定要假想一个出来，他们最喜欢的事情就是控制，无论是控制别人还是控制自己，正是因为他们喜欢控制别人，所以他们一定不允许别人来控制自己，他们热衷于管别人但是却看不到自己的缺点，经常无视自己给别人带来的影响，他们大多数都热爱工作，就是为了控制，他们知道越是努力工作就会拥有越多的资源，他们就越能够控制，所以他们的目标就是拥有可以控制的生活。完美型的人用某个关键词来形容就是秩序，对他们来说，他们做的所有努力就是为了让身边的东西变得井井有条，身边的东西不仅仅是物质的，还有自己的朋友和自己的事业，以及生活，甚至包括价值理念，全部要求有秩序，他们把每一件事情都想做得完美无缺，不仅是自己的

生活，他们还希望自己身边的人也是这样，他们不愿意告诉别人自己的需要，他们喜欢让别人去猜，如果这个人猜错了他就会认为这个人不行，他的目标就是希望自己拥有一个有秩序的生活。和平型的人最喜欢的词是"平安无事"，他们做事情的出发点就是尽量避免麻烦，面对那些得不到的东西时，他们会非常淡定，不会像力量型的人那样觉得惋惜，也不会像完美型的人那样郁闷，他们会认命，他们喜欢息事宁人，一般会逆来顺受，大多数情况下他都是非常平静，但是你一旦触及了他的原则底线，他可能会大发脾气，他的脾气暴躁到你可能想不到，他们的目标其实很简单，就是平静的生活不希望有人打扰。所以每个人都不同程度地带上了一些性格面具，有四种不同的面具，这是由环境决定的或者是自己的选择，带着这些性格面具的人他们会有什么样的特征呢？我们首先来看活泼型的面具，无论是哪种人带上这种面具，一般来说他们都会表现得很像一个活泼型的人，比如说他们也很爱沟通、交流、微笑、健谈，但是他的起因不是天性，而是为了让别人快乐，因为别人快乐就会接纳自己。

我曾经遇到过一个咨询个案。有一个女孩子，大家都说她很活泼、开朗，很阳光，但是她说只有她自己知道，她根本不是这样的一个人，因为她的妈妈跟她的父亲离婚以后，然后和另外的一个男性结婚了，她的继父本身对这个女孩子很不错，但是，她的妈妈脾气非常暴躁，她的继父有时候就会和她妈妈吵架，所以这个女孩子很小就学会了讨她妈妈高兴，因为她觉得只有她妈妈高兴这个家才不会散，所以她就装作很可爱、很活泼、很阳光的样子，去让自己的妈妈高兴，久而久之就形成了一个面具，那么带活泼型面具的人，选择了扮演一个开心果，但是扮演这个角色需要智慧，因为一旦扮演不好，就会让大家觉得这个人很假，这个人说话做事透着一股假劲儿，那我们就要对这些戴活泼型面具的人说，扮成活泼型，可能你给别人带来了快乐，但是你不可能让你自己快乐，可能带来的是虚假和孤独，因为别人可能觉得你很伪善，所以说，去扮演一个上天没有让我们去扮演的人不是一件容易事情，那么对于那些有活泼型面具的人，我们也有一些建议，你可以想一下你身边有没有这样的人，那么对于那些有活泼型面具的朋友，你要意识到他们或许不是真正意义上的阳光和活泼，不是所有健谈型的人都是活泼的，那些虚拟活泼型的不是真正地想欺骗你，想获得好处，而是他们在内心中有很深的恐惧，他们害怕你们会不喜欢他们，所以才会装成这样，所以不要对他们有误解和成见。

那么我们再看看力量型的面具，以及这些力量型面具的起因，他们看起来好像大无畏，什么都不怕，什么都想争，但是这种无畏的背后隐藏着很深的恐惧，要么是环境的改变而追求尝试，要么就是因为长期的压力而爆发。举个最简单的例子，一个脾气好的公交售票员可能她在家里非常强势，我们中国人讲究"十年的媳妇熬成婆"，可能她在当媳妇的时候，她的婆婆给她的种种小鞋、责难，她在自己当了婆婆后会毫不保留地，甚至变本加厉地传递到自己的媳妇身上，为什么呢，这种戴力量型面具的人要么是遭遇了不可改变的环境变故，要么是长期身陷逆境而被迫奋斗，她的怒气转化为戾气去欺压别人，所以我们要对那些戴着力量型面具的人讲，如果你发现你的戾气是因为挫折感引起的，而不是由别人的错误引起的，那么你要反思自己，如果你的挫折的经历和意外的环境，可能是你前进的动力，但却不是你去支配别人的原因。一个人遭遇挫折，可能会让他充满斗志，但是我们不能因为自己充满斗志而去支配别人，这样的人是很让别人讨厌的，那么我们要对那些有力量型面具的人讲，你不要对他的强势耿耿于怀，因为他这样做不过是他过去经历的延续而已，或者说是压抑太久后的反弹，尤其是和平型的人，他一旦戴上了力量型的面具，那个能量是很强大的，"人不在沉默中爆发，就在沉默中灭亡"，当他不心甘情愿选择灭亡的时候就会爆发，沉默、孤独的人，你可以想想，那些很沉默很孤独的人，在游戏中是不是很喜欢扮演那种比较好斗的角色，是不是开车的时候非常喜欢和别人抢道，越是在生活中比较谦让和平和的人，他们往往在虚拟空间或者踢球的时候会变得非常好斗，很具有挑战性。

完美型面具，很多人认为这应该是一个非常好的面具，但是带着完美型面具的人很讨人喜欢，却不讨自己喜欢，他们自己很痛苦。我就接触过这样一个个案，有个男生，他很年轻，才 23 岁，研究生毕业后，准备去英国一个非常有名的大学深造，应该说他是那种十全十美型的人，他的社会工作做得非常好，担任我们校内一个非常有名团队的负责人，同时他有一个在别人看起来非常令人羡慕的女朋友，但是他说他经常觉得不开心，失眠，分析起来，他本身就是一个和平型的人，但是他戴上了一个完美型的面具，本来他很惧怕站在台前去领导别人，但是环境，或者说他自己的选择让自己变成一个总是要站在台前去领导别人，让别人关注自己的人，他一点也不喜欢这种生活方式。因为这个环境是他讨厌的，尤其当这个人是个活泼型的人的时候，他简直不能忍受，所以我们要对那些戴着完美型面具的人说，无论你是要躲避成长中的痛苦经历而被完美，还是为了选择别人的称赞而选择完美，都是对自己本性的背离，至少你要在一个空间之内，某一个空间之内或者某一段时间之内，让自己做真正的自己，而我们要对那些有完美型面具朋友的人讲，如果你的身边有这样的人，请你们理解他们，请你们特别关注他们，他们并不像你想的那么强大，如果他们没有摆脱这些担心和恐惧的话，那么他们也没有办法去真正地去关心和体谅别人。

最后，是和平型的面具，和平型面具的起因很简单，就是我不想去找麻烦，因为我发现要保持自己的个性，要付出的能量远远比单纯地迎合别人大得多。迎合别人多简单啊，你说要怎么样，我说，"行，就这么办吧"，这比坚持自己的个性容易多了，而且更讨人喜欢。我觉得中国人，尤其是到了中年，戴着和平型面具的人是非常多的，我是指戴面具的而不是说真正变成这样的。为什么多呢？很简单，那些充满了个性的年轻人都被改造了，被环境改造了，全部都带上了这种和平型的面具，虽然他们每天都在做着融合别人、讨好别人、接纳别人的事情，但他自己永远都不会接纳自己，因为他们觉得自己做的事情没有价值。所以我们要对带着和平型面具的人说，你不妨摘下面具，然后去尝试发现真正的自己，这也是一件令人开心的事情。那么如果你的身边有这样的人，他带着和平型的面具，那么，你要理解他们，他们并不是如他们所表现的那样，而是因为放弃了自己的追求，放弃了自己的意愿，而变得冷漠。为什么不帮助他们去找到真正的自己呢？所以，当一个人不能做自己，他的结果都是非常难过，非常痛苦。那么如果说他不能在这个时空当中做自己，那么他一定会选择在另外的时空中，比如一个人年轻的时候，总是戴着面具、唯唯诺诺，等到了四五十岁就变得不平和了，会变得很有个性。又比如说，有的人在生活中沉默寡言，但在网络中就变成另外的样子。所以说人总在某一个时间段表现出真正的自己，这就是带着性格面具的结果。

那么怎么样在身边的朋友揭开性格面具后，与其和睦地相处？每个人都是很独立的，珍惜你的朋友、家人不同的性格，不要因为你们性格的不一样而抵触他们。如果其他三种类型的人与和平型的人相处会怎么样呢？活泼型的人会觉得他无精打采，力量型的人会觉得其懒惰，完美型的人会说，他怎么那么笨啊，我再解释一下吧……请注意，这个不是他的缺点，只是他的特点，请予以尊重，这便是最好的相处方式。不同性格的人的需求是不一样的，我们可以投其所好，比如活泼型的朋友给予他们注意和认可，力量型的朋友给予他们感激，完美型的朋友给予他们体贴，和平型的朋友给予他们尊重。对号入座远远比随机分配有效果得多。如果你真正想成为他的朋友，可以投其所好。那么，对于活泼型的人，你可以赞扬他，你越是赞扬他，他就越是会认为你接受了他，他就会越积极地批评他，就会伤他的自尊，就会让他跟你有很深的心理芥蒂。对于力量型的人，他总觉得别人需要他的指导，盼望他的指导，那你为什么不让他感觉到你感激他的指导呢。对于完美型的人，你要设身处地地理解他们，因为他们多愁善感，他们这样一种很敏感的内心需要有人安抚。面对和平型的人时，请你尊重他们，他们几乎都不说自己的需要，但是并不认为自己无用，如果他们从你那里收获了尊重，那么他们就会跟你拉近心灵的距离，可以很快地成为你的朋友，因为他们是最安全的朋友，是最没有攻击性的朋友，你要想获得他们的信任就变得很简单。

那么我们讲了这么多，再告诉大家一个很有意思的规律。一般活泼型的人，无论是男性还是女性，他们在寻找伴侣的时候，都会倾向于选择完美型的人。力量型的女性，一般会选择和平型或力量型的男性；力量型的男性，会选择和平型和活泼型的女性。通过以上讲述，希望能够对大家怎么去了解自我，怎么去认识自我，怎么去认识别人，怎么去和谐相处，都有一些借鉴的意义。

提问环节

问：老师，您好，刚刚讲到的性格面具。我想，不同的人可能倾向于不同的性格面具。那我想，什么样的人会选择怎样的性格面具？一个人的性格与他的性格面具选择应该具有一定的关系吧？

答：我个人觉得，可能有关系吧，就是什么性格的人可能倾向于选择什么样的面具。我觉得这个还可能与他个人所处的环境有关系，你比如说我刚才举的那个例子，那个女生本身就不是一个很活泼的人，本身比较有主见，但她为了迎合自己的妈妈，为了让自己妈妈觉得自己很可爱、很活泼，就表现得很开朗、很阳光。这只不过是因为她的生长环境很特殊。

问：但我觉得，同样的环境，不同性格的人，她选择的性格面具就不同。像您刚刚说的那种情况，可能有些人会让自己变得完美，而不让别人挑剔。

答：嗯，我觉得你说的对，可能这里面的确有某种关系，但具体是什么关系，我没有研究过这方面的问题，所以不好给出准确的答案。但是我相信一个人会选择戴上什么样的性格面具，肯定与两方面因素有关：一是他所处的环境；另外就是他自己的主观选择。如果他就是觉得要让自己变得那么的完美的话，本身她就是完美型的性格。她可能心思非常细腻，不是那种非常阳光，非常活泼的人。可能非常敏感，但是她为了让自己的妈妈高兴，选择做一个活泼的人。

问：那一种面具戴久了，她会不会真的变成这种性格的人呢？

答：完全可能，就是到了最后你自己都分不清楚，哪个是真正的你。

问：那么是真的因为这种判断力，还是她自己真的性格已经改变了。

答：我觉得性格要真正被颠覆的话是不太可能的，但微调的话是完全可以的。这样做他快不快乐，恐怕只有他自己知道了。比如说，一个内向的人，当他发现自己在团队中不受重视，也没什么朋友的时候，他可能强迫自己变得很外向，健谈。但只有他自己知道，这样做，他付出了很大的心理能量。他可能每一次站在台前演讲或者去和一个朋友交流的时候，他要克服很大的心理障碍。时间长了也就构成了一种压力。

问：刚刚老师说了，人是一个多面体，性格也是一个多面体，而每个人平时的表现又不一定是他最真实的性格。有没有比较简单的方法来测试出一个人的主要性格类型呢？

答：你要想区分清楚自己身边的人是哪一种性格类型，恐怕只有一件事情可以做到，那就是时间。如果只是泛泛之交，那么他的性格面具就很容易骗过你。例如，你看那个人那么阳光，那么开朗，那么健谈，属于活泼型的。而当你跟一个人相处久了，长期深入交往后你会发现，他其实不是那样的人。虽然我们说，戴上心理面具的时间长了就分不开了。但很多时候，他会寻求这种心理压力的释放，他会摘掉面具一段时间，比如说独处的时候，比如说他在另外一个时候。像有些人在单位的时候非常强势，在家里却很懒散，他本身是活泼型的嘛。但是在单位的情况下，他又不得不表现出力量型的性格。一个人的内在性格特征，只有那些他身边长期相处的人才会了解。

问：那如何在短时间去了解一个人的性格，从而决定是否跟他相处呢？

答：我只能说，行为是可以骗人的。因为人们都渴望得到社会的接纳。但是也有一些方法，比如在你没什么事的时候，可以细致入微地观察他，尤其是当他和你的圈子没有什么交集的时候，可以仔细观察他的行为举止。这是比较有效的一种方法，通过小事，通过细节来观察他。还有一个选择，就是尝试，你可以观察下，当你赞扬他，感激他的时候，他是什么反应。一般来说，力量型的人是不需要赞扬的，活泼型的人是不需要感激的。所以，你看到他，可以去试探，看看他到底会有什么样的反应。

问：怎样理解戴着活泼型的面具但是性格却是忧郁型的人？

答：这是两个层面的问题。戴着性格面具的人，它是一种常态而不是一种病态。

他这样做可能很不开心，但是抑郁症却是一种病。这个时候他戴着什么样的面具已经不重要了，因为他是一个病人。

问：我一个同学有一种轻型的抑郁症，但是他平时的表现就很活泼。他又不怎么会说话，平时见着我们就微笑，然后有时候就很怪异地说很多话，说他要自杀。

答：你这朋友是华工的吗？他如果只是说说，一般没什么问题，真正想自杀的人他不会随便说，如果你确定他得了抑郁症，性格的面具已经不重要了，因为性格面具只是为了社会接纳。我觉得这不是一个层面的问题，如果他是一个抑郁症患者，但是如果这只是你们的主观臆断，而他却没有抑郁症，我觉得这是一个很不负责任的推断，因为抑郁症是一个很严重的病。

问：性格是有各个方面的，各种类型性格的人，走怎样的道路会有更好的发展？

答：首先我想说，这个话题太大了，某种性格类型的人到底走什么样的道路，不容易用一两句话说清楚，但是我们可以说怎样让你的生活变得更和谐。因为一个人要了解自己，首先要知道自己最大的缺点和优点。某种性格类型的人的缺点是要特别规避的。其实在可以接受的心理成本的范围内，你去做相应的改变完全是可以的，只要注意调试，不要造成太大的心理压力和心理成本。但是如果你要问某种性格类型的人最适合走什么样的道路，我理解为职业道路，这个是没有特定规定的，任何一种性格类型的人都有成功的可能。

问：感谢老师给我们做性格解析的讲座。一个人在发展过程中，会有能力的提升，比如说在沟通方面，在管理方面，这种能力的提升中，会不会有性格的改变呢？就像央视主持人白岩松，我知道他小时候很害羞，但是他现在是央视的主持人，对比两个阶段我们可不可以说他的性格发生了改变呢？

答：我还是那句话，性格想要颠覆很难，但是性格想要改变还是可以的，只要你有足够的勇气和毅力。就拿你说的例子吧，因为我也不知道白岩松以前的性格到底是怎样的，所以我只能假设，如果说他以前是满害羞，假如他是一个和平型的人，那你认为他现在是哪一种人？

问：至少不是内向的吧。

答：那你怎么知道他不内向？你看到的只不过是他职业的角色，他是一个主持人，你怎么知道他在家里是怎样的一种人。性格是一种自然的应对，他不会付出任何心理成本和考量，不需要注意什么，他会以一种最舒服的姿态展现。比如说一个人走到教室，他会很自然往后面走，有的人就会很自然地坐到前面，他根本想都没有想。但是如果他考虑到自己今天想背背单词，想上会儿QQ，那就不能算了。你只看到那个部分，你怎么知道他就不是那种人。我们只能说行为是具有欺骗性的，他可能比较健谈，他主持的时候咄咄逼人，他比较擅长展示自己的口才，那些都是他的职业需要。他是怎么想的你根本不知道。如果他有利益的权衡，如果是为了社会的接纳，为了自己生涯的成功，这都不能算是他本真的体现。性格的调整在他可以接纳的范围之内是可以的，但是如果超出了他可以承受的极限，就可能会给自己带来太多的压力。

我们的成长与家庭的关系

华中科技大学　万晶晶

每个人都来自一个家庭。虽然大学生们现在离开了各自的家庭，在大学校园里独自生活着，学习着，但是，“每个人都是背着自己的父母来上大学的。”亲子关系在我们的成长过程中，有诸多的影响。这种影响并不是当我们离开生活的城市，原来的高中，进到大学就结束的，而是将会继续影响大学，并且或许在我们今后的人生旅途中，会越来越多地感受到家庭对我们的影响还在延续，并且会越来越有感触。

家庭成员互动，会带来很多影响。家庭，它实际上是一个系统，在这个系统之间，我们和家人是在相互影响的。

一、家庭是什么

研究发现，家庭的这样一种关系，对我们的发展等其他方面也有一些联系。据调查，有亲密朋友，家庭关系很紧密或者有恋爱关系的大学生，比没有这些关系的大学生感觉更加幸福。那么，我们能不能很好地处理我们的友情、恋爱、婚姻和家庭的问题，可能在一定程度上决定我们一生的幸福和事业的成败。

首先，家庭是一个开放的系统。在这个系统里面，家庭成员之间互相交流，家庭和家庭外的系统有交互的作用。家庭内的成员和亚系统之间也在不断地相互作用。家庭可以发起也可以停止与家庭外系统的交互作用。家庭成员之间，亚系统之间的交互也是如此。家庭，作为一个社会的细胞，就我们个人来讲，假如我是中心，那么跟我最亲密的关系，首先就是家庭的关系。其次可能还有幼儿园、邻居，等等，这些是我们身边和我们直接发生关系的一个大的系统。然后在这个之外，可能有家庭与学校的关系，家庭和爸妈工作单位的关系等另外一层关系。在这个之上可能又有社区，然后又有居住的城市等。再上一层就是国家，乃至宇宙。所以说家庭是整个社会的一个细胞。而这个细胞并不是一个封闭的东西，它是一个开放的。我们有必要在交往中、在家庭中、在家庭之外，有这种意识。

其次，家庭是稳定和变化的。每个人的家庭都会有一定的规则，帮助家庭稳定地运作。有些家庭规则是有形的，有些家庭规则可能是无形的。比较通常的一些家庭规则就是“饭前洗手，睡前刷牙、洗脸”，等等，这些是有形的规则。还有一些无形的规

则，比如说，男女朋友交往的时候可能你会发现，你们之间的有些观点是很不一样的，有些表达方式也是不一样的。那么，为什么会有这样的差异。从某一个角度来讲，这跟各自的家庭可能有一些关系。有的时候，是因为两个人成长的家庭里面，存在不一样的规则。那么家庭一般有一些什么样的规则呢？在有的家庭里面，长幼非常有序，做哥哥的一定要让弟弟、妹妹，而在有的家庭里面，可能没有长幼有序这种很明确的规则，而有的家庭里面的规则就是，男孩子要让着女孩子，因为男孩子要更坚强，女孩子比较柔弱可以撒娇。

第二个方面，家庭是变化的。家庭是一个开放的系统，那么家庭又是怎么样一个逐步变化和发展的系统呢。现在来梳理一下家庭的形成。最开始一个家庭的形成，一个家庭的男孩或女孩组建了家庭，这个时候，他（她）就从一种角色，比如他（她）只是父母的儿子或女儿，变成了两种角色：他（她）同时是父母的儿子或者女儿，又是另外一个人的丈夫或者妻子。在这个过程中，有了两种角色，要做的事儿就多了。不仅仅要孝敬父母，从小家庭而言的话，还要有一个家庭界限的确立，家庭角色的转换，以及相互适应的问题。这个问题非常重要，有很多家庭的冲突就发生在这种界限不清晰的地方。所以，当成立了一个小家庭，就有了一定的家庭界限。两个人之间的感情不太接纳第三者的介入，然后就是相互的适应问题，这个可能是一个最重要的问题。这是第一步，新家庭的形成。第二步，孩子的出生。当小孩出生之后，这个家庭里面，除了丈夫、妻子这两个角色以外，丈夫又承担了父亲的角色，妻子又承担了母亲这样一个角色。在这期间，做父母的技能，还有夫妻相互之间的这种作用就非常重要。所有为人父母的可能都会有一种被完全打乱的感受。他们也是在学着怎么去做父母。有些人可能会慢慢学得很好。但是也有一些人，可能基于他们以往成长的经历，很难学得非常好。尽管他们肯定是尽力而为了，但是不一定能够做到他们想达到的最好。第三步，孩子长成青少年。青少年阶段，可以说孩子在经历一个跟父母分离，同时又重新调整关系的一个阶段。那个时候孩子往往就有一种内心独立的想法和欲望，很想成为一个成年人。因为这时候他们从身体上、生理上，都已经发育完全了。而这时候父母还是想把他们管得很严。例如，要求晚上十点以后必须回家。去了哪里、跟谁在一起，也要问得很清楚。父母有很多的担心，而孩子却会对父母的一些唠叨觉得有点烦。觉得跟朋友或同学在一起非常的好。也就是说，在这个阶段可能就会存在着这样一个问题，要重新调整跟父母的关系。第四步，就是孩子离家。尤其是目前很多孩子出来上大学了，在家里面就剩下了爸爸妈妈，他们可能又要回到以前的二人世界。父母这么多年把主要精力都关注在孩子的身上。吃饱了穿暖了没，是不是学习成绩不错啊，是不是在这个过程中顺顺利利的，这些可能是他们主要的关注点。可是现在孩子离开他们了。他们在家里面可能又成为彼此的百分之百或者至少百分之七八十。这个时候可能一些新的问题又出现了。而此时，孩子便开始发展成人与成人的关系。

第三，家庭中所有的结构。当一个家庭形成之初的时候，就存在一个夫妻亚系统，这个系统主要的一个任务就是互补与适应，相互支持，提供安全与依赖。

大家都非常憧憬将来自己组建的家庭，自己的另一半是什么样子的。两个人的个性或者是爱好越相似越好呢，还是越互补越好呢？

从研究结果来看，两个人性格相似一些的可能会更好，对于婚姻今后的稳定性会好一些，但并不是说全部一致。在一些非常重要的指标上面一致，比如说价值观，应该比较一致，比如说都非常认同公平与正义等。另外一个就是兴趣爱好，性格方面不能差得太远。虽然说一个急性子和一个慢性子在某种程度上大家互相拉一拉，但是如果这是一种很稳定的性格特征，长久以往的话，肯定就不行，这个慢性子可能会把急性子给急死，而慢性子也受不了急性子那种总是很匆忙的状态。所以性格从某些方面来说还是要相似。但是在一些兴趣爱好方面可以是互补的，有一些共同的爱好，但是更多不同的爱好，然后互相去带动，慢慢地还是培养起一些共同的爱好。从这一点上而言可能是相似论更易得到支持一些。

两个人相互适应、相互补充、相互支持，提供安全和依赖。而我们最初在哪里获得安全和依赖呢？是在我们最初的家庭里。而在组建小家庭后，就更多地在小家庭里面获得这种安全和依赖。所以家庭成员之间的这样的一种互动，相互的影响是很重要的。

有的时候家庭之间的关系和恋人之间的关系，是由一方的性格决定的。比如说一个妻子她总是很依赖丈夫，总是没有主张，总是什么事都拿不定主意，她就总是会说，亲爱的，你帮我拿一下主意吧，这件事我该怎么办呢，你觉得应该怎么做呢？丈夫就说，好好，应该怎么怎么做。一次两次他可能觉得是帮一下你的忙，但是长久以往他可能就觉得反正你也不知道该怎么做，反正你也拿不定主意，那么我说了算。我们家买房子就买这个了，车子我直接开回来了，管你想不想要，反正问你你也没有主意嘛。然后妻子呢也会觉得这样很好，我就不用操心了。但是呢，如果妻子并不百分之百依赖的时候，可能就会觉得怎么没有跟我打招呼就做这个事了呢。

这个中间过分的依赖和控制是慢慢互相影响而成的，并非一开始就这样。这样的一种关系，不是一种健康的关系。

真正理想和健康的关系，应该是一种有交集但是并不重合的这样一种关系。两个人有自己内心认可的独立的东西，同时又有相似的或者说是共同的部分，这样的话就会有连接，同时又能够独立，也能够独处。

而自杀式的婚姻，就像是电影《泰坦尼克号》一样，女主人公说，You jump，I jump！你跳了我就跳。如果大家在关系中是这样的，You jump，I jump！听起来很悲情，让人感动，但这样的话，家里的孩子怎么办？老人怎么办？

所以说理想的感情和婚姻并不是说一方的存活是完全以另一方为基础的，那是一种不健康的关系。真正的健康的关系应该是各自都有一种功能，同时又能够互补，这样才能更好地去经营恋爱与婚姻的关系。两个人若完全没有交集，也将是疏远的婚姻。

然后是父母亚系统，出现在孩子出生之时，主要任务是在夫妻和孩子之间形成这样一种界限。

再然后是亲子亚系统，主要是养育孩子，制定执行规则，孩子遵从、服从父母。

如果还有兄弟姐妹出现的话，那还会有这样一个对应的系统：兄弟姐妹亚系统。它是练习社会技能的一个场所。现在一代人大多都是独生子女，独生子女的好处是可以获得父母全身心的爱，在同辈中没有其他的竞争者，可以得到百分之百的呵护。但也有不足，因为缺少一个兄弟姐妹亚系统，就缺乏同龄人之间的一些有必要的竞争、分享、合作、冲突，等等。而这些东西都是需要学习的，很多时候我们要在平辈中学习。在这方面，有的父母就会主动把自己的孩子带过去与别的孩子相处，主动创造这样的条件让他们来学习。但是也有家庭在这一方面做得比较少。这样下来，有的孩子长大后就会在与他人的交往中发现人际关系怎么会这样复杂。人心隔肚皮，很多人都不可信。这就是缺乏一些交往技能，而这样一些技能，可能在早些时候，如果有那样的一个平辈系统，就可以去练习。不管怎样，家庭可能会给孩子提供这样一种场所，也可能没有提供这样一个机会。不过这对孩子来说，对于反思自己成长过程中家庭曾带给他们的影响是有帮助的。

第四，就是家庭的沟通是和谐的基础。家庭能够形成，说明家庭成员之间还是有良好的沟通的。

第一点，沟通的形式。在沟通的过程中，形式有言语沟通，也有非言语沟通。在我们所有与对方的信息交流中，非言语信息和非言语沟通其实比言语沟通还要多得多，而且非言语沟通往往比言语沟通要真实得多。言语沟通中，同样的一个句子，它可能有不同的含义，用不同的语气说出来感觉也不一样。同样，你的身体语言有时候会告诉别人并不是你的言语所说的那个意思。在交往时，其实更要注意一些非言语的动作。

第二点，沟通紊乱的表现。什么时候我们会说沟通出了问题，或者说沟通不太好呢？例如，一个家庭有一些事情避而不谈，或者说你讲的意思别人误解了，还有就是词不达意，也就是没有把意思很清晰地表达出来，这也不是一种良好的沟通。

第三点，什么是有效的沟通。一般而言，以下三种方式都是有效的沟通：一种是共同协商出一个结果；另一种就是各让一步，大家都能够接受，这就是一种有效的沟通；第三种沟通是轮流主张，这种方式在某种程度上也是一种沟通。因为各自都做了一些主张，主张也都达成了。所以这也是一种有效的沟通。

二、家庭对我们的影响

家庭对我们是有很大影响的，这些影响中比较重要的就是依恋对我们发展的影响。依恋理论，讲的是孩子在小时候和照顾他们的爸爸妈妈所形成的一种很亲密的感情关系。一些研究者设计了陌生情境测验。陌生情境测验就是设置了很多情境，在不同的情境中观察母亲和孩子的互动。

在有三扇玻璃的一个观察室，里面有三把椅子，还有一些玩具，然后妈妈和孩子先进到这个情境中，待三分钟，这是第一个情境。第二个情境是实验人员进去了，对于孩子来讲，实验人员是一个陌生人。实验人员进去以后，坐在一张椅子上，和妈妈孩子待三分钟，然后妈妈就出去了，孩子和实验人员一起再待三分钟，然后妈妈再进来。妈妈待三分钟后，实验人员出去了。

妈妈和孩子在一起，实验人员进来了，这是一个情境。妈妈出去，孩子和陌生人在一起是一个情境，孩子自己待在那里又是一个情境，妈妈回来又是一个情境。

这样做就是为了要考察孩子和妈妈到底是怎样一种关系。孩子在妈妈身边的时候很有安全感，妈妈走了以后表现得很焦虑，还是无所谓，妈妈回来以后是很欣喜，还是很焦虑、很抗拒？和陌生人在一起时，能不能够玩耍？和妈妈及陌生人在一起时能不能够玩耍？

结果发现存在几类孩子。一类孩子，妈妈在身边时，进入房间，适应了一下环境，就开始玩玩具，陌生人进来时会有些紧张，陌生人在那儿和妈妈讲话，他观察发现没有什么危险，就开始继续玩了。妈妈走了以后，他就开始很焦虑，和陌生人待在一起，他就不怎么玩。过一会儿，妈妈回来了，他就冲到妈妈身边，把妈妈抱住了，很高兴，松了一口气，然后又开始玩玩具。

这样的一类孩子，称为安全型的依恋。安全型的依恋，就是说妈妈是他的一个安全基地。当妈妈在时，他感觉很安全，并且愿意去探索外部的世界。这样的孩子长大以后，他很懂得处理内心的焦虑，心理边界很清楚。他知道妈妈出去可能是有什么事情要做，所以妈妈回来以后他会非常高兴，而不会因此而埋怨妈妈。他知道有些事情是他应该独自面对，而有些事情是可以去求助于妈妈的。因此他和别人的关系也是比较清楚的，他知道哪些事情是他可以承担责任的，哪些事情他可以去依赖外界。

还有一类孩子，他们会对妈妈出去这个事情很生气，觉得为什么你不把我保护好，让我和陌生人在一起。这样的孩子当妈妈回来后，他也不去妈妈身边，他会避开妈妈。这是回避型的孩子。

当回避型的孩子长大以后，他会有这样一种特点，就是认为别人都不可靠，最亲的妈妈那个时候也跑掉了，不管我了，我只能靠自己。这样就会对自己有一种不真实的自信，觉得自己是全能的，我什么问题都没有，认为没有人能够给自己安全感。不了解自己和别人的内心感受，难以发展亲密关系。

还有一种孩子非常焦虑，当妈妈再回来后就黏着妈妈不放，妈妈到哪儿就跟到哪儿，也不玩玩具了。因为他感觉我的安全感只有妈妈能给，其他人都给不了，我自己也没有办法去控制。这是一种要你给他亲密感，很怕被抛弃的孩子，他自己会不断地去抓。

第四类就是一种混乱型的，也就是说妈妈回来后，他又很想去，跟妈妈在一起挺好的，但是当妈妈要把他抱起来时，他又会觉得很抗拒，非要挣脱妈妈到一边去。他对于母亲的感情就很矛盾，所以当他长大以后，他的感情就是比较混乱的那一种。如

果你要走,肯定不行,只要你敢走,我就自杀,或者我就杀你。他既需要这样一种关爱,但又拒绝这样一种关爱。

这些类型对孩子的成长是有很大影响的。依恋对以后的生活有很大影响,很多研究发现,早期依恋是安全型的儿童,后来的发展是比较好的。其他的就会遭遇比较多的挫折。尤其是长大以后,他们可能因为早期的一些依恋,形成不一样的工作模式。也就是说这些人对自己、对他人有一种判断,认为自己行或不行,他人行或不行,有这样的一些指标。

如果自我模型是积极的,他人模型也是积极的,就说他是安全型的,这样的人往往会更有信心去迎接新的挑战,更容易在成年之后更好地发展这种亲密关系和婚姻关系。

如果自我模型是积极的,而他人模型是消极的,就说他是回避型的,在小的时候这种孩子能够很成功地引起大人对他的关注,当他有需要时,他可以引起照顾者的关注,但是可能这个照顾者比较粗心,不能敏感地觉察到孩子的需要。或者很武断,孩子哭了就一定是饿了,非要给他喂奶。孩子可能会因此而形成一些感受,就是我是好的,而你不好。他就会形成一些回避型的依恋,就是一种消极的依恋。

如果说自我模型是消极的,而他人模型是积极的,这样的孩子在小时候他可以引起别人的注意,但并不总能引起别人的注意。当孩子有什么需要时,比如要吃呀拉呀什么的,他就会想法去引起别人的注意,但是他有的时候可以成功,有的时候失败。慢慢地他就会有一种内部的认识,就是我是不行的。别人每次都可以得到关注,而我没有这个能力。所以对自己就形成这样一种消极的认识,这是一种焦虑型的依恋。这样的成人在发展亲密关系时会过度要求或确认对方是不是喜欢自己,是不是爱自己。这就是一种过度依恋,不够安全。

混乱的依恋,就是我不能很好地引起照料者的关注,而照料者也不能很好地给予关注。这样一种依恋的状态,是比较难以发展亲密关系的。比如说,一个女孩子她在大学情窦初开时,想去发展这样一种亲密关系,但是在发展之后呢,感觉自己爱上对方了,马上又拒绝别人。或者说想让别人来表达自己的爱意,非要别人到操场上去跑几圈,或者到十千米外去买什么东西,以此来把别人逼走。这就是一种很矛盾的感情。

依恋关系是什么时候形成的呢?其实在孩子出生后两年就形成了。因为出生两年就形成这样一种稳定的依恋关系,而且对今后的生活有非常重要的影响,那么后天还有没有力量去改变它呢?事实上,并非完全没有力量改变这种依恋关系,依恋的历史并不能决定一切。

改变是有可能的,即使外在的改变有限,内在的改变也是有可能的。大环境在某种程度上说是比较稳定的。但是小环境是可以自己去选择、去改变的。另外,你的父母给你的环境,事实他们已经尽力了。而且父母常常重复在其成长过程中熟悉的模式,即使那些模式是功能不良的。所以对于这样的一系列环境,不应抱怨。只能希望在我们这代，更关心心理学，可以有自我选择和成长的能力，让这样一些不好的代系传递在我们这代停止，不要再传到下一代去。即使，无法改变过去已经发生的事情，但是可以改变那些事情对我们的影响，欣赏并接纳过去，增加管理现在的能力。如果心里总装着对过去事情的情绪，就无法更多地容纳现在的一些东西。更重要的是要拥有一切所需要的内在资源，以便成功地应对及成长。这种内在资源一个很重要的方面就是作出适当的回应，而不是作出不良的回应。还有就是要做一个表里如一的人，发掘内心的资源并建构起高的自我价值。

三、沟通类型

1. 讨好式的沟通

如果一件事情你做得没有别人好，那么你是不是就觉得我很糟糕？因为你不可能再像以前那样只要你某一个方面做好，所有的评价系统都说你好，所以你可以让大家都满意，而现在当你去做一件事情的时候，可能有些人满意，有些人不满意，你能不能接受这种状况，有些人就接受不了，为什么呢？因为在他的成长过程中，他已经习惯了我的好是依赖于别人说我好，老师说我好，朋友说我好，家长说我好，那么现在有人说我不好了，所以我就不好了。现在，我发现不能让所有人满意了，所以我就很糟糕了。我们说如果你形成这样一种沟通习惯的话，可能就会成为一种讨好的行为，这样一种沟通方式了，这样的方式可能会依赖别人的评价。有各种各样的评价系统，考试是一种评价，面试是一种评价，演讲是一种评价，还有寝室的同学说几句话，也是一种评价。你想一想，如果说你的自信都来自于别人的评价，那么你还能自信么？基本上不可能有自信了。因为肯定有人不满意你，可能这样的人他会对别人过分的好，我对你好，希望你认为我好，那么经常会自责，"这个事情我没做好，那个事情我没做好"。他常说的话就是"这都是我的错"、"我不值得"、"你喜欢什么"、"你对我最重要"。所以呢，这样的人在自己表现不好、没有得到某些人的肯定时，就会觉得很受伤、很焦虑、很不满，甚至觉得很愤怒。你为什么一定要人家看到你才觉得好呢？也许你本身就很好啊，为什么一定要别人说你漂亮你才漂亮呢，所以这样的同学可能把自信的一种权杖交给了别人，这是一种类型。这种类型他忽视了自己，他看得到别人的需要，看得到别人的评价，看得到情况的评价，但是他看不到自己的好处，看不到自己的优点。他总是等别人来肯定自己，把焦点放在对自己的期待上，总希望自己做得更好让别人满意，但是你要知道，任何一个人都不可能让所有人都满意，你发现自己有些优点，而不能因别人的风吹草动就内心摇摆不定，这是很重要的。

但是，讨好型的人往往很敏感、很灵敏，这种类型的人很适合做心理辅导老师，很适合搞心理咨询，因为他对人之间的情感可以很敏感地觉察到，所以他在做心理辅导的时候，更能感受到当事人的内心世界，是一种更能关怀和关心别人的人。

2. 指责型的沟通

这种同学做什么事情都觉得自己是对的，你告诉我的一些东西是错的。也许久而久之，他慢慢就会发现，别人说的都不可信，我只能相信我自己，我不能相信你。大家身边有没有这样的同学，别人的话都听不进去，尤其是老师和家长的教育，完全当耳旁风，我行我素，那些老师眼里、家长眼里的问题孩子往往就是这样的。他不相信你们说的，你们说的都是骗我的，我要自己去做，所以很多时候他就是反其道而行之的，"我最行，我只相信我自己，别人我都不信"。而这些问题孩子，他们其实也很痛苦，谁愿意总是跟别人反着来啊，谁愿意在这个社会上生存得那么艰难，总是好像跟别人没有办法融合到一起。我想他内心也是不愿意的，但是他已经形成了这样一种习惯了，他可能在发生一些冲突的时候，就会指责外界。

虽然这种人会很愤怒地去指责别人，但是他往往也有一些资源，他的资源就是他对自我往往是很肯定的，往往是比较有内心的能量的。从某种情况上说，如果他能把这种力量运用得好，可以具有一定的领导才能。

3. 超理智型的沟通

所谓超理智，就是他可能更相信道理，人肯定都会带着感情说话，只有相信事实，事实是什么我们就相信是什么。这样的人给人一种很冷淡的感觉，做什么都是就事论事，不带一点感情色彩。超理智的人特别喜欢去引诉一些道理，做很长的解释，认为人一定要讲逻辑，一二三四五一定要怎么做。不过他内心并不一定完全是这样的，因为每个人都有喜怒哀乐，七情六欲。把自己的情绪全部藏起来，不是一件好事。因为全部藏起来，它不是说就没有情感了，而是说有了压抑，所以允许这样还不如情感有些感受就让它流露出来可能更好。如果平时能自然地流露出情感的话，你就不会在某一刻像一个闷罐子一样爆炸，所以太理智了也可能导致内心很敏感、很孤独，害怕失去控制，因为它需要一种理智来控制自己。但是，我们会发现，人际交往不像我们做实验、做工程，它能够对这个程序很清楚，中间可能会有很多失控的地方，人际交往有很多顾及不到的地方。比如说以前有个男孩子来做咨询，他对一个女孩子动心了，他很害怕。这个我怎么就控制不住自己的感情了呢，明明理智告诉我，我不应该对她动感情，我就是管不住自己，这个跟我做实验的感觉怎么这么不一样啊，我觉得受不这个了，就跑来咨询了。他对自己这种情绪的流露很害怕，他不能够很好地接纳。其实在你春心萌动的时候，这种情感是很正常的，要勇敢去接纳它，甚至可以去享受它。但是，如果是很理智的人，他可能会怕这个事情，担心那个事情。那么，他的自我概念可能也是不够自信的，但是他往往很会去注重收集信息，知识广泛且很注意细节。

4. 打岔型的沟通

打岔型就是什么都不管，既不管这个事是怎么样，也不管这个人是怎么样，我是怎么想的，你是怎么想的。比如说全家人一起商量五一去哪儿玩，有些人在很热烈的商量，但是那个打岔型的人受不了大家这么多冲突，他一会就说："哎呀，妈妈你这个怎么长白头发了？"一会又说，"我们今天中午吃什么啊，都讨论了这么半天了，怎么没人做饭啊？"他可能就会打岔去说一些别的事情。这样的人就不太受得了当时激烈的直接的冲突，他需要去转移注意力。

但是打岔型他也有资源；他有什么资源呢？首先是很幽默，有时候转个弯，就会让人觉得很开心，其次比较有创造力。

既然我们已经看到了这三个部分，什么样的类型才是好的沟通类型呢？同时兼顾到我你他的沟通类型才算是良好的。也就是说，良好的沟通类型应该是注重自身的资源，找到自己自身自信的立足点，不去靠别人来给自己自信，也不靠指责别人来显示自己很强，也不靠纯粹讲道理来证明自己很行，而是真正找到自己，真正值得自尊的那一部分。同时，还应该接受自己和别人的差异。指责型的人只接受自己，不接受别人，讨好型的人只看重对方对自己的评价而不接受自己，其实应该正确地认识到每个人都是独一无二的，每个人都有自己非常优秀的一面，都是值得欣赏的，都是值得被信任的。

每个人都是很平凡的，我们基于对人的认识来了解自己、了解别人，真实地回应对别人的感受，同时也和别人分享自己的另一部分。那么我们有哪些资源呢？其实每个人都有很多很好的资源，不是你没有，而是你可能缺少发现那些资源的眼睛。我们每个人都会有一些愿望，这些愿望本身就给我们带来了一些积极的动力，我们能够表达自己，我们有这样的能力，我们每个人都有成长的趋势，就像植物在增长一样，我们不断地成长、成熟，我们有爱的资源，我们有希望，我们有喜爱、有感官享受，我们能享受到大自然生活中所有一些美好的东西，我们有勇气敢于去尝试一些事情，我们有好奇心和对新鲜事物的探索欲，我们有一些与众不同的创造力，我们可以把创意变成一些实际的东西，我们有理性，我们知道去分析问题，我们不仅有理性，也能觉察到周围人的需要，我们有智慧，我们有情绪，我们的焦虑告诉我们这件事情对我们很重要，我们要集中注意力去做，我们抑郁，在某种程度上说明了环境对我们的影响，我们需要调整环境或者调整自己，我们有喜怒哀乐，等等。这些都可以给我们很好的提示，我们有想象，促发了我们很多艺术创作。我们有观点帮助我们更好地理解自己、理解别人，以及跟别人沟通。我们有选择，我们不是被动的，我们可以选择对于过去所受到的一些伤害，选择原谅，原谅别人也就等于原谅自己。我们有接纳，我们接纳自己的不完美，也接纳别人对我们的一些误解。我们知道疼惜自己、疼惜爱我们的人。我们有领导能力，我们能够用自己的力量去领导别人。所以我们每个人都是非常有资源的，并不是因为别人说我们好，我们才真的拥有这些东西，而是我们本来就拥有这些东西。

从心出发

华中科技大学　章劲元

16年前的秋天，我和此时的同学们一样，满怀着喜悦、憧憬，还有几分忐忑、迷茫，来到这个绿树成荫，生机勃勃的美丽校园。记得当时，也是在军训期间，我们在露天电影场听了亿利达集团刘永龄先生的一场讲座。有一句话，至今仍然在我耳边回响，他说：我的父辈们说，孩子，现在中国还很穷，到你们这一代就好了。可是，等我老了以后，我仍然对我的孩子说，现在中国仍然很穷，希望就寄托在你们这一代身上了。但是，我希望，等你们有了孩子以后，不要再重复这样的话了。10多年以后的今天，我们终于可以骄傲地说，中国已经是世界第二大经济体了，中国再也不是一个穷国了，连世界上最强大的美国也欠了我们一万多亿美元呢。

不错，我们在世界的质疑、批评、唱衰的声音中昂然前行，以举世瞩目的成就让世界刮目相看。但是否就意味着中国人从此可以高枕无忧了呢？

一、中国人心安何处

在转型与崛起的中国，在诸多复杂的问题当中，有一个问题不容忽视，那就是国人内心世界的和谐与安宁。

我们如何理解我们所处的国家、社会？如何面对地震、空难、泥石流等天灾人祸带给我们的痛苦？如何面对无处不在的激烈竞争所带来的升学、就业、住房等方面的压力？如何面对观念、思潮、体制等的急剧变化所带来的冲击？如何面对物质丰富，但两极分化，物欲横流，精神贫乏，信仰虚无，公信力衰落，道德底线失守，安全感缺失的残酷现实？

身处崛起与转型中的中国，繁荣与落后，丑恶与高尚，天灾与人祸并存的世界，我们的心安何处？有人说，当代中国需要用30年的时间来消化西方国家300年间所产生的价值裂变与心理冲突，我们自然要承受更大的心理压力和冲击，那么，指导个人行为的心理指针是什么？谁来为中国人的心灵找一个家？我们到底应该相信什么？宗教？大多数中国人不信教；政治理念？似乎离普通大众很远；科学？给我们带来便利的同时，也带来了太多的负面影响；传统道德伦理？人们似乎对"忠孝仁爱，礼义廉耻"等早已不屑一顾……难道真的"神马都是浮云"？

在这样的语境中,心理学就有了它的独特空间,它可以为我们揭示另外一种价值体系:不管你的才干,地位与财富如何,你都是有价值的。它可以平衡竞争的负面影响,让人在竞争的环境中仍然看重个人的价值与权益。它可以在心理危机面前提供科学的应对之策,确保安全;可以在心理发生疾病时,维护健康;在忙碌与奋斗中,打开通往幸福的窗户。

二、大学的心事

大学心事是大学生们关心的事,担心的事。大学生的心事既是个人的,又是家庭的,也是社会的;既是现实的,又是过去的,也是未来的。它主要包括以下六个方面:如何认识大学、把握大学;如何认识和处理大学生人际关系;如何认识和把握爱情;如何认识自我;如何助人与自助;如何发现人生意义,创造幸福人生。

1.学海新航

哈佛大学曾对他们学校的毕业生做过一个调查,其中,27%的学生生活没有目标,他们过得很不如意,并且常常抱怨他人、抱怨社会、抱怨这个不肯给他们机会的世界;60%的学生目标模糊,他们过着安稳的生活与工作,没有什么特别的成绩,几乎都生活在社会的中下层;10%的学生具有清晰的短期目标,他们的短期目标不断实现,成为各个领域中的专业人士,大都生活在社会的中上层;3%的学生具有清晰而长远的目标,他们朝一个方向不懈努力,几乎成为社会各界的成功人士,其中不乏行业领袖、社会精英。

大学,正是寻找、实现人生目标的地方。

这个目标是指向未来的,它的出发地是你的内心。

它有两个维度,一个是知己,即对自己性格、能力、价值观、兴趣的认识。另一个是对外在世界的认知,即知彼,对不同职业的要求的了解。这两个维度构成一个坐标,你需要做的就是,将二者进行匹配,而后进行抉择。当然,了解自己和认识环境都是一个动态的过程,你和周围的环境都在发生变化,给自己一个逐步认识的过程,切忌操之过急。

很多同学的专业并不是自己最理想的选择,以为自己就要“被定型”了,因此感到焦虑、不安。我想告诉大家的是,在高等教育大众化的今天,作为中国一流的重点大学,我们应该坚守一份精英的意识与责任。University $\neq$ High School,更不是职业技术学校,不是仅仅为了掌握一种谋生的手段和工具,而是成为一个人,一个有灵魂、有思想、身心健康、协调发展的人。

在此基础上,努力打造自己的核心竞争力。

研究表明,一个人的核心竞争力包括如下几个部分:一是良好的工作态度,如时间管理科学、耐心、责任感、守纪、自律、配合度、稳定性、正面思考等;二是稳定度及抗压性:遇到压力、困难、不愉快的情况,能妥善处理,不迁怒于人,能适当表达个人意见,让他人了解自己,可持续发展;三是团队合作能力,尊重与接纳其他成员的意见,

以团队目标优先，支持团队的决定，协助其他团队成员，共同合作达成目标；四是表达沟通能力，能够有条理、有组织地表达自己的想法，通过比喻、举例、肢体语言或声调，让对方保持专注聆听，确认对方是否清楚了解自己的想法；五是发现及解决问题的能力，具有发现问题，对不合理现象的敏感态度，能找出问题发生的原因，尝试通过各种方式或人力资源，寻找解决方法；六是专业知识与技术，至少获得某一领域的专业知识或技术，并足以代表个人专业或技术专长；七是学习意愿与可塑性，会主动寻找各种学习和成长机会，善用各种学习的资源，以提升能力，将新学习的知识用于工作，并持续精进；八是基础电脑应用技能，精熟基本文书处理及电脑资讯处理等。（资料来源：台湾青辅会(2006)）

所以，在专业选择、发展方向或职业训练上，更重要的不是专业本身，而是一种学习能力，一种综合素质。我的建议是，不可一业不专，不可只专一业。很多人会认为自己所学的专业不热门，从而丧失学习兴趣和动力。为此，我想跟大家交流的有三点。一是专业没有好不好的问题，只有学得好不好的问题。在华中科技大学的任何一个专业都是好的，工科、医科的优势不必多说，文科也是非常有特色，不仅有深厚的人文底蕴，也有自然科学严谨氛围的熏陶，一大批杰出的校友就是最好的例证，如2003年华中科技大学校庆，捐款最多的校友是社会学系毕业的吴文刚——800万，这个系还有一大批活跃在人民日报、新华社、中央电视台等媒体、华为等大公司，公安局、纪委等各级政府机关的校友。二是专业与将来的工作并非一一对应，只要你有宽厚的基础，和较强的学习能力，选择的空间非常大，2005年我们做校友调查的时候，就发现很多这样的例子，一位土木学院毕业的学生就职于中国人民银行四川省分行，靠的就是他在大学辅修的经济学双学位。三是专业兴趣是可以通过了解，然后培养的。如果通过长期的探索发现还是不能适应这个专业的学习，可以通过辅修双学位、考研来改变，前提是：不是跟风，而是长期、透彻的了解。

第二个问题是如何看待成绩的问题。我的观点是，成绩不再是衡量一个学生好坏的唯一标准，成绩好有好处，如申请出国，获得奖学金等。学生以学习为天职，但不可一味追求成绩。如果仅仅把成绩作为自身价值的唯一支柱，当你遇到学习上的困难时，你的信心也将随之坍塌。有一个引发教育界反思的“十名现象”，就是那些在社会上发展得好的人，学习成绩一般在班上的10名左右，也就是处于中等偏上的水平。究其原因，就是这一部分人有一定的知识水准，同时注重了全面发展，而不仅仅是把成绩当成唯一的指挥棒，使自己局限在课本上；或者对成绩不屑一顾，荒废学业。只要掌握了大学的学习规律，拿一个好看的成绩并不是件很难的事。但要把这一门课的知识掌握好，非得跳开书本，博览与它相关的文献、专著等资料，深入研究才行。在这里要特别提醒同学们，或许不久之后的期中考试，就会有人出现挂科的现象。我想分两种情况来分析，一是万一不及格，不要太当回事，不可一蹶不振，大学期间的挂科也是大学生活的一种体验，总结经验教训，及时补考，并无大碍；但也不要太不当回事，否则你将一泻千里，成为众多不能毕业的学生中的一员。

第三个问题是学习方法问题。很多同学苦于大学课堂上老师授课的蜻蜓点水，点到为止，一节课上几十页甚至上百页，如果再像高中那样每个知识点都搞懂，不吃饭不睡觉也无能为力。很多来咨询的同学就是遇到了这样的困惑。我的建议通常是：一，改变学习策略，向师兄师姐学习、请教；二，找到适合自己的学习方法。学习风格因人而异，有的人学得很快，忘得也快；有的人学得很慢，却很难忘记。所以，根据自己的理解，建立自己的知识系统尤为重要。心理学上也有很多方法可以改进学习的效率，如掌握遗忘的规律，学习记忆的技巧等。很多同学对外语感到很头疼，一个最笨，但最有效的办法就是背诵英语的文章，多听、多读、多写，不要拘泥于课本。

大学的学习不能投机取巧。

先给大家讲一个故事：很多人都背负着一个沉重的十字架，在缓慢而艰难地朝着目的地前进。途中，有一个人忽然停了下来。他心想：这个十字架实在是太沉重了，就这样背着它，得走到何年何月啊？于是，他决定将十字架砍掉一块。于是，就这样走啊走啊，又走了很久很久。他觉得还是太重了，又砍掉了一大截，这样一来，他一下子感到轻松了许多，毫不费力地就走到了队伍的最前面。走着走着，谁料，前边忽然出现了一个又深又宽的沟壑！沟上没有桥，周围也没有路。他该怎么办呢？后面的人都慢慢地赶上来了，他们用自己背负的十字架搭在沟上做成桥，从容不迫地跨越了沟壑。他也想如法炮制，只可惜啊，他的十字架之前已经被砍掉了长长的一大截，根本无法做成桥帮助他跨越沟壑！于是，当其他人都在朝着目标继续前进时，他却只能停在原地，垂头丧气，追悔莫及。其实我们每个人都背负着各种各样的十字架，正是这些压力、责任和义务，构成了我们在这个世界上存在着的理由和价值，也成就了我们超越困境之后的梦想。当沟壑出现时，我们也正是利用自己背负的十字架所积蓄的力量帮助自己跨越沟壑，继续前进。所以，请不要埋怨生活的劳苦，因为真正的快乐，是挑战的过程，没有经历深刻的痛苦，我们也就体会不到酣畅淋漓的快乐！

2. 问世间情为何物

爱情是大学生最喜欢谈论，也最憧憬的一个话题，也是给不少大学生带来困扰的问题。大一的时候，这个问题还不是很突出，女生可能会更多一份困扰，就是现在流行的说法——防火、防盗、防师兄，尤其是在我们这样一个女生资源稀缺的大学里。

那么，什么是真正的爱情？要不要谈？怎样谈？爱一个人需要理由吗？需要标准吗？

古希腊作家阿里斯托芬说，人起初有4只手和4只脚，4只耳朵和2张酷似的脸，因此，他们孔武有力，不畏神灵。于是众神之父宙斯毫不留情地将人一分为二。从此每个人都在迫切地寻找自己的另一半，爱情由此诞生。

心理学家斯滕伯格有一个著名的爱情成分理论，他认为爱情包括亲密、激情和责任。这三个成分可以有多种组合。喜欢是亲密的体验，不包括激情或责任；迷恋是激情的体验，但没有亲密或责任；空洞的爱只有责任，没有激情和亲密；浪漫的爱情是激情和亲密，但没有责任；同伴式的爱情有亲密和责任，但没有激情；虚幻的爱情有激情和责任，但没有亲密；完美的爱情是激情、亲密、责任的完美结合。真正的爱情不需要有功利的色彩，更不能盲目攀比，不仅仅是花前月下，缠绵悱恻，而应该使双方越来越深入地认识、相信、完善自我、发掘潜能、共同成长。

大家在漫长一生中，最有活力，最美丽的季节，学会建立亲密关系是这一阶段的重要课题之一。我想先跟大家分享我校一位叫朱云鹏的研究生写的一段话：爱，是人生的必修课，我们穷其一生也未必能拿个满分；恋爱，是大学里的选修课，选上了，就好好珍惜你身边的那个人；没选上，那只能说你的花期还未到，不必焦虑，待到花开时，自有惜花人踏雪寻梅。我很欣赏这种自然的心态。不急不可耐，饥不择食，而是静候一份真正属于自己的爱情。而对男生而言，我觉得"大丈夫何患无妻"是大家最好的宣言，有机会就好好珍惜，没有机会，绝不强求，先潜心把自己打造成一个真正的男子汉再说。

爱需要理由吗？我觉得要，至少有五点：人品、性格、志趣、修养、价值观。一是人品。这是底线，也是最高的要求。人的美貌总有一天会衰老，才华终究也会有江郎才尽的时候，财富更是难以总是金玉满堂，永享荣华，只有人品才会相对稳定，在贫困时创造财富，在风雨中不离不弃，在幸福中享受生活。二是性格。最不幸的结合是两个冲动型的人的结合，无休止的争吵，怨恨不仅会使双方筋疲力尽，也会给孩子、父母和亲人带来恐惧和伤害。三是修养。修养是一种对自我情绪的掌控。有的人并不坏，但总是口不择言，再好的感情也会在难以遏止的彼此伤害中衰竭。四是志趣，没有共同追求和爱好的两个人走到一起，虽然可以相安无事，但即使有幸福也是琐碎的情趣，难以有共同的理想和抱负，也就不会有共同奋斗的激情和梦想。还有一点非常重要，就是价值观，也就是最看重的是什么，有的人把物质享受当做人生信条，习惯了锦衣玉食，怎么可能习惯粗茶淡饭？怎么能同甘共苦？有的人把助人、利他当成自己的人生理想，他们不在乎吃穿住行，最看重的是为家人、朋友、社会和那些需要帮助的人做点什么，以实现自己的价值。

这些都是内在的标准。还有一些外在的标准，如地域差异是否形成的文化、观念的冲突，经济条件的差异是否会招致亲人的反对，家庭氛围是否和谐，等等。中国人自古以来讲究"门当户对"，我想，就是两个成长环境大体相同的人，会有更多的共同点，会减少冲突和摩擦。但自古以来，打动人心的爱情故事，都是冲破世俗观念束缚的典型个案，这就需要智慧和运气啦。

需要注意的是，在恋爱过程中可能出现一种这样的情况：致命的吸引，就是最初吸引人的某个特质，会成为两人关系中致命的缺陷。如当初爱上对方是因为他很优秀，很成功，但后来也正是因为他是一个工作狂、学习狂而分手；当初被他的浪漫打动，后来发现其实他一点都不成熟；开始觉得他很喜欢自己而陶醉，但受不了他如此强烈的占有欲；当初他的自信很吸引人，后来才发现那样其实很自我。这就需要大家好好把握，不偏不倚。

爱情是追来的吗？同学们的情感问题中，最让人头疼的是一厢情愿的苦恋，明明知道对方不喜欢，不接受，仍然相信只要努力了就可以追到手，死缠烂打，甚至以自己和对方的生命相威胁。爱需要付出，但不是丧失自我。有研究表明，恋爱能否成功，俩人相见的最初14秒就已经决定了有没有希望。没有感觉，你再努力也是白费。所以，我奉劝那些可能遇到这种单相思而以生命相威胁的同学们，别傻了，不要再纠缠了。否则只会让对方更加恐惧，离你更远。“自爱”是收获幸福爱情的前提。自爱是对自己的了解、尊重、负责。你是唯一的，你的价值并不取决于其他任何人。爱自己是接受自己，包括自己的缺点，鼓励自己，并时时激励自己将深藏的潜力开发出来。让这个不接受你的人将来感到后悔。相信自己，我有我的幸福，也相信自己的爱情会在某个并不遥远的未来。

幸福的爱情总是相似的，我们来看几个例子。

个案1，两人来自同一个村。大学期间，一个在长沙读书（专科），一个在武汉读书（重点）。都考上我校研究生，先后留校工作。

个案2，男友得知女孩身患癌症，放弃出国，在武汉工作，为女孩精心治疗，并严守秘密，不让女孩的家人担心。

个案3，一个是外语系的分团委副书记、一位是电信系的学生会主席，结识于两系之间的足球比赛，考GRE出国，现定居加拿大。这些幸福爱情的共同点是：相爱而独立，始终相信对方，目标明确而坚定，宽容。而爱情闹剧的共同点则是：跟风、勉强（自己和他人）、功利（金钱地位、消除寂寞、面子）、不负责任。

谈恋爱就难免有失恋，而大学期间的恋爱大多是初恋。在这里先跟大家分享一个观点，请大家自己思考：初恋是用来回忆的，写诗的……失恋是痛苦的，但失恋也是有价值的。失恋会让我们发现自己的缺点：是不是很任性？是不是不够宽容？是不是不懂得关心他人？修正了缺点，就像给足了玫瑰的养分，让下次的爱情之花盛开得更娇艳美丽。失恋是男人成熟的必修课，是女性人生幸福的试金石。我们不必，也不能把一个人很快忘掉。不仅如此，不管是否能成功走向婚姻的殿堂，这一段感情是值得珍藏的记忆，我们有理由对这个亿万人中相识，真诚相处的另一个生命心存感激。如果两个人不合适，失恋摆脱的是枷锁，获得的却是整个世界。

感情，是用来维系的，而不是用来考验的。信任，是用来沉淀的，而不是用来挑战的。爱不仅仅是一种情感、一种缘分，更是一份责任、一种能力。爱需要等待，需要勇气和智慧，更需要学习。学习认识自己，欣赏他人，学习表达爱，接受爱，拒绝爱，鉴别爱，学习解决冲突，学习包容，学习承担责任。

3. 认识你自己

除了以上三个问题之外，来我们中心咨询得最多的问题，也是最根本的问题是自我认识问题。“认识你自己，悦纳自我”包含了两层意思，一是以一种科学的方法，了解自己，认识自己，把握自己，为自己的学习方式、情感历程、事业选择奠定科学的基础；二是喜欢自己，与自己友好相处。

很多同学到了大学后变得不再自信，以前学习成绩好，老师、同学都很喜欢，但在大学觉得自己太平凡了，几乎没有人会注意他，从众星捧月到平平淡淡，这种心理的落差太大，自信心很快便荡然无存，对自我的怀疑、否定，甚至厌恶就会随之而来。此时，最重要的是要找到自己自信的支点，发现自己与众不同的优势。我要告诉大家的是，现在的你不是过去的你，也不是将来的你、今天的你，因为成长环境的限制，暂时在某些方面没有优势，只能说明你的过去。而未来，一切皆有可能。心理学认为，人所显现的能力只是自己所有能力的冰山一角，爱因斯坦也只运用和开发了自己的一小半能力。

那么，如何认识自我呢？有哪些认识自我的途径与方法呢？一是自我省察，也就是曾子讲的"吾日三省吾身"，沉下心来，和自己对话，看看自己最真实的想法。你可以尝试着列举你最自豪的20件事，你最失败的20件事，然后进行归纳、总结，你可以发现自己在某些方面是擅长的，而某些方面是不擅长的。二是以人为镜，请信任的人，或者重视的人告诉我，我到底怎么样？三是尝试、探索，让自己去参与未体验过的活动，从中观察自己。四是借助某一种方法对自己进行分析，最常用的有以下几种：星座、心理学、中国传统文化（四柱学说）。例如，白羊座的人的优点是当机立断，付之行动和速战速决。不足之处是，说话做事不太审慎，很少注意留有余地，缺乏冷静的头脑和周密的思索。无论是在家里还是在外面，都不怕争执，但事后总是弃之脑后，从不记恨在心。金牛座的人处世小心谨慎，感情真诚专一，家庭观念较强。卖瓜小贩："快来吃西瓜，不甜不要钱！"饥渴的牛牛："哇！太好了，老板，来个不甜的！"（持家、想出轨又顾全自己的金牛）。中国的四柱学说在相当长的时间里被斥为封建迷信，其实，他是中国人认识人的一套独特的理论，有唯物论的基础，是开放的，也是动态的。这套理论把人的出生年月日和时辰作为切入点，每一个点用天干地支表述出来，天干地支又暗含了金木水火土等5种元素，根据每种元素的搭配，每年的变化，可以对一个人的性格、可能从事的事业、婚姻等都有一个解读，很奇妙。心理学是一门认识人的科学，其中，霍兰德的职业倾向理论非常有助于同学们把自我认识和将来的职业选择建立联系。他把人的能力分成六种类型，每一个人以其中的某一个为主，兼有其他若干类型的特点。实际型的有运动或机械操作的能力，喜欢机械、工具、植物或动物，偏好户外活动。研究型的人喜欢观察、学习、研究、分析、评估和解决问题。艺术型的人有艺术直觉创造的能力，喜欢运用他们的想象力和创造力在自由的环境中工作。社会型的人擅长与人相处，喜欢教导、帮助、启发或训练别人。管理型的人喜欢和人群互动，自信、有说服力、领导力，追求政治和经济上的成就。传统型的人有文书或数字的能力，能够听从指示，完成细琐的工作。

同学们可以问问自己，你了解你自己吗？喜欢你自己吗？如果不了解，你可以尝试以上这些方法。不要等到毕业的时候，还不知道自己想要什么，擅长什么。如果不喜欢，你可以尝试以下这些方法。

首先是改变一种观念：我不是一个值得他人喜欢的人。

因为你的价值不依赖于任何一个其他人。你是独特的，是唯一的，因为这个世界上只有一个你，是不可替代的。能来到这个世界，本身就是一个奇迹。每一个人都不会是完美的。你生下来是什么样的人是上天送给你的礼物，你成为什么样的人是你送给上天的礼物。

悦纳自我需要对自我有积极的认识。建立自己的价值感、归属感、胜任感。价值感就是觉得自己是有用的。有人说，你做的这个心理咨询又不能赚钱，又没有荣誉，默默地做那么多事，有什么用呢？我总是自豪地回答说：当一个学生因为对我的信任，愿意把他心底的秘密告诉我，我感到莫大的荣幸；当看到一个学生愁眉苦脸地走进咨询室，微笑着走出去，我感到无比的满足。用自己的思想和智慧，为一群高素质的年轻的学子解除内心的困惑，让他们快乐、健康地成长，还有什么事比这个更有价值呢？归属感就是感到自己属于某一个群体，并引以为豪。我会以自己是一个华中科技大学的毕业生自豪，我以我是华中科技大学老师中的一员而自豪，我也以我是一个湖南人而自豪，不仅仅是“惟楚有才，于斯为盛”，更有在中国危机的历史时刻有这样的说法：“有湖南人在，中国不会亡”的“湖南精神”。还有湖南人身上特有的一种特质：霸得蛮，吃得苦，不怕死(李谷一)。我想，在座的各位来自五湖四海的同学们都可以从你们的家乡、你们的中学、你们的院系、你们的班级、你们的寝室找到让你们为之自豪的东西。胜任感就是我觉得我能把某些事情做好。我相信大家都有这种自己得心应手的事情，而我做不了企业老总，也做不了记者，还做不了烦琐的数学计算，但我可以做好心理咨询。

我们需要珍惜自己的独特性，我们不必成为他人，而是做最好的自己。悦纳自我不仅仅是欣赏自己的优点，更是接纳自己的缺点和局限，把它们当成自己的特点，当成完善自己的空间。我们不需要对自己有过高的要求，尽心尽力做好每一件小事，积累自信，就会聚沙成塔，水到渠成。我们不应为讨他人喜欢而去做事，而是忠实于自己内心的感受。学会自我鼓励，对过去的错误不必耿耿于怀，允许自己有一个成长的过程。生命是一个体验的过程，所有的一切都是每一个生命的组成部分。成为你自己，成就你自己！

所以，乔布斯说：“你们的时间有限，不要复制别人的人生而浪费时间。被教条束缚，你的人生将按别人的思考结果来度过。不要让他人意见淹没自己内心的声音。有勇气去倾听自己的内心及直觉，它们从一开始就知道你究竟想成为什么样的人，其他，都是次要的。”

我很喜欢一首英文歌：HERO，其中的一段歌词是：

it’s a long road
when you face the world alone
no one reaches out a hand
for you to hold
you can find love

and you know you can survive

so when you feel like hope is gone

look inside you and be strong

and you'll finally see the truth

that a hero lies in you

愿同学们都能在自己的内心深处，找到一个真正的自己，一个真正的英雄。

4. 人情解码

华中科技大学毕业生10年(1995—2005)调查报告有一个这样的结论：我们的学生缺乏主动沟通的意识和领导一个团队的意识和技巧。这是我校学生软肋，是迫切需要改进的地方。

在人际关系的处理方面，在学习一些技巧之前，同学们可能要先消除一些认知偏差。

第一个偏差，很多人认为，只要我有能力，是金子到哪里都会发光，会不会与人打交道有什么关系？其实，人际关系是人生快乐的源泉之一，也是一个人成功的重要因素。卡内基理工学院(现卡内基梅隆大学)分析了10000个人的记录后得出结论：15%的成功者是由于技术熟练、头脑聪慧和工作能力强；85%的成功者是由于个性因素，由于具有成功地与人交往的能力。反之，在生活中失败的人，90%是因为不善于与人展开有效交往而导致的。另外有一个关于诺贝尔奖的统计：1901—1972年间的286位诺贝尔奖获得者之中，共有185人是合作出成果的，比例多达三分之二。哈佛大学职业指导中心研究了几千名被解雇的男女工人，发现了这样一个比例数：失业的人中，因不能完成工作与因不能成功地与人交往的比例为1∶2。阿尔波特·维哥姆博士的研究成果表明：4000名失业的人中，只有10%，即400人是因为他们不能干这种工作，90%，或者说3600人，是因为他们还不曾发展自己与人成功相处的良好品质。

第二个偏差，既然人际关系那么重要，我家里又没什么背景，自己也没有这种能力，岂不是完蛋了？既然人际关系那么重要，我就要处处小心，不能得罪任何人，也不能拒绝别人的所有要求了？还有，我讨厌拍马屁。一方面，人类社会的进步终究是要靠那些有德行、有本事的人来推进的，不要怕那些有关系，那些八面玲珑的人，你既有本事，又懂得如何流畅、清晰、准确地表达自己，如何认识自己的情绪，识别他人的情绪，并作出适当的反应；懂得基本的社交礼仪，懂得为他人着想，你就会受欢迎。另一方面，尊重别人，不等于处处委曲求全，备受煎熬。要消除一种偏差，拒绝别人等于伤害别人。只要你真诚、有礼，而不是简单、粗暴地拒绝别人，就不会伤害到对方，同时也维护了自己的利益。我们要坚决抵制庸俗的人际关系，真正的友谊是在敞开心扉的真诚交流和共同奋斗的过程中产生的，而不是通过小恩小惠，吃吃喝喝建立的。赞美别人不等于拍马屁。每一个人都希望得到别人真诚的赞美，一句温暖的话，一个微笑，都会让人感到高兴，如果你经常给他人以赞美，他人也会给予相应的回报。心理学研究表明，人际吸引包括很多元素，如相貌、能力、地位、品格，等等，但人们最看重的是那些懂得欣赏自己的人。

第三个偏差，好人缘就是要和每一个人都是好朋友？其实不然，好人缘并不是一种肤浅的人际关系，不是和每个人都嘻嘻哈哈的，而是在他的周围，有一种和谐的氛围，有那么几个知心的朋友。不需要成天寻思和这个同学怎么样了，在痛苦的时候，有人可以和他分担，喜悦的时候，有人可以和他分享。正所谓志同道合、道义相砥、过失相规、缓急可共、生死可托。怎样获得好人缘呢？有没有技巧呢？当然有，我的体会是：主动，热情，记住他人的名字，赞美他人，不自以为是，不搬弄是非。影响人际关系的个人特质中，最重要的是与信任有关的特质：真诚，其次是热情和竞争力。最令人讨厌的特质是虚伪。

同学们之间的小矛盾在所难免，但仁者无敌。国际功夫巨星李连杰说，最厉害的武器是微笑，最厉害的武功是爱。如果你把周围的人都当成魔鬼，你就会生活在地狱之中；如果你把周围的人当成天使，你就会生活在天堂之中。但需要提醒的是，那些长期习惯了被迁就、被宠爱的同学，必须学会尊重他人：有人睡觉了，请轻轻地关门，请轻声地说话。如果有人暂时不知道这方面的知识，甚至常识，请认真地倾听，耐心地回答，想想你当初学习这些东西时候的样子。正所谓“己所不欲，勿施于人”。

第四个偏差，不善于和人打交道就避免和人接触，以免尴尬。很多同学不敢，也不知道如何跟陌生人打交道，觉得自己普通话不标准，没有什么话题可以聊，经常出现脸红、心跳、出汗、发抖等情形，时间一长，就会回避与人交流，把自己封闭起来。建议这些同学开展这样的训练：①主动与陌生人做短暂的交谈若干次（例如，在汽车站上的寒暄）；②与陌生人做较长时间的交谈（例如，在火车候车室的交谈）；③再认识一位新朋友，作较长时间的交谈；④参加你所陌生的某个社团的聚会，在生疏的聚会中，寻求陌生人的协作或帮助。这样的训练非常有效。我想送给这些同学一句话：今天的丢脸是为了明天的不丢脸。只有不断地尝试和训练，才能做到应付自如，从容淡定。

三、了解心理常识，助人与自助

以上四个方面是大学生在大学期间遇到最多的困惑，占90%。也有将近10%的问题不是这些发展性的问题，而是一些心理疾病。只要科学应对，就会得到康复，就像身体的疾病得到治疗一样。

下面我想跟大家交流三个方面的问题：一是什么是心理健康？二是如何看待心理疾病？三是如何帮助处在心理危机中的同学？

一个心理健康的人能够与环境友好相处，善于发现和发掘资源为我所用，而不是一味抱怨，格格不入；能够与他人和谐共生，尊重差异，和谐相处，有知心朋友，有良好的社会支持系统。还能够与自己真诚相伴，悦纳自我，接受不完美的自己，喜欢自己，能觉察和尊重自己内心真实的感受。

常见的心理疾病有以下几种。

一是抑郁症，它有三大症状：快感缺乏、睡眠障碍、思维迟缓。如果这三个症状同时存在且持续3个月以上，就可以初步判断为抑郁症，需要及时进行心理咨询和治疗。

二是强迫症，主要症状为控制不住自己的意念或行为，明明知道那是不合理的，还是控制不住要去想，要去做。原因很复杂，主要是追求完美和缺乏安全感。治疗的方法主要是是顺其自然，为所当为。

三是一些情绪的困扰，如焦虑、孤独、悲伤、愤怒等，这些情绪都可以通过特定的方式进行宣泄或处理，需要有一定的时间，需要找到适合自己的方法。还有，就是正确应对压力。适当的压力对激发一个人的潜能是有帮助的。

四是精神疾病，如精神分裂症。它最明显的特点就是缺乏自知能力，有时还有幻听、幻觉等。只要得到及时治疗，就不会影响到学习和生活，更不会被学校退学。

由于学习挫折、严重的人际冲突、经历较大的挫折、受到他人的威胁或羞辱、失恋、亲人亡故、严重疾病等，可能引发大学生心理危机。主要的原因是青春期的心理矛盾与冲突、自我价值取向的单一化、心理求助方式的片面化、心理支持系统的缺乏。同学们这个年龄阶段成人感与幼稚性、反抗性与依赖性、闭锁性与开放性、勇敢与怯懦、高傲和自卑并存。大家往往接受了社会大众的单一的成功观：只有金钱、权力、地位才能体现自己的价值。把赚多少钱看做是评判自己价值的唯一标准。忽略了作为一个"人"的内在价值。所以，不少人一旦遇到学业、情感、经济、荣誉、家庭等重大挫折，就会怀疑和否定自己的价值，认为将永远不能走出当前的困境，也没有人可以帮助他，因此感到绝望，甚至放弃自己的生命。事实上，任何生命之外的因素，都无权结束生命。遇到挫折的时候，请大家不妨问一问自己，难道真的活不下去了吗？何况大家最大的资本就是年轻，青春没有失败。

遇到心理危机时，一是要学会自助，二是要学会助人。

很多同学有这么一种误解："只有严重的问题才需要寻求专业的帮助"，不愿暴露隐私，害怕被贴上"精神病人"标签，以为"自己的问题自己解决"，面对家人，认为他们不懂，也帮不了自己，而朋友呢，则怕麻烦他们，凡此种种，都会阻碍及时的治疗，而错失了康复的良机。

那么如何助人呢？首先要知道心理危机有哪些蛛丝马迹。经过我多年的观察，主要有以下五大线索。一是异常的情绪、语言和行为；二是性格特点、生理、心理或精神疾病；三是生活事件；四是家庭线索；五是对自杀的认知。

1. 异常的变化

异常的变化是指学生在情绪，语言和行为等方面不同于其稳定、一贯的风格。这些变化有的持续时间较长，如大一和大二，上学期与下学期，或者生活习惯的改变等；有的则是一些突然的改变，如交往模式的改变，莫名其妙的话语等。

2. 性格特点、生理疾病、心理或精神疾病

我们在调查中发现，部分个案的性格存在冲动、掩饰或孤僻等特点；不少个案对自身的生理特征存在负性认知，或受到慢性疾病困扰。不少学生和家长因为对心理和精神疾病缺乏正确的认识，而耽误了最佳的治疗时机，最终酿成悲剧。

(1)冲动型

例1:X某，三次自杀，第一次与女友吵架后自杀手段为割腕，第二次为服安眠药，每次都易于被人发现而且其严重程度不致死，最后一次喝了一瓶白酒后在自家跳楼，在医院抢救时请医生救救他，说不想死，可惜已经回天无术了。

(2)掩饰型

这类学生带着面具生活，在坚强、乐观的背后隐藏着巨大的痛苦。但因为善于掩饰，难以被人发现。

3. 生活事件

生活事件在这里主要是指学生遇到的挫折，主要包括一般的挫折、学习挫折和情感挫折。这些生活事件本身可能并不足以导致学生自杀，但可能成为自杀的重要线索或原因。

4. 家庭线索

家庭线索主要包括家庭冲突和贫困。我们在调查中发现，因为家庭贫困导致学生自杀的并不多见，而家庭成员之间，家族与家庭之间的冲突所产生的压力则更容易导致自杀。

5. 对自杀的认知

在遗书或日常生活中表达出对死亡的淡然、坦然甚至美化。

那么，知道了这些线索之后，大家应该怎么办呢？

首先是保持冷静、耐心倾听；表示理解，不急于说服他们改变自己的感受；相信他们说的话，严肃对待；不承诺保密，鼓励他们寻求帮助；求助其他相关人员共同承担责任；如果自杀可能性较高，应避免其独处，并立即报告辅导员或心理咨询中心。

总之，生命需要相互的支撑和关爱，不要因为我们的无知或冷漠，使一个鲜活的生命从我们身边消逝。

我们学校已经建立完善的三级心理防护体系：一是教育体系，包括一个网站，心理驿站；一份报纸，《新心》；一个组织，心理部、心理委员们；一个载体，心理文化节。这个体系主要是普及心理知识，让同学们学会妥善应对。二是心理咨询体系，我们每天上午、下午和晚上都有人在咨询室等候大家来咨询，每年有2000多名同学主动预约前来，预约电话是87543148。三是心理治疗体系，校医院也有心理门诊，可以开药。另外还有三个QQ交流平台(1559354592,1602245966,1448520936)，我们会与大家在线交流。

四、探寻人生意义，创造幸福人生

最后，我们一起来探讨人生的意义，探讨如何创造幸福人生。

一是汲取智慧，思考人生的意义。

幸福需要思考和智慧。对人生意义的怀疑是不少心理问题的缘起和症结（尤其是那些有点抑郁倾向的人）。他们觉得这个世界似乎没什么意义，那些成功的人也未必过得很幸福。无论怎么努力，最后还是要走向死亡。既然如此，人生的意义在哪？活着到底是为了什么？我通常会反问他们，假如人不会死，人生还有必要去探讨有没有意义吗？正是生命的有限性突显了人生意义。

信仰宗教的人认为，意义问题其实也就是信仰问题。信仰实际就是对存在意义的信奉。基督教认为人生就是一个赎罪的过程，经受苦难考验的过程。伊斯兰教认为人生活应该符合真神阿拉的启示。道教认为人应该遵循天地阴阳所呈现的启示，顺其自然：人法地、地法天、天法道，道法自然。佛教认为世界的一切都是“空”，五蕴皆空，如电如露，转瞬即逝，人们不必执着于眼前的假相，不必因此而产生万千烦恼。佛教徒认为此生所有的际遇，不过是前世的因果轮回，都是前世的“业报”，而今生的所作所为，又决定了下一个轮回的状态；禅宗看重一个悟字，主张平常心：随时、随性、随遇、随缘、随喜，把握现在就是拥有未来。儒家是入世之学，主张推己及人，己欲立而立人：正心、诚意、修身、齐家、治国、平天下。这些不同的学派从不同的角度对人生意义进行了解读，可以给人以启迪。

二是活在当下，发现生命的价值。

蚕吐丝，蜂酿蜜（《三字经》），它们的生命注定要完成这样的使命；花、草、树的种子从生长到枯萎，从一开始就注定了它的形态和颜色，或姹紫嫣红，或芳草萋萋，或高大挺拔，它只有在属于它的天地里达到生命的极致。每一个生命的本身就具有不可替代的意义，哪怕平凡，甚至卑微，他的本身就是意义，需要我们去发现。难怪章子怡说，我觉得我嫂子也挺成功的，她没有事业，但是她有两个可爱的孩子，她有一个幸福的家庭。然后她有我们所有人的爱，我觉得她很成功。所以，并不是一定要大富大贵才是幸福，每一个生命、每一个阶段都有属于自己的意义，也有属于自己的幸福。

三是超越自我，体验人生的幸福。

所谓超越自我，首先是超越自我的局限、苦难、失败。

在人的一生中，难免有风雨，有坎坷，但我们不必哀叹，不必埋怨，这是我们生命的一部分，我们何不对人生的任何事情保持开放和接纳的态度，品尝人生百味，欣赏人生路上的每一处风景呢？何不把人生的绊脚石变为人生的垫脚石？

新东方创始人俞敏洪三次高考，到了大四，他的成绩还是班级倒数几名，他知道论聪明比不过同学，但有一股牛劲，就是持续不断的努力，决不放弃。你们干 5 年的事，我做 10 年，你们 10 年做成的事，我做 20 年，你们 20 年做成的事我做 40 年，如果还是不行，我保持心情愉悦，身体健康，到 80 岁把你们送走了我再走。

2010年我校最牛新生袁占彪，他因家庭的贫困辍学，在外打工7年，帮助母亲承担家庭的重担，用责任点亮人生，他扛过沙包，修过铁路，最后毅然重回课堂，考上华中科技大学，用知识改变了命运，让苦难成就了属于他的辉煌。

大家都知道，爱迪生发明电灯前，经历了5000次失败，但是，爱迪生说，这不是失败，我只是成功地证明了那5000种方法不正确。

2010年中国达人秀冠军刘伟失去双臂，他用脚吃饭、穿衣、写字，更令人惊讶的是，能用脚来弹钢琴。他说，没有人说不可以用脚弹钢琴啊，不管生命夺走你什么，生命仍可以继续。放下对生命的抱怨，也许从看到刘伟开始，我们可以重新思考什么是幸福。

继爱因斯坦之后世界上最著名的科学思想家和最杰出的理论物理学家霍金，患肌萎缩性侧索硬化症(即卢伽雷症，ALS)，只有一根手指可以活动，一名记者问他，"霍金先生，卢伽雷病已将你永远固定在轮椅上，你不认为命运让你失去太多了吗？"霍金的脸庞却依然充满恬静的微笑，他用还能活动的手指，艰难地叩击键盘，投影屏上显示出如下一段文字：我的手指还能活动；我的大脑还能思维；我有终生追求的理想；有我爱和爱我的亲人和朋友；对了，我还有一颗感恩的心……是啊，我们要感谢那些提供物质和精神营养的人，是他们让我们得以生存和发展；也感谢那些让我们痛苦的人和事，是他们让我们坚强、勇敢和智慧。

超越自我的第二层含义，就是超越自我的欲望和利益。

贪欲不仅不能使人幸福，反而能葬送幸福，甚至整个人生。被判无期徒刑的巨贪樊中黔就是一个典型的例子，公安人员在搜查他们家时，一扎扎百元大钞"哗哗"地往下掉，陈年茅台酒填满了半间房……书房地上堆满了各种衣物袋，里面都是从未穿过的高档服装，一扎用旧报纸包好的20万元人民币，以及45根金条。他和很多其他贪官一样，欲壑难填，不仅没有享受幸福，反而葬送了自己和家庭的幸福。

相反，当一个人不仅仅只关注自身的成败得失，而是关心他人、帮助他人的时候，他就不再成天患得患失，他的人生就不再仅仅是属于他一个人的，他的幸福也不仅仅是属于他一个人的。所以，才有了先天下之忧而忧，后天下之乐而乐。人生的意义并不在于你拥有多少，而在于你创造了多少，为他人能做多少。比尔·盖茨把他的580亿美元个人资产全数捐给慈善基金。他说："我们决定不把财产分给我们的子女。我们希望以最能够产生正面影响的方法回馈社会。"但很多人会说，要是我有那么多钱，我也会捐啊。真的一定要等到有那么多钱才能帮助别人吗？白芳礼老人蹬三轮车56年，支教18年，捐款金额高达35万元。美国《时代》杂志2010年百大"最具影响力人物"陈树菊以卖菜为生，以微薄收入捐助近32万美元善款。他们超越了个人的利益，做到了真正的无我，却也因此成就了他们不朽的人生。

研究表明，幸福感的相关因素中，经济状况、受教育水平占20%，外在环境占15%，人格特质(情绪稳定性、价值观等)占65%。良田千倾，不过一日三餐，广厦万间，只睡卧榻三尺。幸福不是拥有很多，而是计较很少。

祝愿我们的同学都有一个充实而快乐的大学，都有属于自己的美丽人生。

大学生自杀干预的十大误区与十大线索

华中科技大学　章劲元

大学生自杀是一个错综复杂的问题。某省教育厅于 2006 年至 2010 年组织课题组，对省内各类高校所有自杀大学生个案进行了逐一深入调研，主要采取访谈法和文献法，对自杀学生的寝室同学、密友、男(女)朋友、辅导员、总支副书记等进行深入访谈，对遗书等资料进行分析，获取了大量的一手资料。我从中归纳出十大误区和十大线索。

一、大学生自杀干预的十大误区

这十大误区分别是：性格开朗的人不会自杀；成绩好的人不会自杀；谈论死亡是在开玩笑；成绩不好是学习方法、态度、技巧问题；人际关系不好是为人处世的问题；情感关系中女生更容易受伤；一个人自杀行为终止后，自杀危险就结束；一个想自杀的人由情绪低落变得兴奋，甚至慷慨，就表明他不会有自杀的危险了；与想自杀的人讨论自杀将诱导其自杀；小事情不会导致自杀。

下面，我们分别对这些误区进行分析和澄清。

第一个误区：性格开朗的人不会自杀。事实上，我们在调研中发现，很多在同学面前表现得阳光、乐观的大学生自杀了，这让身边的同学感到不可思议。用一个同学的话来说：我们班所有的同学都自杀了，都不会想到是他。这些同学的共同特点是掩饰性非常强，所有的痛苦只有他们自己知道，一个人承担，不愿意向任何人透露。这样一来，他们就无法得到身边同学的关注和帮助。

例 1：某人个性开朗，大家都叫他哥，都很尊敬他。他热爱运动，是足球队的主力队员。他在别人面前很少谈论自己的苦恼，从没皱过眉头，表现出来的更多的是关心别人、安慰别人。

例 2：某人开朗活泼，她从来不主动跟人讲自己的事，尤其是不开心的事，也从来不向他人求助。

例 3：一个同学自杀前在他的 QQ 空间里说：我活得很开心么？估计班上好多人都是这么认为的吧？班长天天在笑，天天在闹，天天……但是，就只有那么几个对自己很重要的人知道，知道我这么做的原因，知道被我隐藏在快乐背后的感伤，大家都只看到我人前的欢笑，又有多少人能看到我在人后的叹息呢？

例 4:某学生自信、达观、笑容满面，工作能力强。不谈自己的心事。

第二个误区:成绩好的人不会自杀。在人们的印象中，只有那些成绩一塌糊涂的人才会选择自杀。其实，很多成绩好的大学生往往面临更大的压力，他们不允许自己失败，不允许自己受到各种因素的干扰而不能达到自己的期望。

例 1:某学生对自己要求苛刻，对作业、全国比赛都是如此。在他的生活中从来没有应付、敷衍等字眼。他成绩优异，在 100 人的专业中排名第 2，获得一等奖学金和全国一个大赛的二等奖。

例 2:某学生 2007—2008、2008—2009 两个学年度都被评为三好学生，获得一等奖学金。

第三个误区:谈论死亡是在开玩笑。日常生活中，不少大学生通常会说"郁闷死了"、"烦死了"等来表达他们内心的烦恼。所以，很多人认为，说说这些东西没什么大不了，只是开开玩笑而已。正因为如此，我们就错过了很多可能挽救他们生命的机会。

例 1:此前，某学生向男友威胁过要自杀，其男友没在意。对室友说:要是自杀会怎么样？死了多好，不愉快的事都结束。

例 2:某学生 QQ 签名改为:再见了，everyone。"终究会走向毁灭"。

例 3:某学生和班长聊天，对他说人活着很累，跳湖自杀的话还可以保持遗容，做引体向上时说"这样死也不错"。

第四个误区:成绩不好是学习方法、态度、技巧问题。其实，成绩全面下降，除了学习方法、态度和技巧等之外，还有一种可能性，就是有心理疾病，尤其是抑郁症。一个人患有抑郁症以后，对一些原本很简单的学习任务都会感到难以应付。如果老师和同学能从心理疾病的角度帮他们加以分析，鼓励他们积极寻求治疗，也许可以避免悲剧的发生。

例 1:某学生每次考试后都说，肯定要挂。写单词写着写着就变成画圈了，说记不住东西，学习效率很低，经常失眠。父亲来学校，跟父亲说，学不进去，想回家，父亲没有同意。

例 2:别人看两三遍可以通过考试，但某学生看了很多遍仍然过不了。11 月份有一门考试连最不爱学习的人都过了，她没过。有一门课要操作电脑和做题，她全然不懂。

第五个误区:人际关系不好是为人处世的问题。通常人们都会认为一个人如果和身边的人相处不好，是他不会做人，不懂得基本的人际交往的方法和技巧，等等。事实上，很多精神或心理疾病的人，在人际关系上都会以各种方式呈现出不同的问题。

例 1:某学生总是对周围人猜疑、攻击，班上同学不愿与他打交道，人际交往匮乏，跟人说话时总是自顾不暇地讲。

例 2:某同学出现幻觉和被害妄想后说:“如今,都有人在楼下叫骂多天,竟然追到了我的学校”,“我到底得罪了什么人？为什么非要置我于死地？”

例 3:某同学经常和寝室同学吵架、打架,总认为是别人的错。在 QQ 群里骂人。说寝室有人要下毒害她。

例 4:经过别人宿舍时,某同学总觉得别人在议论她,整栋楼都在说她坏话。

第六个误区:情感关系中女生更容易受伤。通常人们认为女性处于弱势,在情感关系中更容易受到伤害,更容易发生自杀的行为。但是,近几年的调查发现,男生更容易在失恋后采取自杀等极端方式来解决问题。2009 年某省有 6 个学生自杀的原因之一是情感受挫折,其中 5 个是男生。

例 1:某学生在日志中说,女友曾说过和他“一起共渡难关”,后来认为,这是“世界上最丑陋、最无耻、最恶心、最刁恶的谎言”。

例 2:某学生想见女友最后一面,均被对方拒绝。自杀前,他在手机上留言:我只有今天一天,想见你最后一面。等你多少次了,你都躲着我,想见你一面却关机,就算我死,你也不会在乎吗？真的没机会了……下辈子能见到你吗？

例 3:某人对爱情想得太理想化,受不了失恋的打击,在他的遗书中,只提到对女友的爱和不舍:“在爱情和事业中,我会选择爱情,因为我只有一次。”

第七个误区:一个人自杀行为终止后,自杀危险就结束。很多人都会认为,一个学生的自杀行为被终止,就表明他不会有危险了。事实上,如果他面临的困境和问题没有得到解决,就有可能继续实施自杀的行为。加上身边的人放松了警惕,这种危险就会加倍。

例 1:某学生有一天晚上没有回寝室,室友问她到哪去了,她想了很久,说昨晚去自杀了,捋起衣袖给同学看。同学以为她回来了就没事了。两天后她在学校再次自杀。

例 2:某同学有三次自杀的经历,第一次与女友吵架后自杀的手段为割腕,第二次为服安眠药,最后一次喝了一瓶白酒后在自家跳楼。

第八个误区:一个想自杀的人由情绪低落变得兴奋,甚至慷慨,就表明他不会有自杀的危险了。事实上,还有两种可能性,一是当事人已经做好了自杀的打算,反而变得从容;二是从抑郁的状态转变为躁狂的状态。

例 1:某学生 3 月份失恋,直到 12 月份,情绪一直很低落。12 月初突然开心起来了,开始了解住院治疗的一些情况,但并不去想。曾笑着说想自杀,此后不久便从教学楼跳下。

例 2:某学生大一和大二存在明显反差,由原来的沉闷变为积极。

第九个误区:小事情不会导致学生自杀。人们很难想象,挂科、失恋、丢失贵重物品,甚至考驾照失败都会成为导致一个大学生自杀的诱因,这些事情本身不足以致人于死地,但会成为压垮骆驼的最后一根稻草。

例 1:A 某不喜欢所学的专业,挂了两科,申请留级未能办成,经常喝酒后哭泣。

例 2:W 某有 4 门课 15 个学分未修,全班 4 人次挂科,他占 2 人次,有一门课交白卷,大一下挂两科。

例 3:D 某竞选学生会主席失败以后经常不上课,在寝室上网、玩游戏,因此被取消入党资格,到后来干脆连考试都不去。

例 4:某学生丢失笔记本电脑后的第二天晚上自杀。

例 5:某学生在考驾照时,路考失败,哭了两个小时,晚上 9 点自杀。她在遗书中说,路考失败只是把所有的伤疤都揭开了。

第十个误区:与想自杀的人讨论自杀的问题将诱导其自杀。由于有这种误区或担心,因此,大部分老师和同学都会避免和有自杀倾向的学生谈论有关自杀的话题。事实上,与这些同学正面讨论,会让他们的思绪更加清晰,对死亡的后果看得更加清晰,也会让他身边的人能更加准确地评估他的风险而采取措施积极应对。

例:某学生说不想活了,咨询师问他,你想通过什么方式自杀呢?这个同学说,跳楼、服药、撞车都可以。咨询师马上就会知道,他的自杀倾向非常高,需要马上监护。

以上是根据调研结果梳理的十大误区。只有了解这些误区,才能消除工作的盲点,不留或少留遗憾。

二、大学生自杀干预的十大线索

调研的结果表明,大部分个案在自杀前基本上都有一定的线索可循,而并不是毫无预兆。笔者认为,以下十个方面需要引起老师和周围同学的警惕。

第一个线索是性格特点。

我们在调查中发现,部分个案的性格存在冲动、掩饰或孤僻等特点。

例 1:某学生 2006 年曾想过自杀,原因是比赛中获得冠军后,裁判又把冠军给了别人。经常说"我要飞出去",性格暴躁,经常跟男友闹矛盾,经常以死相威胁。

例 2:某学生与男友争吵,说你不要后悔,说完即跳湖。

例 3:某学生平时搞笑、开心,私底下却抑郁、自卑。

例 4:某学生总是穿冷色调的衣服,生活中总是避免跟人交往,班上同学都不知道她在想什么。

第二个线索是身体缺陷或疾病。

在近 5 年的调查中,我们发现很多个案,有生理缺陷,或者长期患病,特别是生殖方面的疾病,这些缺陷和疾病给他们造成了相当大的经济、心理上的负担和身体上的痛苦。

例 1:J 某有高度近视、驼背。

例 2:P 某认为自己身材不好,腿粗。

例 3:T 某对身高、体重都不满。

例 4:L 某在自杀前咽部长期不舒服,但又检查不出问题。

例 5:X 某曾患有前列腺炎。

例 6:G 某身体不好、厌食、失眠、发抖、哭泣。

例 7:H 某患慢性肾炎,家人瞒着她办理了休学以后,她不能接受。再去复学因时间未到又没办成,她担心学习跟不上,吃药又怕胖,后来从 7 楼跳下。

例 8:某学生同时患有乙肝、鼻炎和胃病。

例 9:某学生长期失眠,在遗书中写道,我把睡眠弄丢了,忘了怎么睡觉了。

第三个线索是心理或精神疾病。

不少学生和家长因为对心理和精神疾病缺乏正确的认识,而耽误了最佳的治疗时机,最终酿成悲剧。

例 1:某学生患抑郁症,医生要求住院治疗,父母却不同意,遂让该学生带药回家吃,却没怎么吃。事后家长后悔将此事隐瞒学校。

例 2:某学生入学 22 天,患有精神分裂症,连打饭都是他人帮忙,只要在寝室,基本上都躺在床上。

例 3:某学生在自杀前有明显的钟情妄想、被害妄想、怪异行为等,该同学的父亲和老师都发现了他的异常。后来辅导员采取了一些措施,要求学生看管,但学生因害怕不敢单独看管,最后该生跳楼自杀。

例 4:某学生留下遗言:妈妈,我挣扎不过来,对不起,对不起,这么多年,我一直活在恐惧中,我不知道自己在害怕什么……我没有勇气再活,不知从什么时候想离开这个世界,遵守自己本来正义的一面,我没有做到,我被一股邪恶的力量压垮而抬不起头。

第四个线索是生活事件。

生活事件在这里主要是指学生遇到的挫折,主要包括一般的挫折、学习挫折和情感挫折,还包括家庭变故、意外伤害等,这些生活事件本身可能并不足以导致学生自杀,但可能成为自杀的重要线索。只要早做预防,及时、科学地干预,就可以避免或减少悲剧的发生。

例 1:Z 大学 A 某竞选学生会主席失败,从而开始不上课,上网频率猛增。

例 2:C 大学 W 某,10 月 5 日,手提电脑丢失,笑着说:“别人的赔得了,我的就赔不了?”10 月 6 日上午在床上看小说,下午出去没带手机,晚 9 点自杀。

例 3:2010 年 8 月 20 日,大学英语四级分数公布,某学生得知自己没有通过。8 月 30 日早上与班长聊天,刺伤班长后,于当日自杀。

例 4:L 某,中学学的是文科,但父亲要求他学理科,认为好找工作,在他自杀前至少有 5 门挂科。

例 5:某学生大一每学期挂 4 科,考试作弊后受留校察看处分。

例 6:某学生与男友分手后情绪低落,想挽回。

例 7:某生高考不顺,想退学,未被批准。

例 8:某生一辈子潜心治学,有些急功近利,因论文涉嫌抄袭,觉得身败名裂,无力抗争。

第五个线索是家庭状况。

我们在调查中发现，家庭贫困、家庭成员之间的冲突容易导致学生自杀。

例1：某学生为弟弟的事曾与父亲发生冲突，买电脑其父亲也不同意，大哭。该生父母离异，与后妈性格不和。

例2：L某和姥姥一起长大，小学时回到父母身边，很努力、要强，是班上成绩最好的学生，试图通过自己的努力赢得他人的接纳、认同，感觉是为别人活着。

例3：G某母强父弱，父母关系存在问题，6年春节未团聚，缺乏基本安全感。

例4：Z某，生活压力极大，在遗书里说："我非常需要钱，20元就够"，该生生活极为节俭，每天生活费6元左右，需要借钱交纳班费，有时因为不能交班费而未能参加班级集体活动。

例5：某生自杀前与父亲通了7次电话，其找到的工作工资为800元/月，父亲说："还不如没上大学的，人家可以挣3000，你还不如撞死。"

例6：平时很少上课，基本在上网，父亲在寝室用拖把打他，经常说：我养了一个废物。

例7：某学生患有干眼症，说我将来工作了怎么办，我还想考研，考公务员。家庭贫困，为治疗疾病而与母亲冲突，母亲说："要看病，自己挣钱去。"与母亲发生冲突后来学校不久便自杀。

例8：某学生希望父母复婚，被拒绝后与父母大吵一架，学费的事情父母相互踢皮球。QQ空间写道"我的神啊……我怕放假……""盼开学"。

第六个线索是对死亡的观念。

不少学生在日常生活中表达出对死亡的淡然、坦然，甚至美化，这些反映死亡观念的只言片语值得老师和同学的高度警觉。

例1：S某："想到另一个世界寻另一种生活。"

例2：L某称："死是上天堂，换居住环境。"

例3：Y某称："早死晚死都一样。人生在世几十年，到头来还是免不了一死，做这么多有何意义呢？还不如一死了之，省得有那么多烦恼与痛苦。"

第七个线索是异常的举动。

不少同学在事发前有一些莫名其妙的行为，如赔礼道歉，或没有任何理由请同学吃饭，或出现自我伤害行为。

例1：开学后，某学生不开心，说自己对不起父母，害了他人。

例2：某学生在自杀前总是用烟头烫自己的手臂。

例3：某学生晚上没有回来，第二天挽起衣袖给同学看手上的伤痕，说晚上自杀了。第二天晚上跳楼自杀。

例4：某学生自杀前的QQ签名为"黄昏进晚霞，独行无牵挂，我真的可以做到吗"，后改为"我真的可以这么自私吗，另外请同学吃饭，注销手机号"。

例5：某学生在事发前一天，室友叫她起床，她不起来。当晚上网至很晚，平常不这么上网，不太开心，什么都不说。

第八个线索是某种习惯的变化。

很多同学在自杀前的生活、学习、卫生习惯等突然发生改变，跟以前稳定的、一贯的风格明显不同，甚至是判若两人。

例1：某学生上大学从不逃课，从不缺席晚点名。自杀前一个月，开始逃课。事发前一周周四，一门课的最后一节课他没上，同学们觉得奇怪。他吃饭一直很不讲究，但事发前几天，破天荒地每天订餐吃。

例2：某学生大一不逃课，大二却不怎么上课了，也不怎么说话。

例3：某学生以前不怎么说脏话，但事发前的一段时间总是满口脏话，经常和别人吵架。

例4：某女生一直非常注重修饰和打扮，尤其是修眉。但事发前总是懒得打理，说怎么弄都很丑。

第九个线索是情绪状态的改变。

例1：某学生在自杀前一个学期，情绪高涨、张扬、偏执、自高自大、夸夸其谈，见人就推销自己的价值观。在自杀的那个学期发生了明显改变，沉闷、不爱说话、与人交流少、工作不能及时完成。

例2：长时间发呆，笑的次数比以前少了，跟同学聊天说活得好累。

例3：事发前几天，某学生的烟灰缸总是满的。新买的手机丢了，一周不见人，感觉很忧伤。洗头时跟同学说："感觉头好像不是自己的"。

例4：某同学在自杀前，有同学看到她在路上哭得厉害，眼睛肿了。

第十个线索是与死亡有关的语言或行动，如在日常生活、博客或QQ签名中流露出主题为无望、脱离社会、愤怒、绝望、自杀或者死亡的信息。

例1：某学生寻找自杀网页，向同班同学流露过自杀想法，要求保密，有过"不如死了算了"的说法。

例2：某学生在自杀前买了一份保额10万元保险，问："身边突然少了一个人会是一种什么感觉，会不会很怕？"

例3：某学生自杀前说：父母50多了，人家的父母这时候正享福，她还要家里养着，怕妈妈享不了她的福。打电话给同学，说能不能回来。同学回来以后，她说，好遗憾啊，活到20岁了，还没有恋爱，你们还有机会啊，不要提家，一听就难受，你们三个以后要帮我照顾爸妈。

例4：某学生说想死，将男友送上车（以前从未送过），中午未回来休息，凌晨6:20跳楼。

例5：2010年10月4日，某学生QQ日志：你心中的怨念，仍是我最沉痛的梦魇，就让一切终结；来世再相见。2010年10月5日22点QQ日志：活着真无聊，我的亲人再见。当天23时自杀。

例6：某学生自杀前两小时左右，在网上说：我没那么坚强，也不懂假装，不会再有以后了，原谅我的自私与懦弱……

例7：某学生在网上留言：最近我太失败了，实在难以回报，再见爸爸妈妈。

以上10个线索大体概括了大学生自杀前的种种表现，需要引起学校所有老师和学生的了解和关注。

三、关于大学生自杀干预工作的几点建议

当前，中国内地高校大学生自杀干预工作最大的困难有两个：第一个困难是，仍有相当一部分学生、老师和家长对心理健康存在认知上的歪曲，在行动上的抵触，致使许多心理疾病没能得到及时发现和治疗，许多异常现象与线索没有得到应有的重视，错过了最佳干预阶段，最终发展为危机事件；第二个困难是，对学生表现出来的一些异常，身边的同学由于缺乏一些常识，或者由于冷漠而被忽略。

(1)让每一个学生都了解危机干预的常识，做到"全民皆兵"，只有这样，才能做到一旦发现异常情况，每一个同学自己求助，都能及时向辅导员、班主任和心理咨询中心报告。

(2)学生工作者和广大同学都要了解基本的心理知识，能走进学生的内心世界，不管是性格内向，还是看似外向的学生，都要心中有数。

(3)在学生中营造一种相互关爱的氛围，让同学们学会相互关心、支持和帮助。对一些看起来很小的挫折，如竞选学生干部失利、挂科、丢失物品等，都要有关注、沟通、引导。

(4)要加强对毕业生的关注。2009年某省自杀个案中毕业生占到一半以上，有相当多的毕业生因为考研失败、挂科、写不出论文、找工作困难或薪水很低而被家庭责备等。因此，要对这些学生一一谈话，做好切实有效的帮助和指导工作，要加强实习环节的管理工作。

(5)在自杀的个案中，有相当一部分人不在学校居住，要对这些不在寝室居住的学生开展摸底和清查，做到规范管理，有效监控，不能使这些学生从同学和管理者的视野中消失。

(6)对待一些有心理和精神疾病的学生要进行及时有效的治疗。休学治疗的学生在治愈后，一定要有复诊，正常后才能准予复学，复学之后要保持追踪，定期上报学生的状况。

(7)当学生出现异常状况或学业出现多门挂科时，要及时与家长联系，对家长做好有关知识的讲解，获得他们的理解、支持和配合。

(8)在开学前后，长假前后、季节交替前后、重大活动前后等时间属于自杀高发时期，要发动学生骨干，做好重点学生的关注、教育和管理工作，防止出现管理上的空白。

注：本文所有个案资料均来自由江光荣教授主持、本人参与的湖北省大学生自杀调研。

性格密码

华中科技大学　章劲元

今天跟大家聊的话题跟每个同学都有关系。我想它跟很多人生问题都有关系，包括你们现在是不是快乐，是不是跟男朋友或是女朋友相处得很好，将来找一个什么样的工作，以及对自己的认同感，等等，这些东西都是相关的。那么我在讲之前想问大家这么几个问题，第一个就是你了解你的性格吗？了解的请举手看看，大概有十来个同学。那你说说看，你的性格是什么？

答 1:我的性格很开放，很活泼。

答 2:我的性格比较中庸，比较平和。

答 3:我觉得我是个外向的人。

如果让每一个同学去说自己的话总是会有一个最核心的词，外向、豪放、平和，可能还有内向，还有可能是很压抑，等等。

从心理学上讲它跟一个词是很相像的，就是人格，我们心理学上讲一个人的人格实际上就是指一个人的性格，它是指在一种环境表现你跟别人的差别，这种差别不是你的身高长相，而是你的特质。如果从结构上来分的话，可以把人的性格说成是他的气质是什么样的。比如说一个人很有气质，那个气质是说他不经意流露出的他的思想、他的内涵、他的品味，他的心理的种种活动很自然地流露，那个东西叫做气质，但是我们今天讲的更多的可能是一种物质层面上的东西，待会会讲心理层面上的东西。

人的性格从气质上来分的话有这么几种，主要有四种。

第一种是胆汁质，如果从中国古代文学人物中找的话有张飞、李逵，这样的人精力很旺盛，行动非常敏捷，很直率、很热情，心境变化剧烈。这种人整个心理活动都笼罩着迅速而突发的色彩，具有外倾性。

第二种是多血质，这种人喜形于色，可塑性强。多血质的人具有活泼好动、反应迅速、情绪发生快而多变、兴趣容易转移等特征，具有外倾性。多血质的人最大的特点就是他的喜怒容易写在脸上，很多人跟我说，我有个缺点就是心里藏不住事，我说你改了那就不是你了，那叫圆滑、老奸巨猾，这个时候你就不是年轻人了。这是正常的，不要对自己有怀疑。

第三种是黏液质，这种人情绪兴奋性不强，心理比较平衡，变化缓慢，善于克制自己，情绪不易外露，注意力稳定难以转移，善于忍耐。黏液质的人以安静稳重、忍耐沉着、反应迟缓为特征，具有内倾性。他不会像前面的胆汁质那样变化得那么快，就有点像刚才那个同学讲的平和。其实我自己可能觉得和这个有点像，其实我自己不会为了某一件事情大悲大喜，或是忽而痛哭流涕，忽而喜笑颜开。我的这种心态很平和，无论发生什么事都不紧不慢。正如现在一个很流行的词叫淡定。

第四种是抑郁质，抑郁质的人情感体验深刻，善于觉察别人不易觉察的细小事物，非常敏感，比如说别人的一个举动，一句话，可能别人不在意，他会记在心里。这种人是以情感深刻稳定、细致敏感、缄默迟颖为特征，具有内倾性。这种人可能大家最容易想到的就是《红楼梦》里的林黛玉，就是这样一个很典型的抑郁质式人物。

如果这样来解释的话，大家可能还觉得有点抽象，我给大家设计一个这样的场景。比如说，现在有一个很重要的招聘会，你迟到了，被保安挡在门外面，不让进去，那么这个时候，胆汁质的人就会说："你看。这是我的学生证，我也买了票了，你凭什么不让我进去？"搞几下可能就会打起来。多血质的人会不停地去跟他沟通："哎呀，我今天是因为堵车了，我跟你是湖南老乡，你就让我进去吧！"给他一个口香糖或者一支烟。黏液质的人会静静地离开这个地方，然后走到旁边，等到保安不注意就进去了。抑郁质的人会摇头叹气："怎么我今天这么倒霉？早上才丢了一辆自行车，现在又进不去了，说不定明天还有什么倒霉事！"想着想着就很难受，说不定就会哭起来。

如果性格按照认知、情感、意志在性格中的程度来划分的话，可以划分为理智型、情绪型和意志型。理智型的人是认知占主导的，什么事情都要搞个一清二楚，要分清利害关系才能去做决定。情绪型的人往往会更多地根据自己的喜好，我今天很高兴我就很乐意去做；我今天心情不好，你学生会主席也好，心理部长也好，给我布置任务，我理都懒得理你。意志型的人就很不一样，他会有一种坚强的意志，不管遇到什么情况，哪怕明天要考试了，或者跟女朋友吵架了，我都会把今天这个任务很好地完成。

如果性格按照心理倾向划分，可以划分为外向和内向，这就是通常我们同学们最容易给自己进行的一个划分。我想问问同学们，有多少同学认为自己是外向的？就这么一点。这就是我们学校学生的特点：外向的不多，更多的是那种很内敛、踏实，看上去很可靠，也许真的也很可靠，但我们学校的学生跟武大的、华师的一起参加招聘或者进行竞争的话，一个最明显的特征就是我们的学生更多地倾向于这种内倾的，也就是会显得比较沉闷。如果用一个不好听的词叫做比较呆或者比较傻，但正因为这种呆和傻，让我们的学业基础非常扎实，为人处世非常老实，这也是我们学校的男生被武汉其他高校女生所喜欢的原因。

如果按照独立的程度来划分的话，可以分成独立型和依从型。大家想想自己去做一个事情的时候，是更多地按照自己的想法做决定呢，还是更多地去倾听别人的意见？其实很多人到我们咨询室来咨询，他们很烦恼的一点就是觉得自己怎么什么事情都没有主见，"我本来今天想去逛街，我寝室同学跟我说要到哪里去散步，我就马上

跟着走；我本来说今天要看书的，我寝室同学跟我说去唱歌，我就马上去了……”什么事情都不是按照自己的决定来的，都是顺着别人的意思，尤其是做重大决定的时候，比如说，我要不要跟他谈恋爱，这个时候会有父母、同学、朋友的各种不同的意见，可能每个人都不一样，这个时候就不知所措了。这就是很典型的依从型的人。

如果按照个体言行和情感的表达方式来划分，可以分成A、B、C、D、E等五种类型。这五种类型很有意思，跟前面的胆汁质、黏液质、抑郁质还有多血质有一点对应的关系，但也有点不一样。比如A型性格的人，我就是A型性格，非常急躁，没有耐心，时间观念特别强。如果今天要开会，两点半开会，这个人两点三十二来了，我心里就会很不高兴。我每次去开会都会提前一点到，所以我时间观念非常强，而且富有竞争意识，雄心勃勃，追求成就，有强烈的事业心，力求达到更高要求，勇于承担责任。我觉得我动作倒不是很敏捷，但说话确实是很快。生活经常处于紧张状态，社会适应性差。我到一个地方可能会要经过一段比较长的时间去适应，我想可能很多同学都会跟我有点相像。最近的一些研究表明，A型性格的人与心脑血管疾病的相关性非常高，因为性格里急躁的成分太多了；但是后来又有另外一个研究发现，如果你很性急或者时间观念很强，也没有关系，只要你这个里面没有敌意就没关系。B型性格的主要特点是性情不温不火，举止稳定，不习惯快节奏的生活方式，对生活有满足感，对工作有耐心，深思熟虑。我觉得我在工作之外就是这种性格，所以我们每个人的性格都绝对不会是唯一的，它应该是一个混合型，由某一种或者某两种占主导。C型性格的主要特点是，不愿意公开表达自己的情绪，小心谨慎，经常责备自己，不能容忍失败；对人有戒心，没有朋友或者是说没有亲密的人际关系，遇到挫折找不到可以倾诉的对象，因此很少将自己的心思向别人倾诉；认为生活无意义、无价值、无乐趣。所以如果这种人遇到了挫折的话他恢复的周期就会比较长。D型性格其实跟C型性格有点像，主要是他会更多地经历这种消极的情感，就会很压抑，他这个里面可能更多的表现的是一种负性的情绪。E型性格沉迷于购物、社交网络和游戏。缺乏耐心，倾向于用简短词语和符号表达感受，变得幼稚，有时有暴力倾向。我不知道在座的各位是不是把人际交往和人际沟通更多的依赖于网络，有的时候这个寝室和那个寝室的同学他不会过去说话，而是在QQ上留言或者是跟他发短信，这些人就有一些E型的性格。长期跟现实的社会有分离的话就会有一种暴力的倾向。因为他不知道在现实中如何去跟人交往了，所以在面对冲突的时候倾向用肢体去表达。

人格形成的影响因素有以下几个。

(1)生物遗传因素。在智力、气质这些与生物因素相关较大的特征上，遗传因素较为重要。

(2)环境因素。在价值观、信念、性格等与社会因素关系紧密的特征上，后天环境因素更重要。家庭环境、学校环境和社会环境对人格的影响是最大的。最近一个特别让我深思的问题就是现在的男生越来越脆弱，最近我处理的四起因为情感问题要去自杀的都是男生，2009年湖北省六个因为情感问题自杀的学生五个是男生。我相信出现这种状况绝对不会是偶然的，它与人生长的环境是密切相关的，大家回想一下从幼儿园到小学是不是女老师更多，是不是女生的成绩会更好，往往在这种情况下，男生豪放的那种气概就会不停地被打压，一直到最后可能就会变成很脆弱的人。有一个大四男生跟女朋友分手了，他走的时候留了一张纸条，他说"我迟早会死在这个事情上。"但是这个女生好像若无其事啊，我不知道是女生更加有韧性、淡定、还是其他什么。但是现在这个环境确实对女生比较有利，你看前几年评标兵的时候，大家想一年三万五千名本科生评二十个标兵，往往女生占到一半以上，但是我们学校男女生的比例是7∶1，但是往往在一个专业在一个班上成绩最好的是女生。

(3)个人的经历会影响到一个人的性格，尤其是童年的经历。如果一个人在三岁之前，跟爸爸妈妈有很好的一种互动，能够感受到他们的爱、温暖和关怀的话，这个人的性格不会有太大的问题。但是现在很多的情况就是，因为要出去打工要到外地工作，所以就把这个孩子留在爷爷奶奶那里。那么这样一来的话，这种人长大以后，最显著的一个特点就是缺乏安全感。因为他在最需要父母尤其是母亲那种亲密接触的时候，他没有那种爱没有那种身体上的接触，他就会觉得这个世界不可靠，所以这个非常重要。在中国的一个俗话里说，三岁看大，七岁看老，说的就是这么一回事。

好，下面我们来做一个测试，你们把纸笔拿出来，十道题目很简单，你们可以大概地看一下自己是一个什么样的性格。这是一个很有名的心理测试，很多跨国公司在招人的时候都会用，叫菲尔人格测试。我把题目念出来，你们凭第一感觉，把这个答案写在纸上，然后再把相应的分值加起来。

1. 在一天中，你哪一个时段自我感觉是最好的？

A. 早晨　　B. 中午　　C. 下午及傍晚　　D. 夜里

2. 你走路时是

A. 大步地快走　　B. 小步地快走

C. 不快，仰着头面对着世界　　D. 不快，低着头

E. 很慢

3. 和人说话时，你

A. 手臂交叠站着　　B. 双手紧握着

C. 一只手或两手放在臀部　　D. 碰着或推着与你说话的人

E. 玩着你的耳朵、摸着你的下巴或用手整理头发

4. 坐着休息时，你的

A. 两膝盖并拢　　B. 两腿交叉

C. 两腿伸直　　D. 一腿蜷在身下

5. 碰到你感到发笑的事时，你的反应是

A. 一个欣赏的大笑　　B. 笑着，但不大声

C. 轻声地咯咯地笑　　D. 羞怯地微笑

6. 当你去一个派对或社交场合时，你

A. 很大声地入场以引起注意

B. 安静地入场，找你认识的人

C. 非常安静地入场，尽量保持不被注意

7. 当你专心工作时，有人打断你，你会

A. 欢迎他　　B. 感到非常恼怒

C. 在上述两极端之间

8. 下列颜色中，你最喜欢哪一种颜色？

A. 红或橘色　　B. 黑色

C. 黄色或浅蓝色　　D. 绿色

E. 深蓝色或紫色　　F. 白色

G. 棕色或灰色

9. 临入睡的前几分钟，你在床上的姿势是

A. 仰躺，伸直　　B. 俯躺，伸直

C. 侧躺，微蜷　　D. 头睡在一手臂上

E. 被子盖过头

10. 你经常梦到自己在

A. 落下　　B. 打架或挣扎

C. 找东西或人　　D. 飞或漂浮

E. 你平常不做梦　　F. 你的梦都是愉快的

好，我们来按照这个标准进行加分，我都会念一遍，第 1 题，A2 分、B4 分、C6 分；第 2 题，A6 分、B4 分、C7 分、D2 分、E1 分；第 3 题，A4 分、B2 分、C5 分、D7 分、E6 分；第 4 题，A4 分、B6 分、C2 分、D1 分；第 5 题，A6 分、B4 分、C3 分、D5 分；第 6 题，A6 分、B4 分、C2 分；第 7 题，A6 分、B2 分、C4 分；第 8 题，A6 分、B7 分、C5 分、D4 分、E3 分、F2 分、G1 分；第 9 题，A7 分、B6 分、C4 分、D2 分、E1 分；第 10 题，A4 分、B2 分、C3 分、D5 分、E6 分、F1 分。大家把相应的数字加起来算总分，低于 21 分的有没有？看来大家当中没有内向的悲观者。21 分到 30 分的，也没有。31 分到 40 分的？有一部分。40 分到 50 分的，很多同学。50 分到 60 分的，也有一些。大部分都是在 40 多分的阶段。

我们来看一下。第一个阶段是内向的悲观者，很害羞，优柔寡断。21 分到 30 分的是勤勉、刻苦、挑剔，小心谨慎，不会冲动地去做事。31 分到 40 分的，以牙还牙的自我保护者，是一个很伶俐、有天赋、注重实效有才干并且谦虚的人。我就是属于这个类型的。你不容易很快成为朋友，但是成为朋友之后，我们的友谊就会非常牢固。我如果和一个人成为朋友后，别人想要用挑拨离间等要我们分开会很难。但如果他有一件事让我觉得很愤怒、很不齿的话，可能从此以后我也懒得再理他。41 分到 50 分的同学，你是一个有活力、有魅力、讲究实际、并且永远有趣的人。你经常是群众注意力的焦点，但你是一个足够平衡的人，不至于因此而昏了头。你亲切、和蔼、体贴、

宽容，是一个永远会使人高兴、乐于助人的人。51 分到 60 分的同学是吸引人的冒险家。你是一个令人兴奋、活泼、易冲动的人，是一个天生的领袖，能够迅速做决定，虽然你的决定并不总是正确的。60 分以上的同学是傲慢的孤独者，你是自负的自我中心主义者，是个有极端支配欲、统治欲的人。别人可能钦佩你，但不会永远相信你。

现在有很多这种测试，比较权威的是卡特尔的人格测试会从性格的 16 个维度来测试你的性格，这个测试对大家了解自己的性格会有很大的帮助，以后大家有机会可以去测一下。但是，中西方在了解性格时有不同的方法和途径。很多同学说不了解自己的性格，也不知道通过什么途径。西方更多的是通过星座、星相学，还有现代的心理学，在中国，用得最多的则是阴阳五行，就是所谓的“算八字”。

比如说星座。金牛座的同学看一下像不像。卖瓜小贩：“快来吃西瓜，不甜不要钱！”金牛座会说：“太好了，来一个不甜的。”金牛座的人有一个特点，很想去做出格的事情却又不敢，会顾全自己。

来看一下巨蟹座的。公车上，巨蟹男孩说：“今晚我要和妈妈睡！”妈妈问道：“你将来娶了媳妇也和妈妈睡啊？”蟹蟹不假思索：“嗯！”妈妈又问：“那你媳妇怎么办？”蟹蟹想了半天，说：“好办，让她跟爸爸睡！”巨蟹座的人有一种恋母情结，对妈妈的依赖会非常强。如果是女生，对爸爸的依赖可能会非常强。

来看一下狮子座的。狮子座的人往往不会太注重别人的感受，往往会想说什么就说什么，想做什么就做什么。

然后看一下处女座的。处女座的人会很有好奇心，处女座女孩对肚脐很好奇，就问爸爸。爸爸把脐带连着胎儿与母体的道理简单地讲了一下，说：“婴儿离开母体之后，医生把脐带减断，并打了一个结，后来就成了肚脐。”处女座：“那医生为什么不打个蝴蝶结？”处女座有一种追求完美的性格。

天秤座的人会非常注意权衡利弊。爸爸对天秤座的孩子说：“今天不要上学了，昨晚你妈给你生了两个弟弟。你给老师说一下就行了。”天秤却回答：“爸爸，我只说生了一个；另一个，我想留着下星期不想上时再说！”在谈恋爱的时候跟这样的人相处要非常小心，他们可能会权衡很多事情的利弊，所以这也是很多人苦恼的一件事情。

射手座的人就非常喜欢思考，比如他就会问，“爸爸你怎么会有这么多白头发呢？”爸爸说，“因为你不听话呀”，然后他就会说“那为什么爷爷的都是白的呢？”摩羯座的很明白现实，但很多时候不会去改变，比如说，跟妈妈一起走路上下雨了，妈妈就说快跑，他就会说，“前面还不是在下雨。”

水瓶座的人天生异类，脑筋思考永远跟常人不一样，比如说他就问妈妈“为什么称蒋先生为先人呢？”“先人是对死去的人的称呼”“那么失去的奶奶是不是叫先奶呢？”

双鱼座的人比较有同情心，但不太会区分。比如说爸爸跟他讲小时候怎么吃苦、挨饿啊，他就会问“爸爸是因为挨饿才来我们家的吗？”其他的星座的我就不讲了。

中国比较独特的一个就是属相，还有呢就是阴阳五行，我认为阴阳五行它有一个优点就是它对人性格的分析是目前最完美的一个模型，而且是一个动态的，他把人出生的年月日和时辰，按照天干地支，来分析人的性格。比如说我很急躁，急躁的原因呢就是缺少水，比如说今年这一年如果含的水比较多的话你的性格就会有些不一样，它是一个动态的模型的表现，大家如果很想通过所谓的算命来了解自己的性格的话，可以找一个好一点的算命先生，把你的生辰八字报给他，他是什么都可以算出来，包括你什么时候谈恋爱可以成功，会找一个什么样的人结婚，会从事什么样的工作，等等，这是很玄的东西，但是通常被视为封建迷信，有人以前去算过命，有几个事情他说得很准，第一个，他说23岁之前谈的女朋友都不会成功，事实证明果然如此，哪怕再怎么用心，再怎么努力都没有用，第二个就是他的职业选择有非常准确的预测。所以这里面还是充满了玄机，大家有兴趣可以了解一下。

今天主要是给大家一个提示，让大家通过星座、五行、心理学等去了解自己的性格。下面讲第二个部分，就是向大家介绍一下部分心理学家和他们的心理学理论。

可能大家平常了解得最多的是精神分析的学说，这个学说可能看的最多的就是催眠、梦的解析之类的，这个里面大家非常熟悉的就是弗洛伊德，他把人的性格结构分成三个部分，分别是意识、前意识和潜意识，比如说我现在看这个屏幕这是我的意识在起作用，还有潜意识就是在你的大脑里面，你根本意识不到，等你非常放松睡觉的时候，这些东西都会出来，比如梦见女朋友啊，小时候啊。我以前数学非常不好，就会经常梦见我在做数学题。这些东西在平时不会影响我，我会压制这些意识，只有当我在做梦的时候，大脑非常放松时，钻进我的梦中。有一次一个会议，有个老师非常不喜欢那个会，让他宣布会议开始，但他却说会议闭幕。这就是真实地反映他的内心深处的想法。还有一种前意识，在潜意识进到意识之间。精神分析时就要把潜意识说出来分析。还有一个结构模型，那就是本我、自我和超我。每个人的内心都会有类似动物的欲望。但是这个本我不能随时表现出来，他要受到社会的约束。自我是你在现实中，在法律道德的约束中表现出来的那个我。还有一个超我，就是我的理想的我，我要成为一个什么样的人，这三个“我”有时会打架。

弗洛伊德认为人的性格会经历那么几个时期，口腔期，在0到1岁时。主要靠口腔部位的吸吮、咀嚼、吞等活动获得快乐和满足。在行为上表现为贪吃、咬指甲等，甚至在性格上表现出悲观、依赖、洁癖。我的小孩就是喜欢咬东西，特别喜欢咬鞋子，什么东西都要尝一尝。

肛门期，在一到三岁。原始欲力的满足，主要靠大便排泄时所产生的刺激感获得满足。肛门性格在行为上表现为冷酷、顽固、刚愎、吝啬等。如果此时限制得太多的话，长大后会形成肛门性格。如果小时候经常挨骂、挨打，则会很冷酷、顽固、刚愎自用、吝啬。

第二个精神分析流派的心理学家就是荣格。大家可能不太熟悉他，但大家都知道内向和外向，这就是他提出来的。他同时把心理的功能分为感觉、思维、情感和知觉。经过组合以后就有外向感觉、外向思维、外向情感和外向知觉；内向感觉、内向思维、内向情感和内向知觉。大家自己可以看看，你们经常说自己是内向或者外向，但你们在这八种里面，你是属于哪种。我们一起来看看。

外向型的人注意力或是兴奋点更多地来自于外部刺激。只有跟别人在一起，或者跟别人交流，才会感到快乐。但是内向的人，他的快乐更多地来自于他内心的活动，就是内心的体验。比如说我静静地听音乐、看书，或者是一个人去散步。他都能够从这种内心的活动里面体验到快乐。这就是内向和外向的根本区别。内向的人倾向于关注自己的内心世界，通过反思，深入的思考，能学习得很好。他不会依赖于老师的指导。但是他对一个东西感兴趣以后，他会钻得很深。再一个就是喜欢独处，他能够在自我的世界里面获得一种快乐。非常能够克制，随时随地都可以集中注意力。所以在吵闹的环境，如大街上，他一样可以看书。他不太容易受外界影响。所以内向性格有很多优点。我们很多人都会以为自己是内向的，其实真的不是那么回事。

第二个尺度，就是你如何去获取信息。这个时候把它分成感觉和知觉。感觉性的人喜欢通过眼睛、耳朵和其他感官来了解情况。他们对周围的事情敏于观察。大部分这种感觉型的人他会把注意力集中在真实而确切的问题上，不会想那些虚无缥缈的东西，看重有价值的。如果他认为一个东西没用的话，他不会去考虑。喜欢实在、具体的。非常关注细节，也不会想得太远。只要把这件事情做好了，他就OK。但是他希望依次获得系统的信息。他不希望老师在黑板上乱写。他喜欢很有逻辑，很有条理的那样一种感受。相信经验。我以前是这样做的，现在也一样做得好。偏于知觉型的人，喜欢通过宏观的观察去抓住事物的本质，尤其善于发现新的可能性和不同的行动方式。这种人可能不是很具体，着眼于宏观。非常看重想象力。喜欢抽象和理论的思维。看事情呢，会看它的意义，进行归纳和总结。着眼于未来，他相信灵感。不像感觉型的人相信经验。"我突然有个灵感，有个创意"，他非常看重这样的东西。

第三个尺度，就是如何去做决策。如果从这个角度来讲，可以分成两种：一个是思考型的，还有一个是情感型的。思考型的往往客观地观察事情，并将前因后果进行分析。以事实的客观标准和应用作为目标。他们的长处包括，分清楚事情出了什么差错，运用自己解决问题的能力。这种人是善于分析、解决问题，有逻辑性，能够运用因果进行推理。他们有时候表现出很"硬"的心肠，不太听得进去说情的话。比如"我跟你是朋友，给我一点面子"之类的，他往往听不进去。他们会求真。力求公正，不太容易讲究情面。但他一定会做得很有道理，不会让人觉得自己不公平。尤其是在做学生干部的时候体现得很明显。偏重情感型的人会设身处地地为有关的人考虑。因此，他们的决策是基于以人为中心的价值认知。他们不会考虑事情的正确与否，而是考虑我跟你的关系怎么样，或者说"我跟你是不是朋友"。如果是朋友，这事情变通一下，也没关系。他们能够理解和赞美别人，有同情心，受个人价值观的影响，有恻隐之心，非常能够在一个群体之内得到承认，有非常慈悲的心肠，但是也容易受别人的影响，往往会很顾及别人的感觉。

第四个尺度是你如何适应外界的环境，有一种是判断，还有一种是感知。运用判断的人往往生活按部就班、有条不紊，希望把生活安排得有条理，第二个是他们计划性很强，永远不会不知道明天该干什么。这种人永远不会把作业留到最后一天才去解决。偏爱运用感知过程的人往往以一种灵活、顺其自然的方式生活，希求在生活中去理解，他们认为计划和决定束缚手脚；他们宁愿接受体验，愿意事到临头再做抉择。这种人做事的时候特别不喜欢按规则，但是也会感到非常地精力充沛。

这是第二个心理学家。第三个心理学家呢，我给大家讲一点，就是出生顺序对性格的影响。

事实上，阿德勒的研究表明中间的孩子是最好的。他的理由是：老大开始出生的时候所有的宠爱都会在他身上，但是随着第二个、第三个的出生，就会把他的爱分享了，他就会有一种很强的失落感，阿德勒认为这是对他很不利的境遇；为什么中间那个更好呢？他前面有榜样，他可以去学，又不是相差很远，他就可以一步步地跟着学，同时也能学会照顾后面比他更小的妹妹或是弟弟，所以他既优秀又有责任心，因而是最好的；为什么小的不是特别好呢？他总会得到太多的爱，就会习惯地认为“你们都应该对我很好”，所以他就会变得很娇气，认为什么都是理所当然的。

再讲一点关于自卑。我不知道在座的同学中有多少人自卑过，有过的同学请举手。大概一半。我相信没有举手的同学也未必没有过自卑。自卑并不是源于真实的状况，而是源于“比较”。我经常和我的同学说：哪怕你现在是最后一名，你也是华中科技大学的最后一名，在全国1000多所高校里华科大排前十，后面还有990多所高校，哪怕你现在是最后一名，你也排在他们前面。同时，自卑也是一个人成长的动力，你通过不断的努力去追求卓越就能超越自卑，这也是人类进步的动力。为什么人类会有那么多的创造、发明？就是他要去克服自然带来的那些恐惧和威胁，因此就要通过各种各样的创造、发明让自己的生活质量更好一些。所以自卑并不是那么可怕，只要用好，它就能成为我们成长的动力。

再讲一下心理学家埃里克森把个人的成长划分为八个不同时期，处在大家这个年龄阶段，你的任务是什么呢？建立自我同一性。通俗一点说就是明确“我是个什么样的人”，“我的长处是什么”，“我有哪些不足”，“我的兴趣、爱好是什么”，“我最看重的是什么”。如果这些都很清晰，那么你的自我同一性就建立起来了。还有不少博士毕业了的同学还对我说：“章老师，我真的不知道自己喜欢什么。”到那个时候再去探索就太迟了，大家这个时候是最有利的时期。包括对自我性格的了解，这都是建立自我身份感最重要的一个时期。如果建立不好的话就会产生角色混乱，不会管理时间，也不知道自己的发展方向在哪里，就会很迷茫、很混乱。这就是大家在这个年龄段最重要的任务。如果大家现在对自己认识、了解不是很清楚，没有关系，这正是大家需要自我完成的一项很重大的课题。

大家知道马斯洛的需要层次理论吧？知道我就不详细去讲了，但是我很喜欢他那样一段话，就是说一个人心理是否健康，或是他能不能达到自我实现这一最高层次的需要，要看他是不是具有下面这些性格特点。第一，他能接受自己，承认自己的弱点。我想这对大家是很难的事情，都不太能够接受自己的弱点，对弱点很排斥、不认同。但心理真正健康的人他会既接受自己好的，也会接受自己不足的地方。第二，他不是完美的人，但尊重自己，对自己感到满意。他不会不喜欢自己、讨厌自己。第三，能够自由表达自己的愿望，哪怕这个愿望是违背社会规范的，就是他不会什么事情都循规蹈矩地去做，而是会遵循自己的感受、自己的意愿。第四，他压抑较少而自然表达更多。第五，保留和升华儿童时期看世界的眼光。这个对人的快乐和健康是非常有用的，很多人急于把自己的童心变得成熟，其实未必是好事。很多科学家都有童趣，这是一个人快乐的来源之一。做自己感兴趣的、有价值、能充分发挥自己潜力的人才是最幸福的人。我们要保留和升华儿童时期那种淳朴的看世界的眼光。第六，这点很重要，朋友都很少，但他们的友谊却深厚而令人感佩。就是说他们不像有些人拥有很多朋友，但是他会有几个知心的朋友，友谊很深厚，这样反而更使得我们去尊重。第七，具有富于哲理的，无敌意的幽默感，他们取笑所有的人，包括他们自己。很多人可以开别人的玩笑，但他不允许别人开他的玩笑，因为他不能容忍别人看到他性格里缺失的部分。第八，以自我欣赏的态度看待自己的生活经历。哪怕是不愉快的经历，他也不会去指责埋怨，而是去坦然的接受，并努力改变。这就是自我实现的八个要素。大家可以到心灵驿站上去做个心理测试。

下面介绍卡特尔五大人格因素。第一，神经质：就是情绪的稳定性，如果一个人很平静，很有安全感，对自己很满意，就很好；如果一个人很烦躁，很没有安全感，很敏感，就说明他神经质比较高。第二，外向性：如果你好交际，爱娱乐，感情丰富就说明你是外向型的，但是外向和内向没有完全的区分。第三，求新性：就是你是不是富于想象，寻求变化，是否自主。第四，随和性：热心，信赖，乐于助人。第五，尽责性：影响最大的一个因素，不管是学生工作还是将来的工作，你都要做到有序，有序对无序，谨慎细心对粗心大意，自律对意志薄弱。这是一个人品格的要素。

再来说说外向和内向。如果你是内向的，没关系，只要你一直是稳定的，很谨慎、很深思、很平静、很有节制。但如果不稳定的话，就会悲观、严肃、刻板、焦虑。但是因为不愿意跟别人交流，所以会有自责和悲伤。外向也是要看你是否是稳定的，如果不是稳定的，会造成冲动、多变、攻击、不安。但是如果是外向的又是稳定的就很好，开朗、健谈、随和、活泼。

我们再来看看职业，职业与性格也很相关。我说到下面的，符合的同学就举手。有运动或机械操作的能力，喜欢机械、工具、植物或动物，偏好户外活动的同学有没有？嗯，大概有十几个。能够做到实实在在、踏踏实实的，这是实际型的。喜欢观察、学习、研究、分析、评估和解决问题的同学有没有，这是研究型的。大概有三五个。传统型的人喜欢从事资料工作，有文书或数字的能力，能够听从指示，完成细琐的工作，能够将大堆的事情有序地整理出来，属于这种性格的同学请举手示意，这种性格的同学很少，我对于这些方面是最不擅长的，比如说给我十张发票，让我算总金额，也许我

算十次会有十次不同的结果。第四种是艺术型，这种人有艺术直觉创造的能力，喜欢运用他们的想象力和创造力在自由的环境中工作，不喜欢被约束，属于这种类型的同学请举手示意，这种类型的同学多一些。企业型的喜欢和人群互动，自信、有说服力、领导力，追求政治和经济上的成就，比如说我能够当学生会的主席，当班长，或者我能够通过某种方式拉到很多赞助，这种性格的同学有多少？也有一些。最后一种类型，社会型，擅长和人相处，喜欢教导、帮助、启发或训练别人，属于这种类型的同学有多少？这种性格的同学适合去做一个老师，我就是这样的人。事实上，我们性格并不只是其中的一种，可能是其中的两个，我就是属于社会型和研究型的，我最不适合去做的事情就是会计，那些和数字打交道的工作。如果你把这个六边形拉长的话会形成一条直线，左边是和人打交道的类型，右边是和事物、数字打交道的类型，那些与人互动比较少的类型。所以你在做职业选择的时候可以去看一下你是适合去与人打交道还是适合于事物处理，这个对于大家的选择很重要，因为你一旦选择错了会非常痛苦和难受。

常见的一些问题我给大家罗列一下，第一个是偏激，认知上易犯以偏概全，情绪上易受他人暗示和引诱，对人的评价上极端片面，行动上则莽撞行事，不顾后果，对于偏激，我认为是一个动态的过程，比如说我现在的状态与大家这个年龄的时候是非常不一样的，那个时候我可能会非常偏激。比如说我不喜欢一个人，我就懒得去搭理他，我们班上有一个同学，我大学四年可能没有和他说话超过十句。第二个就是猜疑，他会毫无理由地对一些并未完全了解的事揽到自己身上，捕风捉影，草木皆兵，很多人都会有这种性格。第三个是孤僻，不合群，喜欢独来独往，但是并不是每一个独来独往的人都是孤僻的，就像狮子和老虎都是独来独往的一样。第四个是自卑，表现为自我否定、自我拒绝，他们的中心语就是“我不行”。第五个是嫉妒，表现是担心、害怕、恐惧或憎恶、愤怒，寻找别人的挫折和失败，别人遭受到挫折的时候他们往往很高兴，但是这种情况不会太多。还有一种就是过于内向，内向并非不好，但是太过度的时候就需要调整了。内向有很多优点，遇事沉着冷静、善于思考，有利于提高学习和办事情的效率，所以大家不要以为自己内向就不好，过于内向的人可以做一些训练，比如说学会和人打招呼，然后看看其他人是怎样和人打交道，也可以和内向的人去打交道，寻求内心的一种平衡，如果你不知道与别人谈什么，可在每晚临睡前准备一个明天将与他人交谈的内容，如日常生活的小常识、小笑话，自己的某件特别的遭遇等，反复熟悉这些内容，第二天再讲给你的同学、朋友们听。比如说最近李娜得了冠军，本来你不了解，但是通过了解之后，你可以发现其中有很多学问，很多乐趣，你会有话题和别人去聊。其实很多内向的人都只是由于知识面不够宽，不知道和人去聊什么，这个是可以去改变的。还有就是减少独处时间，学习投入群体生活，做每一件小事，在别人遇到困难的时候去帮助他，这些都可以改变你过于内向的性格。

最后提一个问题，大家觉得性格可以改变吗？觉得能够改变的同学请举手，大概70%，那么怎么去改变呢？大家来一起看一下。不管你是怎样的性格，内向、外向，感觉型、思维型，都好。你现在要做的最重要的事情，就是要去接纳它。因为如果你不去接纳而是排斥，而是与自己对着干的话那么你会焦虑。因为你不可能在短期内改变很多，同时你也不应该去改变太多，改变了太多就不是你了，你只能做些修正。

习惯是性格最佳的雕塑师，我们说改变一种行为，大概经过 21 天后就会形成一个新的习惯，而形成一种新的习惯后，它就可能会改变一个人的命运。这方面有很多很多的故事，我就不再赘述。大家可能听过这个故事。在招聘会的现场，在走廊上有一片纸屑，很多人从上面直接踏过，但有一个人随手把它捡了起来放在旁边的垃圾桶里。他并非一时心血来潮，而是长期以来的一种好的习惯，所以他在众多应聘者中脱颖而出。这个里面就是习惯性格带来的意想不到的机遇，而这些机遇就有可能改变命运。你可以去畅想未来，想下二十年后、十年后、五年后你会在哪里做什么？假如生命只剩下三天、三小时，你最想要去做什么？这些问题都可以帮助你去了解自己的兴趣爱好、价值观念，以及性格特点，帮助你进行对自我的探索，而这些是所有人成功的前提。马斯洛曾经做过一项研究，就是对近代历史上 38 位成功的名人，包括富兰克林、林肯、罗斯福、贝多芬、爱因斯坦等，通过对他们的传记及有关资料的研究，归纳出了自我实现者的 16 条人格特征：第一，能充分地、准确地认识现实。不会被某种观点左右，比如说，某人说这个世界很黑暗，他们不会去偏信，而是会用自己的心去感悟；第二，认同和悦纳自己、别人与世界。首先是认同，他不会觉得自己该变成另外一个人。这就是我，这才是我；如果我变得很温柔、很开朗，那就不是我。悦纳就是对我是我表示很开心，活得很高兴；第三，在情绪及思想表达上较为自然、朴实、纯真。他们不需要有太多的技巧，他不会去学习怎么去和人打交道，去讨女朋友或上司欢心，他们会用自己最真诚的心去和别人打交道；同时，他们会经常关注社会上各种疑难问题，较少考虑个人利益。不会因为自己点点得失而患得患失；还有，他们能享受自己的私人生活。当你空闲的时候不会觉得很无聊，有自己的兴趣爱好有自己喜欢做的事情；再有就是有独立自主的性格，不受文化和环境的约束。他们不会被条条框框所束缚；最后就是有高品位的鉴赏力，对生活常保持新鲜感。很多东西都是要去学的，比如对音乐的鉴赏。还有一些，我觉得很重要的就是要在生命中有一些好朋友，甚至包括家里人，不会觉得和家里人没有话说。

下面与大家分享一个快乐的人生指南：要有目标和追求；经常保持微笑；学会和别人一块分享喜悦；乐于助人；学会和各种人愉快地相处；学会宽恕他人；有几个知心朋友；常和别人保持合作，并从中获得快乐；心中有爱，有牵挂；保持高度的自信心；尊重强者；偶尔放纵一下自己；不做违法犯罪的事；具备胆识和勇气；要经常运动，比如提水；经常出去呼吸一下新鲜空气；宽以待人；让每一点儿成绩激励自己；不要财迷。

提问环节

问：可以请章老师详细介绍五行八卦与性格的关系么？

答：我相信很多同学都有这样的疑问，就是那个阴阳五行和生辰八字跟性格有什么关系呢？我问过很多算命的先生，他们给我的解释是这样的，我自己也是比较认同的。在特定的时间段，比如立春、立夏、立冬，外部环境都有一个特点：比如立春的时候万物开始复苏，冬天的时候所有的东西都会养精蓄锐。这就反映了你当时生命的某种生命特征，人是宇宙的一部分，如果你是在那个时候诞生的，就跟当时的天地万物的状态有某种紧密的联系。这就是理论的根据，这就是中国道家最基本的原理：人法地，地法天，天法道，道法自然。

问：请章老师详细介绍一下精神分析和性格的关系。

答：影响最大的东西也是争议最多的东西，他是专门去研究病人，从他们的身上，把人格的理论建构了一个很完美的模型。这也是被很多人所诟病的地方，因为他没有统计的科学的实验，他是来自于他的经验，就是以前和别人治病的时候是一个什么样的东西然后进行归纳就变成了他精神分析的模型。所以这里面只能选取我们自己比较认同的一部分，而不是全部接受。现在精神分析仍然非常有市场，做得最好的在武汉大学有心理分析医院，他们大部分医生都是这个取向。如果大家有兴趣，下次可以请一个老师来专门讲，给大家现场做一个催眠。

问：请章老师详细介绍星座和性格的关系。

答：我对星座确实没有什么研究，所以今天我跟大家讲的那些东西都只是一个引子。我听说那个理论也是很博大精深。你们去看香港的凤凰卫视，他们之前有一个节目叫《非常男女》，会有星座师断言他们的婚姻会不会美满，这个真的很有学问，但是我没有什么研究。我只知道我是狮子座，我爱人是白羊座，听说这两个星座很配。开始的时候确实会有很多冲突，现在是渐入佳境。预产期都是以出生的真实日期为准，也有太阳历和太阴历，这些我也没有深入地进行研究。一般来说女孩子都会在预产期之后生，男生一般会在预产期之前。这样的一个规律很有意思。

问：老师我还有一个问题：人的可塑性强吗？

答：因人而异。

问：还是说他在不同的年龄段可塑性是不一样的？

答：小孩在三岁之前他的可塑性是最强的。

问：那您认为，可不可以去改变，比如说我是一个外向的人，缺少一些内向的性格，我可以刻意地去融合我外向的优点，再塑造一个内向的性格吗？

答：可以，这不是一种彻底的改变，而是一种修饰，或者说一种完善。

问：我意识到今天提问的大部分是女生，您能帮我分析一下这种现象中性格内在的原因吗？

答：你是说提问的大部分是女生。这就反映在我们今天这个社会很多时候为什么女生比男生优秀，为什么成绩会更好，为什么出现情感危机的时候男生更容易会自杀。这个社会女生更有去展示、争取的氛围，而且社会也会去宽容她们。我觉得在目前的这种环境里面，中国的男女平等已经做得很好了。相反，我觉得现在应该提男权,应该把男人的权利重新找回来。

问:据我所知现在中国女性的自杀率是世界第一。

答:你说女生的自杀率高于男性是吧?你这个统计是根据哪里?湖北省最近五年所有高校的大学生自杀,我们都会进行一一地调查分析,女生的自杀更多的时候是一种冲动。去年有几个这样的个案:一个女生跟男朋友在湖边上散步,不知道是因为什么事情,那个女生说:"你不要后悔!"还没说完就跳下去了。等那个男生找了一群人把她打捞上来的时候已经没有呼吸了;还有一个女生,本来已经跟那个男生吵得很厉害,那天晚上又吵,吵着吵着就从那个男生的宿舍内跳下去了。女生往往这种冲动型的比较多。你刚才那个数据,我估计在农村里面女性自杀的会比较多,因为她们在农村里面压力非常大。不管是经济上的,家里的负担,还有道义上的,所以可能会有这样一种结果。

问:你在这个社会上打工,必须要丢掉一些性格东西,在改变的过程中会有一个痛苦的过程,但是又不能不改变。

答:这是一个很好的问题。在这个社会里面不可能任由自己的性格去处事,不跟别人打交道。我们开始以为,人在进入这个社会的时候,会逼着自己去适应这个社会,去委曲求全,去溜须拍马,很虚伪地去跟别人打交道,其实这是很多同学的一种误解。从我工作以来的这12年的经验,跟大家讲一点就是不管你的性格是什么样的,你越有个性,你将来在你的工作岗位上就越容易受到关注,当然,这种个性不是为所欲为,而是有你独特的特点。不是说你要去成为一个别人都很尊崇的同事或是社会上的一个什么人物,不是,而是成为独特的自己。比如我刚留校的时候,我很多同事喜欢在一起打牌,或是上班的时候喜欢去各个办公室串门,我非常不喜欢这个东西,但是呢,时间一长了他们就会觉得章劲元这小子有个性,他不打牌,但他的工作还是做得很好,他不去串门,但他能静下心来把问题想清楚,把工作做好,这个逐步就会被承认,它的规则或前提在哪里呢?就是我这样的一个性格不会去损害别人的利益,这是一个最基本的条件,我想有各种情况去形成你独特的个性,都没有什么关系,学会被社会所接纳。这些都没有什么问题。

问:网络成瘾和性格有关么?

答:其实像这种情况在我们学校真的不少,就是老是会逼自己去看很多的书啊,做很多的功课,总觉得有做不完的事情,时间不够用,然后去玩一下,去下盘棋,去一趟网吧,都会很自责,认为自己又在浪费时间,真的有很多同学去我那里咨询这个问题,他们非常苦恼,我通常给他们提的建议就是你去接纳自己,不完美的自己,学会欣赏自己,为什么会停不下来呢,就是觉得自己不够好,觉得自己还不够强,学识还不够丰富,学的东西还不够多,总会让自己拼命地去学,这个时候其实就是对自己的不认同,我建议这样的同学学会去接纳自己,欣赏自己,然后逐步学会享受生活,尤其是大学的这样一种美好的生活,因为学习绝对不是大学生活的全部,人生也是一样,人生绝对不仅仅是工作,它还有更多的内容。

问:老师我想问一下,就是为什么人们都喜欢看一些悲剧的电影?

答:其实很多很伟大的文学作品,包括一些电影和小说都是一些悲剧对不对,包括像《三国演义》啊,《飘》啊这类名著,人们为什么会喜欢它们,其实人性在悲剧里面会表现得更加的充分,人们能够从里面看到自己的某些东西,包括自己可能对自己未来的一种担心,对自己人格、工作、家庭等等某种阴暗的东西他都看得到,所以这些悲剧往往最深刻,因为它有人性真实的东西,不会是那一种喜剧,这也是它流传更久的一个原因,如果按照佛家的观点来看,人生就是一个悲剧,因为不管你怎么努力,最终都是要死亡,对不对?那么怎么去突破这个悲剧呢?回头是岸,怎么回头呢?去回到自己的内心,尊重自己内心的需求,把自己的偏见、执著都放下,成为一个真正快乐的自己。这个也是悲剧如何去化解的一个原因。

问:拖拉的特点跟性格有什么关系?

答:其实没有一种性格叫拖拉的性格,所有的心理学都没有,但现在越来越多的人有这样的一种特点,跟他以前是不是有过类似的没有人去监督他,自觉地完成某项工作而产生成就感的这种经历是有关系的,不拖拉的人们往往是有自主的经历,从来就没有人说要逼着我把事干完,或是在我旁边看着我,我从来就是自己去安排时间,这是在自主的空间下发展起来的一个非常好的一个特点。而那种拖拉的往往是旁边有人在监督或不停有人用鞭子在抽他,一旦没有人抽他了,他就赖在这里懒得动了,他已经习惯于被抽了。所以这种时候有两种办法,第一种办法,再找一个人来监督你,比如说你的女朋友;第二种就是你学会自己去安排,并且有从中获得成功的经验。

助人基本理念与一般技巧

华中科技大学　郭晓丽

很多同学都有一颗助人的心，但是由于没有掌握一定的技巧，有时会好心做坏事。助人是一件美好的事情，不但需要一颗真诚的心，更需要智慧，值得我们去好好学习。

一、助人的基本理念

1. 耐心聆听，鼓励表达

不要急于提建议、下结论，或是想改变对方的想法，而是协助对方探索与表达内心的感受与想法。但是我们在日常生活中的做法常常相反，大家可以回忆一下当有人向你倾诉时你的反应，我们来看一个例子：

当事人：他不爱我了，说喜欢别人，我真的好受伤，为什么他要这样对我？

助人者甲：你男朋友也太过分了，这样的人根本不值得珍惜，不要为这样的人难过。

助人者乙：事情已经这样了，你也不要太难过，要先照顾好自己。

助人者丙：这对你来说真的是很大的打击，能不能给我讲讲是怎么回事？

其中，甲和乙的说法在生活中很常见，但会让对方觉得无法再继续讲下去了，而丙的说法则给了对方一个倾诉的机会，邀请对方讲述自己的故事，表现出一种倾听的姿态，而不是急于给建议或下判断。很多时候，对方只是需要向某人倾诉。

2. 尊重个人的特性

这句话是什么意思呢，有两个解释我非常喜欢，和大家分享一下。"对待当事人就像对待一个跟自己一样的人，一个独立于自己的人，有权在世界上占有一方之地生活的人，看重他，尊重他"。"每一个人都可以有自己的感受、想法、情绪和行为，而不把自己的好恶、价值标准加在别人的头上"。不管站在我们面前的是一个什么样的人，不管他有怎样的缺点或不讨人喜欢，但是从人性的角度来说，他就是一个独立的个体，在人格上与任何人都是平等的，我们没有理由去歧视他们。

3. 感同身受

我们要设身处地的去体会当事人的内心感受，从而理解对方。不但听他说了什么内容，还能够听出他背后的情绪。我们来看下面的例子：

当事人：他不愿意跟我好了，这都是我不好，我现在才知道，我既不温柔又不漂亮，我算是完了，没指望了……

助人者A：凭什么你认为自己既不温柔又不漂亮呢？

这个反应不太合适，当事人说这个话的时候带着很强烈的情绪，A的反应没有体会到来访者的情绪，而是把话题岔开了。下面我们再看一个更不合适的反应。

助人者B：你说你现在才知道自己既不温柔又不漂亮？

这样说除了有与A一样的问题外，还隐含一个意思，就是认为当事人不温柔、不漂亮，反而会给对方造成伤害。

助人者C：他不和你好了，你认为是自己的过错，是因为你没有魅力。

这个反应不好不坏，基本是平行反馈了来访者的意思，但是同样没有体会到来访者的情绪。

助人者D：你的意思是他甩了你，使你很伤心，并且使你突然觉得自己原来毫无魅力，因此感到悲观、绝望？

这个反应做到了感同身受，比较深入，能够体会到来访的情绪，会让来访者感到被理解。

4. 多谅解，少批评

我们要尽量避免对当事人的言行做对与错、好与坏的评判，因为我们并没有这样的权利，这也不是我们助人的重点。我们来看一个例子。

当事人：我恨死我父亲了，是他逼我读不喜欢的专业，什么都要按照他的想法来，我现在一切都是他造成的！

助人者甲：你不该这样想，他毕竟是你的父亲，就算他做的有不对的地方，出发点也是希望你过得好！

助人者乙：你觉得爸爸从没有尊重过你的想法与感受，没有把你当成独立的个体，以至于你现在的生活一团糟。

乙的说法是更适合的反应，不在于判断来访者的想法是否正确，而是体会他这个话背后的含义与情绪。

我们再看一个例子：

当事人：我不愿和周围人讲我的事情，我不信任他们。

助人者甲：那是错的，只要你给他们机会，可能有许多人愿意关心你。

助人者乙：当没有人可以信任时，要找人倾诉一定很困难，也会感觉很孤独。

同样，乙的反应更合适一些，会让当事人有一种被人理解的感觉，我们生活中最缺少的就是这样心贴心的理解，而不是建议。

5. 尊重个人自由选择的权利

每个人最终要自己去面对与解决自己的问题，并对自己的选择与行为负责。在这一点上大家要特别注意，我们很容易在这个上面出问题。我们在助人的时候并不是替别人解决问题或承担责任，而是给予一个支持，最终每个人的问题都需要自己去面对、承担。比如我们一些家长，孩子不爱学习，他们比孩子还着急，就会让孩子感觉学习不是为了自己，而是为了家长，那这样就永远也无法学会为自己负责。另外，大家有这样一个理念，助人的时候心里也会轻松一些，而不要当做一种负担，要求别人一定要好起来或有所改变，我们只能做到自己能做的，最终选择权在对方手里，最终的后果也应由他自己承担。

6. 保密性

这一点我要特别提一下，因为有时和你诉说心事的未必是你的好友，这时保密就显得尤其重要，这个是对方能够信任你的基本前提。特别是有时涉及班上的另外一些同学，就要更加注意。但是如果涉及危机干预的情况，那么是可以打破保密原则的。

二、助人四步骤

刚才讲的内容虽然有些抽象，但是理念先于行动，有了正确的认识，助人行为也有可能真正发挥助人的功效。下面我把助人的具体步骤分为四步讲一下，这四个步骤是看、问、听、说。

首先是看，看有很多含义，包括观察、关注、识别等。一般来说，看的对象是突然有反常行为的学生或是长期处于不良状态的学生。在这个方面，大家要具有一定的专业敏感性，了解一些基本的心理障碍常识，你就能够区分哪些仅仅是状态不好，而哪些可能是心理或精神疾病的症状，这对于自己或他人都至关重要。下面我们来看几个例子：

小A的消沉：小A平时是个阳光男孩，性格开朗，喜欢打篮球。但是最近这个学期，小A情绪一直比较低落，对什么都提不起兴趣，学习难以集中注意力，经常失眠。他觉得自己很失败，只能成为别人的负担，甚至有自杀的想法。

如果你具有敏感性的话，就会认识到小A不仅仅是状态不好，很有可能是患有抑郁症，而抑郁症必须要经过专业的心理治疗。

小李的亢奋：小李平时是一个内向的学生，不怎么讲话。“五一”之后来到学校，同学反映他好像变了个人似的，上课老师没有提问突然站起来发言，脾气暴躁，一点小事就要和同学动手打架，精神特别好，晚上不睡觉。

这位同学是典型的躁狂表现，当时班上几位同学到中心反映情况，这位同学当天下午就住院了，得到了及时的专业治疗。

小王的妄想与幻听：妄想是一种精神疾病的症状，表现为坚信不存在的事实，无法通过说服教育改变当事人的看法。小王同学坚信周围的人都在批评她，议论她，但事实并非如此，周围人根本就没有这样做，甚至都不认识她。小王还清晰地听到周围同学骂她的声音。

所以你如果发现周围同学有这样的表现，一定要警惕，妄想与幻听可能是精神分裂症的表现，需要及时报告，以便这些同学得到及时的治疗。

小张的告别：小张同学有一天突然莫名其妙地请室友吃饭，然后和每位同学照了合影，他的室友还是具有一定敏感性的，觉得有些不对劲，晚上小张没有回家，室友马上报告了老师，全班同学在学校找他，在小张实施自杀行为前救下了他。后来小张经过专业的心理治疗，心理状态有极大好转，顺利毕业。

从这里例子，大家可以看出，有自杀计划的同学很多都会有所征兆，我们对于这些表现一定要敏感，很有可能拯救一条生命。

第二步是问，可能有些同学进入了我们关注的范围，但是我们还不了解具体的情况，要去进一步了解与核实，这就需要我们问一些问题。在这方面注意以下几个方面：搜集重要信息，包括“what、when、who、how”，简单地说就是发生了什么，什么时候发生的，涉及哪些人，事情的经过如何。此时，应多用开放式的问题，例如“能不能告诉我”、“愿不愿意谈谈”，这是一种邀请的姿态，让对方多讲讲他的事情；模糊不清的地方要澄清、具体化，我们看个例子：

当事人：进入大学后，我感觉很不适应，这里的生活和我想得完全不一样！

助人者：你愿不愿意具体谈谈不适应的一些表现？

助人者：你能讲一下你想象中大学的样子么？

最后要注意问题不要太多，注意循序渐进。

很多同学可能有这样的感觉，在面对真的有自杀想法的同学时会很害怕，不知道如何和他谈这个事情，下面我特别讲一下危机干预的询问技巧。首先有几点先告诉大家：询问与谈论有关自杀的话题不会引起对方自杀；当有人能够与当事人心平气和地讨论有关自杀的主题，本身就是一种极大的帮助；询问的重点在于评估对方的自杀风险（自杀念头、冲动、计划、准备、行动），暂不需要对自杀的具体原因做深入探讨；避免仅空洞地劝告对方不要自杀。下面我们看几个例子：

当事人：我很孤单，很累，再没有其他出路了。

助人者甲：积极点，事情不会全那么糟的。

助人者乙：你似乎很孤单、痛苦，你是否想过自杀？

甲的说法是一种空洞的安慰，会让当事人觉得更无助。而乙的说法则是直接询问对方的自杀想法，有利于对自杀风险做出评估。

当事人：你知道割腕割哪个部位么，吃安眠药真的可以死么？

助人者甲：瞎说什么呢，别一天到晚胡思乱想。

助人者乙：你提到割腕和吃药，能和我聊聊你的想法么；除了这两种方式，你还想过其他的方式么；你有准备刀子和药么……

甲的说法是一种对当事人感受与想法的否定，是为了缓解自己的焦虑，不会对当事人有任何帮助。乙的说法同样是直接和对方谈论自杀，这样是比较专业的做法。

当事人：我决定今天打电话给你，我感到我有自杀的冲动。

助人者甲：你说你想自杀，到底困扰你的是什么？

助人者乙：你能否多告诉我一些关于你想自杀的想法？

甲的说法在这里的主要问题是他在询问自杀的原因，但是在紧急情况下，我们优先考虑的是评估自杀的风险，等情况稳定后可以再谈论自杀的想法。

当事人：(电话中的声音模糊不清)

助人者甲：你好像很累，先好好休息一下，明天早上我再打给你。

助人者乙：听起来你好像很想睡，是否吃了什么？

甲的做法很有可能会延误时机，乙的做法则是不放过任何一个征兆，确认对方是否有危险。

回到我们助人的步骤，第三步是听。你问了对方一些问题，对方可能会有一些回答，这就需要你的倾听。这个我们前面已经讲过一些，这里再提醒几点：态度与习惯比具体技巧更重要；避免进行价值判断，并把对方分为潜在的朋友或外人；设身处地，感同身受。

另外，有时你还需要听言外之意，把握当事人内隐的思想和感受，这可能是他自己都没有很清楚地意识到的。我们看个例子：

当事人：我想重新工作，但是我丈夫认为当孩子从学校回来时，我应该在家里。

助人者 A：你不能确定继续工作还是待在家里。

助人者 B：听起来你在生丈夫的气，因为他似乎把他的期望强加给你。

这位当事人表面上是不确定自己的安排，但其实隐含了对于丈夫的情绪，但她自己有所压抑，都没有很清晰地意识到这一点。

最后一步就是说。这个是大家最习惯的，我们生活中最常见的就是提各种建议。但这里也给大家一些提醒：我们在说的时候要注意多支持，少评判；先情绪，后理性；自我表露，自我表露指介绍一些自己的经验，谈谈自己的感受，但要切记适可而止，点到为止；提供新的角度看待问题，很多时候我们只是被困住了，只看到了某个方面，但如果我们能够提供一些新的看法，有时能够打开对方的思路，让人有种豁然开朗的感觉；谨慎给建议，不要替对方做决定；促进对方的自我探索，我们助人不是要给对方一个答案，而是让他能够去面对自己的问题，更加了解自己。

另外，我特别讲一下如何帮助内向、孤僻的学生。在我们身边总会遇到这样一些人，我们也想去帮助他们，但是感觉又很无力，有时搞得连自己都很沮丧。面对这样的同学，我分享几点我的看法：首先是用心真诚，这样的同学往往更加敏感，他们能够敏锐地察觉出你是否真心愿意帮助他们；其次是用理解、接纳替代责备、失望，这些同学的性格形成自然有他们的原因，改变也需要过程，我们应该多去理解与接纳他们；最后是持之以恒，恰到好处，不管对方是否有明显转变，但是我们可以带着轻松的心态去做我们该做的事情，例如每次上课叫一下他们，发短信关心对方，对方不一定有回应，我们只是去做就好了。但也要注意分寸，过于关心有时反而会给对方带来压力，有时我们需要的只是默默的关注。

最后再总结一下我们助人的几个要点：多听少说；多接纳，少批评；重点不在于改变对方想法或解决对方问题，而是理解对方，协助对方自我探索，了解真正问题所在；所有的技术都是辅助，重要的是态度。

致　谢

这本书的出版在这里要感谢许多人。

首先要感谢的是华中科技大学为学生开展讲座的各位老师。他们具有很高的专业造诣与丰富的教学经验，在百忙之中抽出时间来到华中科技大学，为同学们献上一场场专业水准高而又贴近学生实际生活的心理讲座，提高了学生的心理素养，帮助同学们科学认识心理学，认识心理健康。他们的学识与修养令人钦佩。需要说明的是，清华大学樊富珉教授、华中师范大学江光荣教授当年在华中科技大学讲座的资料未能收录进来，只好以另外的资料作为替代，在此，特别向两位教授表示由衷的感谢！

其次要感谢的是参与录音整理的连续几届《新心》编辑部（大学生发展研究与指导中心助理）的各位同学，每一次讲座从录音到分配到汇总，每一分钟，每一句话都凝结着他们的辛勤劳动。录音整理的工作量巨大，这些同学毫无怨言，在完成自己学业的同时，花费了大量的时间与精力完成这项工作。他们是：陈曦、张宗敏、边琪、景鹏、王立、侯新秀、朱夏云、杨丽娟、刘斌、黄艾、杨冰清、庄礼伟、苗苗、乔英杰、王逾越、周晓欣、周翔、沈忱、丁页、陈娇、高凡、倪楷加、张超、杨斯雅、刘特特、王梦、姚冬玲、李学勇、晏玉婷、王明秀、国然、辛灵、周诗睿、罗平、寻星原、姜波、钟焕、邬亚亚、杨帆、马彪、蒋军杰、李家璐、崔超男、李晋皓、王旭清、刘敏、高凡、庞小璇、韩冰清、汪舟杰、刘艺、罗晓宁、胡静、邓畅、丁姝珩、胡跃群、李绍静、罗紫丹、聂浩、王翰宇、周洁。这些同学都是华中科技大学的一员，我为他们感到骄傲与自豪。

最后要感谢心理服务部的各位同学，他们承担了每次讲座的宣传与布场工作，这是一项烦琐而又细致的工作，借教室、贴海报、挂横幅、调试音响设备等，心理服务部的同学不厌其烦地将这些工作做到位，使得每一次讲座能够被更多的同学知晓，每一次讲座能够顺利进行。我同样以他们为荣。

编　者

2012 年 8 月